USAF
USAF

KUWAIT

空戰：
一次大戰至反恐戰爭

Air Warfare
FROM WORLD WAR I TO THE LATEST SUPERFIGHTERS

克里斯多福・強特
史提夫・戴維斯、保羅・埃登◎著
于倉和◎譯

軍事連線 Military Link

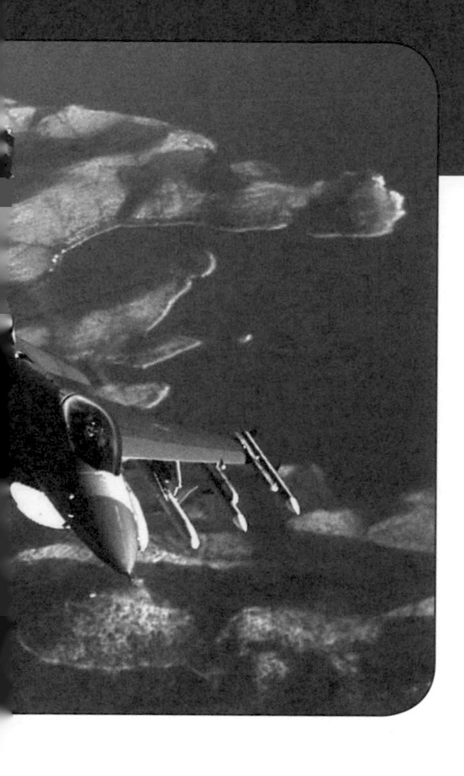

NAVY

引言

工業時代以降，戰爭鞭策著科技發展的真理可說是不言而喻，或許沒有哪一個領域的技術變革步調，像空戰的領域這樣一日千里。

接連不斷的發展

在不到一個世紀的時間內，從第一批飛行員駕著脆弱的座機飛到西線壕溝的上空戰鬥，到今日網路中心作戰（Network Centric Warfare）和衛星定位系統導引武器已成爲全球反恐戰爭（Global War on Terror）中，熱門的專用術語。在這些戰爭中，在在顯示出價値數以百萬計的飛機扮演了比以往更加重要的角色。就這一點看來，飛機也曾是另一場眞正全球衝突——也就是第二次世界大戰——當中的關鍵點。在這場戰爭中，許多空戰的觀念終於成熟，而對飛機疑慮難消的批評就此永遠安靜了下來。

當第一次世界大戰在西元一九一四年爆發時，飛機尙未安裝武器；等到了一九三九年，戰鬥機已進化到包括以下的概念：單翼、應力金屬結構、大口徑武裝、可收放

←太平洋上的海軍作戰證明了空權的無遠弗屆，掛載炸彈和魚雷的飛機從航空母艦的甲板起飛，使得上一個世代裝備巨砲的戰鬥艦頓時顯得落伍。

←←蕭特 184 型浮筒式水上飛機是先由起重機從水上機母艦吊至水面上再起飛，任務結束後經由相反的程序降落並回收，魚雷則是掛在支撐兩側浮筒的支架間。

式起落架和封閉式駕駛艙。到了第二次大戰結束時，戰鬥機的價值已經不容懷疑，它不只是掛載武器或炸彈的平台，也可做爲運輸、偵察或海上任務的寶貴資產。確實，飛機不只能扭轉戰局的走向，還能依靠本身的能力贏得戰爭，這一點可由日本城市廣島和長崎史無前例的原子彈爆炸毀滅中得到證明。

大賭注

二次大戰的結束揭開了核子時代的序幕，同時也開啓了賦予二十世紀下半葉重大意義的冷戰。然而，全球的利害關係是如此地重大，核子毀滅的能力又是如此地高，因此在冷戰中看不見戰機在美國和蘇聯兩個超級強權的對抗中現身（除了幾次例外），而是在較小規模的衝突中大顯身手。這些殖民地的衝突、抗爭引爆點和「叢林戰爭」需要從空中進行戰爭的嶄新方式，而技術進步的腳步卻從未放慢。

在韓戰（the Korean War）之後，噴射機的戰鬥技趨於成熟，此時直昇機和精確導引武器的潛力在越南戰場上獲得證明；另一方面，東南亞的戰爭也帶來科技的希望和局限，像是空對空飛彈無法達成預

期等等。在冷戰期間面臨中東地區動盪不安的諸多衝突後，人們開始理解此一科技的價值，而超級強權則在「熱戰」的嚴峻考驗中測試各自對於戰機的概念。

科技的進步

從一九八〇年代開始時，在福克蘭群島（Falklands）和黎巴嫩上空爆發的空戰，或許沒有導致任何戰略平衡甚至是區域性平衡的重大轉變，但可以看到長期以來人們殷切盼望的科技進步；例如「射後不理」（Fire and Forget，即在發射後完全以全自動模式執行任務）空對空飛彈和無人飛行載具的價值終於受到肯定。當冷戰在一九九〇年代初期結束後，各國國防預算大幅縮水，科技的成本卻如火箭般節節攀升，然而在伊拉克和阿富汗接連不斷的衝突，一再確認了空權（無論是載人還是無人），將會在整個二十一世紀中持續扮演舉足輕重的角色。

——湯馬斯・紐狄克（Thomas Newdick），二〇〇八年三月於柏林

←在超強對立的最後幾年裡，科技的發展可說是史無前例，而這些冷戰歲月的最後一代戰機——一架美國的 F-16 和俄國的 Su-27，從未在戰鬥中碰過頭。不過冷戰的結束卻預示了嶄新衝突年代，也就是全球反恐戰爭的降臨。

第一章

早期空戰：一七九四至一九三九年

世界上最早的飛行器是中國古代使用的風箏，可以確信的是載人風箏曾在作戰的時候被有限地用來蒐集敵軍部署情報，或是做為空中通訊的傳遞工具。

最原始的熱氣球也是在中國發展出來的，時間大概是西元二世紀和三世紀之間，早期的用途主要也是在軍事通訊方面。在西方，一七八三年時由孟戈菲兄弟（Montgolfier）使用熱氣球進行第一次飛行，但此一原始方式很快就被氫氣球超越。在早期的軍事領域上人們也曾有限地使用這些氣球，已知的第一個例子是在一七九四年的弗勒呂斯（Fleurus）戰役中，一顆繫在地面上的法軍氣球負責進行觀測任務。

在美國內戰期間（一八六一年至一八六五年），聯邦北軍與邦聯南軍均曾使用氣球，並曾在某些時刻進行了有效的戰場觀測任務。美國的第一個氣球叫做聯邦號（Union），計劃做爲軍事用途，由北軍在一八六一年八月投入戰場使用。南軍則有較大的問題，尤其是因爲南方邦聯的港口遭到封鎖，

←←圖為北軍部隊正在為一顆氣球充氣。在美國內戰期間，氣球曾一度被用來進行觀測任務，特別是北軍，但其潛力卻因為政治內鬥而缺乏發揮的空間。

↓尤金．伊利在 1910 年 11 月 14 日駕駛寇帝斯雙翼機飛離美軍輕巡洋艦伯明罕號的艦首滑道，創造了歷史；儘管剛開始飛行速度不足，但這架飛機沿著向下的飛行路徑短暫加速，以飛抵鄰近的岸邊。

北美先驅

1910 年間出現過幾次預兆，透露出飛機在戰爭中可能扮演的角色。1 月 19 日，保羅．貝克少尉（Paul Beck）於加州洛杉磯上空，從一架由路易斯．保羅漢（Louis Paulhan）駕駛的飛機上投下代表炸彈的沙包。6 月 30 日，格連．寇帝斯在紐約的庫克湖，從 15 公尺（50 呎）的高度對著一塊呈現出戰鬥艦外形的浮板投擲假炸彈。8 月 27 日，加拿大人詹姆士．麥克可爾狄（James McCurdy）在羊頭灣（Sheepshead Bay）從一架寇帝斯黃金機上透過無線設備發送並接收訊息，揭開了空中無線電報的時代。11 月 14 日，尤金．伊利成爲世界上第一個駕機從船艦上起飛的人，他的寇帝斯黃金機從架設在美軍伯明罕號巡洋艦艦首上的平台起飛；數週之後，伊利又成功地首度駕機在一艘軍艦上降落。

因此南軍無法取得製造氣球所需的絲質布料，所以邦聯就採取生產服裝用的絲質布料來製造氣球，但那時甚至連用來灌入氣球內部的氣體也沒有。雙方都在一八六三年時放棄運用氣球的計劃。

世界上第一次重於空氣的動力飛行，由美國萊特兄弟（Wright）在一九〇三年十二月達成，然而可控制並持續的飛行一直要到一九〇八年實現時，才開始被接受。

儘管創造實質軍事飛行的重要進步是在二十世紀的第一個十年裡出現，但軍事飛行的實用性起源可在一九一〇年至一九一四年九月第一次世界大戰爆發這段時期內找到蛛絲馬跡。

世界上第一次實彈轟炸試驗，是在一九一一年一月七日美國加州的舊金山，由米隆．克瑞西中尉（Myron S. Crissy）和菲利普．帕摩李（Philip O. Parmalee）駕駛一架萊特 B 型雙翼機執行。一月十八日，尤金．伊利（Eugene B. Ely）駕駛一架寇帝斯黃金機（Curtiss Golden Flyer），降落在錨泊於舊金山灣（San Francisco Bay）內的賓夕法尼亞號（Pennsylvania）巡洋艦艦尾特別建造的平台上。二月一日，格連．寇帝斯（Glenn H. Curtiss）於聖地牙哥（San Diego）在水面上進行了兩次成功的飛行，在這過程當中單一大型浮筒機取代了早期測試中使用的三浮筒機。

一九一一年四月一日，英軍正式成立軍事航空的體制，組建了英國皇家工兵航空營，下轄兩個連，分別爲第 1 連（負責飛船、氣球和風箏）以及第 2 連（負責飛機）。七月一日，寇帝斯在庫克湖（Keuka）上成功操作並驗證了 A-1 浮筒式水上飛機，這是爲美國海軍建造的第一架飛機。

一九一一年九月二十日，義大利自從對土耳其宣戰之後，便派出一支遠征軍至的黎波里坦尼亞（Tripolitania）。十月二十二日，卡羅．皮亞查上尉（Carlo Piazza）駕駛一架布萊里奧（Blériot）9 型單翼機對的黎波里（Tripoli）和阿奇齊亞（Azizzia）間的土軍陣地進行偵察——這趟飛行代表人們首次在戰爭中運用重於空氣動力的飛行器。在北非作戰過

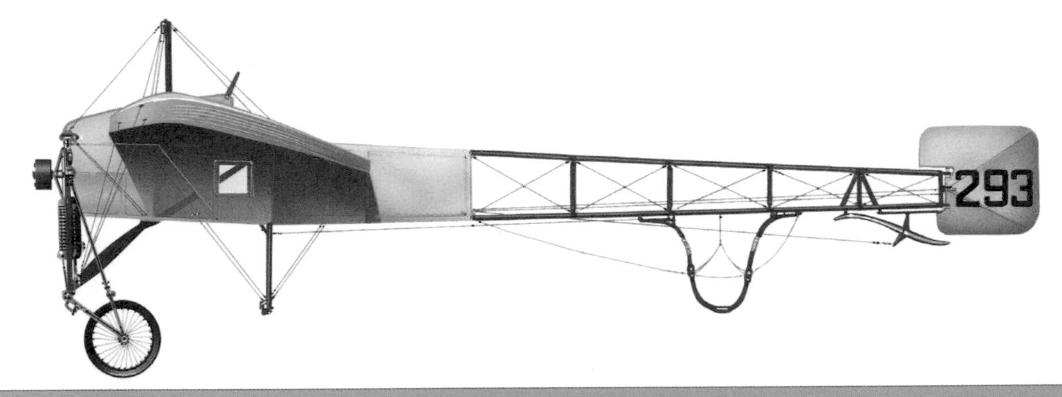

布萊里奧 XI 單翼機

一般資訊
型式：單翼機
動力來源：16.9－19 仟瓦（22－25 匹馬力）
安札尼（Anzani）三汽缸螺旋槳
最高速度：每小時 75.6 公里（47 哩）
重量：230 公斤（507 磅）

尺寸
翼展：7.97 公尺（25 呎 7 吋）
長度：7.62 公尺（25 呎）
高度：2.69 公尺（8 呎 10 吋）
翼面積：14 平方公尺（150 平方呎）

程中，兩艘義軍飛船在一九一二年三月十日對土軍陣地進行偵察，船員還扔下幾顆手榴彈，但並未造成任何損害。

一九一二年四月十三日，英軍著手編制英國皇家飛行兵團（Royal Flying Corps, RFC），一個月之後兵團正式成立，分成由航空營改組的陸軍聯隊和海軍航空隊組成的海軍聯隊。六月，德國海軍成立了一個海軍飛船分艦隊（Naval Airship Division）。此外，美軍於一九一二年六月二日首度展開飛機掛載機槍的實驗，由托馬斯．德．威特．米靈（Thomas de Witt Milling）駕駛一架萊特 B 型機，而路易斯（Lewis）輕機槍則由查爾斯．德．佛瑞斯特．錢得勒（Charles de Forest Chandler）來操作。

在第一次巴爾幹戰爭時（the First Balkan War，一九一二至一九一三年），保加利亞的航空兵在埃得里亞諾波（Adrianople）轟炸了土軍陣地。這段期間中，保加利亞航空兵的塞米昂．佩卓夫上尉（Simeon Petrov）投下了首批航空炸彈，並且廣泛運用轟炸方式進行作戰，當中包括一九一二年十一月七日進行的首次夜間轟炸。

走向戰爭的飛機

一九一三年五月十日墨西哥戰爭期間，一名革命軍將領艾瓦拉多・歐布瑞岡（Alvarado Obregon）的支持者迪狄爾・麥森（Didier Masson）駕駛飛機攻擊墨西哥政府軍的砲艇時，成爲世界上第一個投擲炸彈攻擊軍艦的飛行員。十一月三十日前後，在墨西哥支持相互敵對派系的菲立浦・雷德（Phillip Rader）和迪恩・藍布（Dean I. Lamb），駕機在空中以轉輪手槍射擊對方，雖然沒有命中目標，但這卻是世界上第一場空戰。四月二十日，一支美國海軍分遣隊搭乘伯明罕號（Birmingham）離開彭薩克拉（Pensacola），以加入在墨西哥危機期間於坦皮科（Tampico）外海作戰的美軍大西洋艦隊支隊；另一支從彭薩克拉出發的分遣隊也在密西西比號（Mississippi）加入後，全速趕往墨西哥水域協助維拉克魯茲（Veracruz）當地的軍事作戰行動。一架 AB-3 飛艇和一架 AH-3 浮筒式水上飛機稍後被用來對維拉克魯茲港進行偵照任務並搜索水雷。五月二日，當泰亞（Tejar）附近的美國海軍陸戰隊官兵回報遭到攻擊，並要求位於維拉克魯茲的航空單位向他們報告攻擊者的陣地，這是飛機所執行首次對地面部隊的直接支援任務。

一九一四年七月一日，英國皇家飛行兵團（Royal Flying Corps）的海軍航空隊改組成爲皇家海軍航空隊（Royal Navy Air Service），由海軍部管理，七月二十八日一架蕭特（Short）水上飛機空投了一枚直徑三五六公釐（十四吋）、重達三百六十七公斤（八一〇磅）的魚雷。

當第一次世界大戰在一九一四年八月爆發的時候，對各交戰國來說，軍事航空的重要性可以由投入的飛機數量來衡量。德國擁有二百四十六架，俄羅斯擁有二百四十四架，法國擁有一百三十八架，英國則擁有一百一十三架。自從一次大戰一開打，飛機的重要性就在東線和西線上獲得證明。德軍通過比利時並進入法國北部的最初攻勢，由不到十二個野戰飛行分隊（Feldfliegerabteilung）支援，共裝備大約六十架鴿式（Taube）單翼機、信天翁式（Albatros）以及航空式（Aviatik）雙翼機。另一方面，法軍擁有二十一個中隊的布萊里奧、布雷蓋（Breguet）、寇德宏（Caudron）、迪帕杜辛（Deperdussin）、法赫蒙（Farman）、紐波特（Nieuport）和佛桑（Voisin）式機，英軍則組建了一支擁有六十三架飛機的航空部隊〔艾弗羅（Avro）504 型、布萊里奧 11 型、法赫蒙、皇家飛機製造廠（Royal Aircraft Factory, RAF）B.E.2 與 B.E.8 型飛機〕，分成四個中隊，在八月間前往法國。

在法國境內的各單位分散到廣大的作戰區域，因此敵對雙方的飛機只有在偶然的狀況下才會遭遇對方。即便如此，早期戰術偵察的成果馬上使雙方深信，剝奪對手的空戰能力將會對己方有利，因此步槍、卡賓槍、散彈槍、手槍，甚至於臨時改造的武器像是綁在纜繩末端的抓勾，就被帶到飛機上，以便用來攻擊對方。最好用的武器是機槍，但它很重、不靈活且很難以有利於戰術的方式安裝，特別是因爲當時在雙座的飛機上觀察員是坐在前座，因此四周都是支柱和拉條；另一項困難在於牽引式飛機的螺旋槳，因爲旋轉面就直接位於機身上部對任何固定式槍械來說都是最佳位置的前方，於是在任何單座機中，武器一定要裝在飛行員前方，飛行員才可以瞄準並開火。

所以此刻需要的是將機槍開火速率和螺旋槳旋轉同步化的方法，以便在機槍開火射擊時確保槍口前方不會有螺旋槳葉片，雖然在戰前已有數個類似的裝置進行測試，但當戰爭爆發時部隊裡並沒有這樣的同步裝置，因此第一架經過特別設計載有向前開火機槍的飛機是維克斯（Vickers）F.B.5「大砲巴士」（Gunbus），這種「推進式飛機」的設計，是將引擎和螺旋槳安裝在飛行員後方，觀測員則坐在機身中段的短艙。此一方式是讓機尾結構在螺旋槳掃過的圓弧外圍由從上下機翼後緣伸出的尾桁輻合構成。這種設計增加了累贅，因此降低了性能，也爲機身的裝配和保養帶來困難。

法國的突破

自從一九一三年開始，法國人就已經在試驗前向射擊機槍的同步裝置，並將鋼片安裝在螺旋槳葉片的背面，以使任何可能擊中他們的子彈偏斜。然而，第一

↓維克斯 F.B.5，綽號「大砲巴士」，是世界上第一架真正的戰機。其設計時間是在第一次世界大戰之前，擁有一挺 7.7 公釐（0.303 吋）路易斯機槍，安裝在中央機身前段的一個活動機槍座上，位於駕駛艙和推進的發動機前。

架被敵軍飛機上的機槍擊落的德軍飛機，是一架航空式雙座偵察機，在一九一四年十月五日由法蘭茨中士（Frantz）和卡波赫·奎諾（Caporal Quénault）擊落，後者只用了一挺架在佛桑式雙翼機駕駛座側面的霍吉奇斯（Hotchkiss）機槍發射了一串子彈，便將德機擊落。但一直要到一九一五年四月，羅蘭·加侯斯中尉（Roland Garros）駕駛一架摩哈尼－索尼爾（Morane-Saulnier）L 型傘式單翼機，一舉擊落三架德軍飛機，前向射擊機槍的時代這才眞正揭開序幕。加侯斯曾在戰前參與充滿疑問的同步裝置實驗，但這時卻駕駛一架沒有安裝此種裝置而保留折射板的飛機。此一方式導致基本空戰戰術迅速進化，使飛機可直接對準敵機飛行，並沿著飛行路徑用固定的前向射擊機槍瞄準。加侯斯在擊落五架敵機後，順理成章地成爲世界上第一位「空戰王牌飛行員」（ace），但四月十九日他在德軍戰線後方迫降被俘。

德國人早已做出合理的結論，認爲折射板只是一個臨時解決方案，眞正的解決方法是發展出具備有效同步裝置的前向射擊機槍。一名爲德軍製造飛機的荷蘭航空先驅安東尼·福克（Anthony Fokker）接下此一任務，並交由他公司裡的

↓早期的固定式前射武裝，基本上是一挺機槍〔本圖為 8 公釐（0.315 吋）的霍吉奇斯機槍〕，從螺旋槳葉片旋轉範圍後方向前發射，而螺旋槳的葉片後緣則由楔形的鐵製折射板加以保護。

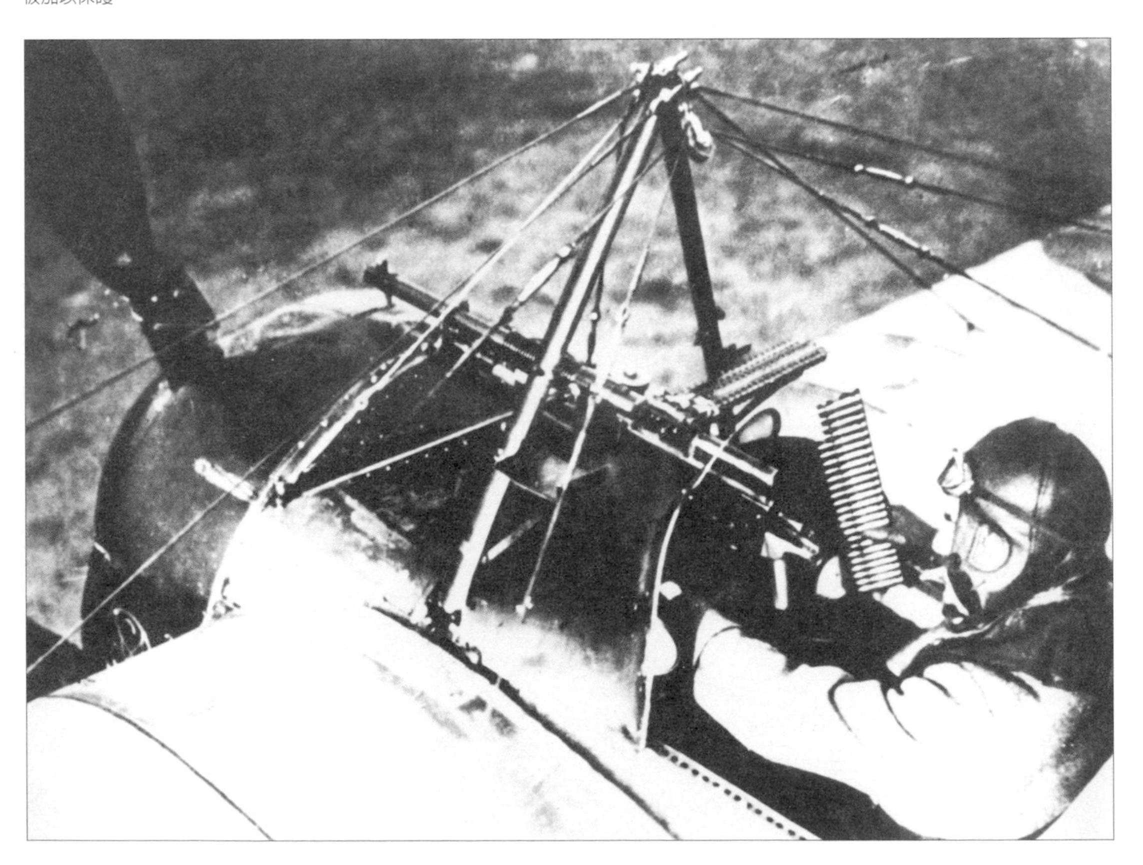

工程師解決，結果迅速設計出一款有效的機械系統。此一系統被安裝在一架福克（Fokker）M.5k 單翼機上，成爲 E.I. 型，因此成爲世界上第一架擁有可使機槍開火動作與螺旋槳葉片旋轉位置同步的戰鬥機。E.I. 型於一九一五年六月進入部隊服役，之後此型飛機就被一小批一小批地送往偵察單位進行分配，目的是爲易受攻擊的雙座偵察機在進行日益重要的戰術任務時提供保護。E.I. 型隨即就被補足數量，之後被福克公司和其他製造商所發展出改良的單翼（Eindecker）戰鬥機取代。

英軍沒有機槍射擊中斷裝置，因此他們的飛機就必須採取推進式設計，裝備艾爾科（Airco）D.H.2 單座機的第 24 中隊，因此成爲英國皇家飛行兵團的第一個「戰鬥機」單位。第 24 中隊於一九一六年初抵達法國，立刻使飛機上載有一把固定前向射擊的路易斯機槍的價值受到證明。此時法軍在技術上和戰術上都更先進，到了一九一五年底，法軍已開始引進像是摩哈尼－索尼爾 LA 型和紐波特 Nie.10 型雙座機，接著是經典的 Nie.11「寶貝」（Bébé）和隨後在當時被稱爲戰鬥偵察機的 Nie.17 單座機。這些飛機裝備了一挺固定式前向射擊機槍，比方說摩哈尼－索尼爾式是裝在傘式單翼上，或像紐波特是裝在一倍半翼機的上翼上，以直接在螺旋槳旋轉半徑以外發射，進而一步步展開逐漸超越德軍空中優勢的過程。

↓法國的布雷蓋公司在第一次世界大戰初期生產了多款戰機，圖中這架是 Bre.4 的衍生型之一，被用來做為轟炸機和通用飛機。

福克瘟疫

不可避免地，較有遠見的德國飛行員，像是奧斯瓦德．博克和馬克斯．英麥曼（Max Immelmann）〔外號「里爾之鷹」（Eagle of Lille）〕都馬上發現戰鬥機不應只擔任守勢的護航角色，而應用在攻勢方面，使戰爭有利於協約國。在博克的領導下，德軍迅速發展出戰鬥機的攻勢戰術，時常利用雲層來偷偷追蹤毫無警覺的對手，然後拉近距離，並從太陽下方或太陽以外的盲點突然現身以進行致命性的一擊。這就是西線上空所謂的「福克瘟疫」（the Fokker Scourge），也就是德軍空中優勢時期的開始。在空戰的此一階段中，協約國幾乎無法構成眞正的挑戰。

↓英軍第一款真正的戰鬥機是愛爾科（Airco）的 D.H.2，由喬福瑞．迪哈維蘭（Geoffrey de Havilland）設計。這款飛機外形簡潔、性能靈活，表現相當良好，並且可在機鼻加裝一把槍。由於缺少同步射擊裝置，因此迪哈維蘭為這架戰機採用後方推進的佈局。

首場戰鬥偵察

正當英國皇家飛行兵團 D.H.2 機的飛行員發展並傳播嶄新的空中戰鬥技巧時，英軍也在改良他們的首款有效同步裝置，即索普威斯－考波（Sopwith-Kauper）中斷器，而海軍部則爲皇家海軍航空隊簽約採購索普威斯的幼犬式機（Pup），成爲英軍首款眞正的戰鬥偵察機。幼犬式從一九一六年夏末開始配發部隊，並從同年九月起在法國東北部和比利時海岸上空開始戰鬥，建立起偉大戰鬥機的赫赫

威名。不過同性質的裝備仍未被完全接受，而在英國皇家海軍航空隊（Royal Naval Air Service）的各中隊裡，馳名的第 8 中隊則在一九一六年十月間編成，當中的飛機混合了幼犬式和紐波特的單座機，以及索普威斯一又二分之一翼炫耀者式（Strutter）雙座機。在第 8 中隊開始服役的前兩個月期間，該單位的飛行員擊落了二十架德軍飛機。所有這三款飛機均被公認在不同的領域各有所長，一又二分之一翼炫耀者式是世界上第一款眞正有效的多功能戰機，但幼犬式機結合了良好的性能、可靠的靈活度和完美的操縱性而獲得最多的讚美。

血腥四月

為了獲地面上的優勢，協約國不顧一切地發動一連串大規模攻勢，並由數量龐大的老舊雙座機進行掩護，而由愈來愈多在匆忙中被派往前線的菜鳥飛行員駕駛這些飛機，他們是為了遞補因性能不佳的雙座機而陣亡的資深飛行員。在 1917 年春季，也就是被英國人稱為「血腥四月」（Bloody April）的這一段時期裡，索普威斯的三翼機是協約國戰鬥機中被證明是挑戰德軍空中優勢的最成功機種。三翼機只由海軍的飛行中隊操作，但對英國人來說悲慘的是，這段時期在空中海軍單位是隸屬於英國皇家飛行兵團。

儘管德軍對於協約國（the Allies）竟然可以在一九一六年春末迅速回應，並克服單翼戰鬥機多少感到驚訝，但他們還是立即以新一代的雙翼戰鬥機加以反擊，像是信天翁 D.I 和 D.II、福克 D.I 和哈貝爾史達特（Halberstadt）D.II 等等。這些雙翼機的結構多少比脆弱的 E 型單翼機要堅固些，因此攻擊性更強，進而霸佔了天空。由於

↓在德國，福克公司在航空武裝的領域領先一步，因為其單翼機配備了世界上第一款真正的同步射擊裝置，可確保當機槍射擊時，螺旋槳葉片不會擋在機槍的火線上。

配備了能產生更大馬力的水冷式六汽缸直列式引擎，他們也比配備氣冷式旋轉引擎的 E 型戰鬥機表現出更佳的全方位性能。然而在這一系列機種中最重要的是兩款信天翁戰機，所配備的固定式前向射擊機槍的數量加倍，變成了兩挺。

另一款在一九一六年底前首度登場的馳名戰機，象徵著創造戰鬥偵察機的另一條途徑，它結合低機翼負載而產生良好爬升力以及小巧外形尺寸產生的高度靈活性，這就是索普威斯的三翼機，因爲是幼犬式機的簡易進化版本，所以只裝備了一挺機槍，而所需的翼面積就被妥善分配給三面小尺寸的機翼，以確保靈活度不會降低。英國皇家海軍航空部喜愛輕負載的三翼機，而英國皇家飛行兵團則喜歡法國的下一代戰機，也就是斯帕德公司（SPAD）的 S. VII.（譯註：SPAD 原文爲 Société Pour L'Aviation et ses Dérivés，意爲航空與零件公司）。此型戰機維持了現已被逐漸捨棄的單機槍武裝，但由於配備西斯帕諾－蘇伊查（Hispano-Suiza）水冷式 V-8 引擎，使得它的馬力輸出比三翼機使用的氣冷式旋轉引擎高出百分之五十，因而成爲一款兇猛的戰鬥機。S.VII. 擁有堅固的結構和良好的全方位性能，但缺乏索普威斯三翼機具備的機動性。

德軍的空中兵力，也就是德國空軍（Luftstreitkräft），在一九一五年底就開始進行徹底改編，組建出所謂的步兵飛行隊（Fliegerabteilungen-Infanterie, FlAbt-Inf），爲地面部隊提供戰術支援。這些單位的價值隨即受到肯定，也蒙受了慘重的損失。步兵飛行隊顯然需要空中支援，因此德軍在一九一六年夏季就產生了創建一個專用戰鬥機兵種的想法。到了一九一七年四月時，德軍已轄有三十七支戰鬥機中隊（Jagdstaffel, Jasta）的戰鬥機部隊。戰鬥機部隊

↓第一次世界大戰中最佳的雙座戰鬥機是布里斯托的 F.2B 戰鬥機，其飛行速度快、結構堅固且機動靈活，在駕駛艙後方裝有一挺可活動的機槍，以支援機身前段的固定式前射機槍。

可說是奧斯瓦德·博克（Oswald Boelcke）的精神產物，他在擊落四十架敵機後，於一九一六年十月二十八日陣亡。這些新戰機大多爲配備絕佳的信天翁 D.III，也就是 D.II 型的一倍半機翼改良版，而不是雙翼機的機翼結構。

里希托芬馬戲團

儘管由包括索普威斯單座三翼機和當時數量稀少的布里斯托（Bristol）F.2B 雙座戰鬥機在內的新式戰鬥機護航，但當德軍的戰鬥機隊在新任隊長的領導下，像是令人敬畏的騎兵上尉曼佛列德·弗萊赫爾·馮·里希托芬（Manfred Freiherr von Richthofen，他最後以擊落八十架敵機的成績成爲第一次世界大戰中的首位空戰王牌）實力不斷地迅速增長，協約國損失的數量與速率還是以駭人的速度上升。

在「血腥四月」（Bloody April）中，英國皇家飛行兵團折損了至少三百一十六位飛行員和觀測員／機槍手，新飛機可以很快地補充，但空勤人員的訓練養成卻是緩不濟急，只有幾小時飛行經驗的空勤人員匆匆趕到法國，抱著黯淡的希望來填補人力缺口，但其實他們只是準備好成爲犧牲者而已。

然而精良的戰鬥機，具體來說像是皇家飛機製造廠 S.E.5、索普威斯駱駝式（Camel）、SPAD S. VII. 和 S. XIII　以及 F.2B 戰鬥機

↓索普威斯的幼犬式儘管有缺點，卻是一款受到歡迎的飛機。幼犬式有著完美的協調操控能力，也被用來進行早期的在航行中船隻平台上降落的實驗。如圖，中隊長唐寧（E. H. Dunning）準備在尾鉤的幫助下降落在狂怒號（HMS Furious）上。

↑第一次世界大戰時期，許多偉大的德國王牌飛行員都曾駕駛過的戰鬥機是信天翁式 D.V。此機易於大量生產，並裝有兩挺固定式的前射機槍，但缺乏稍後協約國戰鬥機的全方位表現，就結構上而言可能是受到下翼的影響。

等等，均正進入服役或是即將裝備部隊。因此從一九一七年春末起，重新裝備新飛機的英國皇家飛行兵團、英國皇家海軍航空隊和法國飛行部隊的戰鬥機中隊重獲制空權。

德軍「救火隊」

由於英國專門進行戰鬥的戰鬥機中隊是如此地成功，使得德國人認爲他們也許沒有辦法在飛機數量與所能部署的單位數量方面和協約國匹敵，然而一旦面臨需要局部空優的狀況時，德軍能夠運用由重要空戰王牌組成的機動「救火隊」單位部署至前線重要地段，這就是戰鬥機聯隊（Jagdgeschwader）的起源，也就是協約國所謂的「飛行馬戲團」（flying circus），由大約三十架或更多的戰鬥機組成。

首支戰鬥機聯隊於一九一七年六月二十四日組成，由里希托芬指揮，即第 1 戰鬥機聯隊，下轄第 4、6、10、11 戰鬥中隊。到了一九一七年底時，空中戰鬥的進行方式很明顯地已經永久改觀了。

美軍於一九一七年四月參戰，加入協約國這一方，但當時美軍武裝部隊的規模很小，不但武器數量稀少而且裝備過時低劣，因此無法打一場現代化的戰爭。一直要到一九一七年九月美軍第 1 航空中隊才抵達法國，而第 94、95 航空中隊則到了一九一八年初才抵達，並於四月十四日首次投入戰場。由於缺乏適用的美製戰機，在法國作戰的美國遠征軍航空單位主要是使用英製和法製的飛機。儘管如此，德國人已敏銳地預料到，規模龐大且裝備更佳的美軍陸上與空中部隊投入法國戰場，並有效摧毀從一九一五年延續至今以壕溝戰僵局爲縮影的軍事平衡，只是時間問題而已。因此德軍決定在一切爲時未晚前，發動一連五波破釜沈舟的攻勢以爭取勝利。首波攻擊於一九一八年三月二十一日發動，此時德軍戰鬥機中隊操作的機種混合了受到索普威斯三翼機直接刺激而發展但已過時的福克 Dr.I 三翼機，以及曾經不可一世但已過時的信天翁 D.V 雙翼機，還有全新的西門子－舒克爾特（Siemens-Schuckert）D.III 雙翼機。

在這些飛機的掩護下，德軍主要的雙座偵察與砲兵觀測機是 AEG C.IV、信天翁 C.X 和 C.XII、DFW C.V、LVG C.V 以及 C.VI，還有倫普勒（Rumpler）C.V 和 C.II，特別用來扮演密接支援和攻擊角色的雙座機則包括哈貝爾史達特 CL.II 和 CL.IV，以及漢諾威（Hannover）CL.II 與 CL.III。新發展出的戰鬥機則以容克斯（Junkers）J.I 爲代表，它是一架配有裝甲的雙翼機，用來擔任密接支援和攻擊的角色；而以容克斯爲先驅的專用攻擊機到了二次大戰時就變得舉足輕重了。（譯註：AEG 原文爲 Allgemeine Elektrizitäts-Gesellschaft，意爲通用電氣公司；DFW 原文爲 Deutsche Flugzeug-Werke，意爲德意志飛機製造廠；LVG 原文爲 Luftverkehrsgesellschaft，意爲航空交通公司。）

不過到了此時，英軍與法軍在飛機性能、數量與訓練上已可維持空中優勢，就算是稍晚出現的絕佳戰鬥機，像是福克 D.VIII 也無法改變此一事實，特別是因爲索普威斯的狙擊式（Snipe）也一樣好。

等到德軍攻勢被封鎖的時候，英軍就以每週一隊的速度源源不絕地派遣戰鬥機中隊至法國，這些戰鬥機均配備駱駝式（Camel）、F.2B 與 S.E.5a（譯註：S.E. 原文爲 Scout Experimental，意爲實驗偵察機）等飛機。隨著德軍攻勢於一九一八年六月十七日終止，協約國就開始轉守爲攻，英軍便於八月八日發動決定性攻擊。地面部隊在空中保護傘下作戰，而當中包括七個中隊的駱駝式戰鬥機則負責執行「壕溝戰鬥」和密接支援的角色。

在這五波「最後攻勢」的期間，德軍損失了許多偉大的空戰王牌，一連損失了更多無價的空勤人員，而補充人員的訓練也十分不足，使他們的戰力因此受到嚴重削弱；此外，缺乏燃料之類的基本物資也使飛行變得愈來愈困難。

戰略轟炸戰役

在第一次世界大戰展開時，俄國是唯一有能力以重於空氣的飛行器投射戰略性空中武力的國家，俄國擁有爲數不多的塞考斯基（Sikorsky）依雅慕羅梅茨（Ilya Muromets）四引擎重轟炸機。

這些數量有限但身爲「重」轟炸機先鋒的飛機，於一九一五年二月十五日進行第一次飛行任務。由

S.E.5A

一般資訊

型式：單座戰鬥機

動力來源：1 具 149 仟瓦（200 匹馬力）西斯帕諾－蘇伊查 V-8 活塞引擎

最高速度：每小時 75.6 公里（47 哩）

重量：空機重：635 公斤（1397 磅）
最大起飛重量：887 公斤（1951 磅）

武裝：一挺同步前射 7.7 公釐（0.303 吋）維克斯機槍和一挺架設在上翼中段的7.7 公釐（0.303 吋）路易斯機槍。可再加掛 4 枚 18.6 公斤（40 磅）炸彈。

尺寸

翼展：8.12 公尺（26 呎 7 吋）

長度：6.38 公尺（20 呎 11 吋）

高度：2.90 公尺（9 呎 6 吋）

翼面積：22.67 平方公尺（244 平方呎）

於這些飛機多半是在夜間出任務，因此沒有遭受什麼損失，但實際戰果也不多；據信在一九一七年十一月布爾什維克（Bolshevik）革命爆發而中止飛機生產作業之前，依雅慕羅梅茨轟炸機只生產了七十三架。

在第一次世界大戰開打時，德國的戰略轟炸能力掌握在德國陸軍和海軍的飛船部隊手中，但德國的領導階層因爲害怕協約國將會因爲德國攻擊不可避免地造成平民死傷，而獲得宣傳戰的勝利，因此沒有派出這些龐然大物進行長程攻擊。所以德國海軍的飛船（海軍的飛船和陸軍的飛船比起來尺寸較大、裝備也更現代化）在空中飛行許多小時的時間，飛越海面或主要是英國的領土上空，試圖尋找純軍事目標進行攻擊。然而這是一項不可能完成的任務，再加上在日間的轟炸幾乎不具準確度，因此飛船的

←←圖中站在一架福克 Dr.1 三翼機前的，就是第一次世界大戰期間德國最偉大的王牌飛行員騎兵上尉曼佛列德．弗萊赫爾．馮．里希托芬（右），他締造高達八十次的「擊殺」紀錄，而他的弟弟羅塔爾（Lothar）在非常短的時間內獲得四十次空戰勝利後陣亡，否則他很有可能追平甚至超越哥哥的紀錄。

攻擊無可避免地造成平民死傷。

目標：倫敦

到了一九一五年中期，德國陸軍已經加入了攻勢的行列。在協約國飛機轟炸德國西部的卡爾斯魯號（Karlsruhe）之後，德皇威廉二世（Welhelm II）終於批准了轟炸倫敦的行動。飛船在英國上空執行過多次任務，有時掛載在當時算是相當大型的炸彈。英國的空防基本上沒有能力攔截並擊毀這些入侵的飛船，一直要到一九一六年九月二日至三日的夜晚，英軍飛機才首度在本土上空擊落德軍飛船。雖然德國軍方特別是海軍，持續支援飛船作戰幾乎直到戰爭結束，但由於英軍空防對於飛船入侵的防護大幅增強，以至於運用這些性能優良但卻容易起火的飛船的行動急遽減少，最終在一九一八年後中止。

在一九一四至一五年時，德軍B、C 系列的無武裝雙座機，也就是所謂的信鴿支隊（Brieftauben-Abteilung）以及轟炸機中隊（Kampfstaffeln），已經實際進行轟炸作戰，後者是駕駛 AEG G. I 型機。這些單位之後就被轟炸機聯隊（Kampfgeschwader, KG）所取代，每個聯隊擁有約三十六架飛機。第 1 聯隊剛開始時駐紮在東線，後來被調至西線；第 3 聯隊駐地在根特（Ghent），負責空襲英格蘭，而第 4 聯隊則被部署在義大利戰場。部署轟炸機攻擊英格蘭南部目標的計劃在一九一四年十月時就已被提出，因爲當時德國軍方認爲陸軍部隊沿著法國北部大段海岸

↓索普威斯的駱駝式是以幼犬式為概念而製造衍生機種，堪稱是第一次世界大戰時期最成功的戰鬥機。此型戰鬥機裝備兩挺（有時裝備三挺）固定式前射機槍，性能表現相當優異，十分靈活，但卻被認為難以操控。

↑由於對索普威斯三翼機的爬升率和靈活度留下非常深刻的印象，德軍也生產了一些三翼機，當中最成功的就是福克 Dr.1；但即使是它開始服役並主要用來從事防禦性的戰鬥機任務時，也顯得老舊過時。

線推進的行動看起來是可行的。結果當德國陸軍向轉南朝巴黎推進時，沿著海岸線的推進在比利時的歐斯坦（Ostend）結束，剛開始的轟炸作戰就只有歐斯坦信鴿支隊的小型單引擎飛機能夠進行，但也僅能飛抵多佛（Dover）。

一直要到一九一六年的時候，更可怕的雙引擎哥特式（Gotha）與腓特烈港式（Friedrichshaven）轟炸機才投入服役，但短期需求迫使他們在剛開始時被投入到凡爾登（Verdun）和索穆河（Somme）戰役中，因此在這種情況下，到了一九一七年春季，第 3 聯隊終於在比利時的基地就位，以轟炸英國境內的目標。五月二十五日，第 3 聯隊以二十三架哥特式 G. IV 轟炸機進行了日間空襲，由於天氣問題，這些轟炸機無法逼近倫敦，因此他們就在肯特（Kent）上空飛行，並對葛瑞夫森得（Gravesend）、梅德斯東（Maidstone）、阿許佛得（Ashford）和佛克斯東（Folkstone）等目標投下炸彈，結果佛克斯東的災情最爲慘重，六枚炸彈一共炸死了九十五人，二百六十人受傷。

到八月底這段期間內德軍還進行了其他空襲行動，在這些行動當中最值得注意的是六月十三日，大約有二十架 G. IV 轟炸機攻擊英國東區與倫敦市，炸死了一百六十二人（包括一間學校裡的十六名兒童）和四百三十二人受傷。這些行動對英國大衆造成嚴重震撼，對於英國的空防面對這些轟炸機毫無嚇阻和摧毀能力的威脅更是不在話下。英國官方在輿論壓力下成立了一個委員會，對空防應該改進之處

德軍轟炸機的發展

隨著在大戰最初幾個月期間，俄國大型轟炸機於東線上展現出潛力時，一些德國設計的機型開始在 1915 年出現，剛開始是西門子．佛爾斯曼（Siemens Forssmann），接著是一系列的齊柏林－史塔肯轟炸機。這些飛機在剛開始時被稱為戰鬥飛行器（Kampfflugzeug），之後根據哥特式公司被歸類為 G 型雙引擎飛機，在 1916 年時有少量 G.II 被生產出來。

提出建議，這個委員會最具野心且最有遠見的建議，就是英國皇家飛行兵團和英國皇家海軍航空隊應該合併成為世界上第一個完全獨立存在的空軍部隊，將可以更佳地協調有效的防空作戰，因此英國皇家空軍（Royal Air Force, RAF）於一九一八年四月一日成立。

在德國方面，儘管戰損率持續上升，但對英格蘭卻無法造成任何更嚴重的損害，這樣的狀況可說是愈來愈明顯，因此攻擊行動遂改為夜間執行，進而降低了損失的可能性。一九一七年九月三日至四日的晚間，第 3 聯隊進行首次夜襲，一枚五十公斤（一一〇磅）的炸彈命中了查坦（Chatham）的一座海軍兵營，一百三十一人當場被炸死，九十人受傷，這是第一次世界大戰時，單一一枚炸彈所造成最嚴重的傷害。

夜間轟炸機

德國早已經盤算著夜間轟炸的計劃，並且在一九一六年時在東線上組建了第 501 和第 502 大型飛機支隊，當中包括各種不同的大型轟炸機，這些飛機中性能最好的是十人座的齊柏林－史塔肯（Zappelin-Staaken）R. VI 轟炸機，它擁有四個發動機，翼展達四十二．二公尺，載彈量最高可達一千公斤（二二〇五磅），還有四挺自衛用機槍。一九一七年九月，第 501 大型飛機支隊抵達比利時，到了月底該單位就能對英格蘭南部進行夜間攻擊。轟炸的準確度依然非常低，但儘管投下了重量更重的炸彈，英國平民傷亡實際上卻降低了。

在一九一七至一八年冬季期間，德國轟炸機的空襲行動還是維持在分散的基礎上進行，有少數的飛船進行空襲任務。從整體看來，英軍此刻在加強空防能力方面更加積極，他們運用帶狀部署的高射砲、更多探照燈、以繩索固定的氣球障礙等等，還有許多現代化的戰鬥機（包括駱駝式和 F. 2B），使得英軍有更多機會可攔截德軍轟炸機。德軍的最後一次大規模空襲是在一九一八年五月十九日至二十日間進行，共有三十八架哥特式轟炸機、三架 R 系列飛機和至少兩艘飛船奮不顧身地向英格蘭出擊。英軍高射砲和戰鬥機防禦網早已嚴陣以待，結果分別擊落了三架哥特式

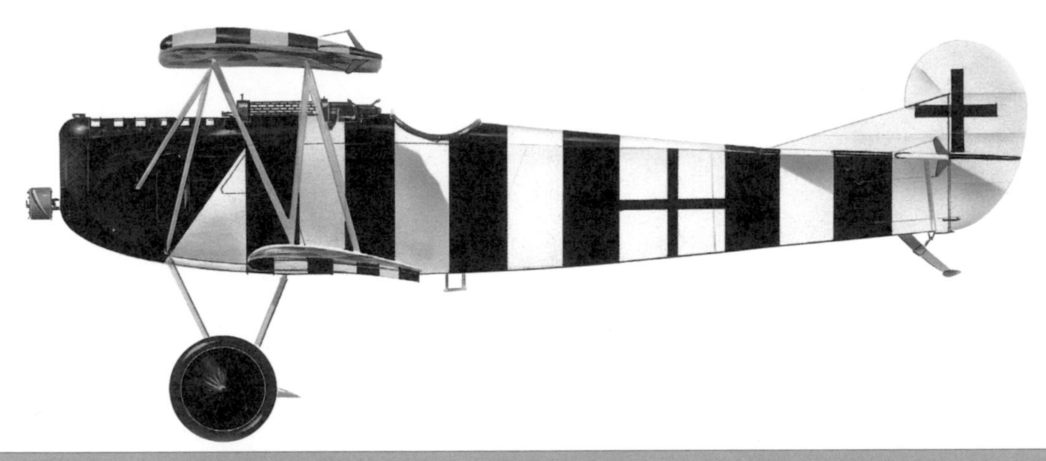

福克 D.VII

一般資訊
型式：單翼機
動力來源：1 具 138 仟瓦（185 匹馬力）B.M.W. III 六汽缸縱列活塞引擎
最高速度：每小時 200 公里（124 哩）
滯空時間：1 小時 30分鐘
重量：空機重：735 公斤（1620 磅）最大起飛重量：880 公斤（1940 磅）
武裝：兩挺前射固定式 7.92 公釐 LMG 08/15 機槍

尺寸
翼展：6.9 五公尺（32 呎 9 吋）
長度：8.9 公尺（29 呎 2 吋）
高度：2.75 公尺（9 呎）
翼面積：20.5 平方公尺（221 平方呎）

轟炸機，這次行動代表德軍轟炸英格蘭行動的實質結束。

剛開始時，英國人和法國人並沒有像俄國人和德國人一樣，對戰略轟炸擁有整體性概念。即便如此，英國皇家海軍航空隊還是在少數幾次規模雖小但成效顯著的攻擊行動當中，透露出清晰的思維和可觀的創造力。早在一九一四年十月八日，在一次初期嘗試的失敗後，以安特衛普（Antwerp）爲基地的依斯特邱奇（Eastchurch）中隊兩架索普威斯－泰布洛伊德（Tabloid）單引擎飛機轟炸了杜塞道夫（Düsseldorf）的飛船機棚。一名飛行員擊中了預定的目標，一舉摧毀了新型的齊柏林 Z.IX 飛船，而另一名飛行員則轟炸了科隆（Cologne）火車站。然而到了一九一五年八月十五日，休．滕恰德上校（Hugh Trenchard）接掌位於法國的英國皇家飛行兵團指揮權，他分配給每個軍團一個中隊以進行轟炸任務；

英軍「重轟炸機」的第一次出擊

1916 年 8 月，英軍的戰略轟炸機概念預示了一項重大變革，數個英國皇家飛行兵團中隊被分配到一個獨立的指揮部，專門用來進行戰略轟炸，而不是戰術支援轟炸。這一步是踏出正確的方向了，但英軍仍缺乏一款轟炸機，可以將他們的意圖轉變爲對德國後方地區的威脅。然而在 1917 年 3 月 16 至 17 日，皇家海軍航空隊的第 3 大隊進行了英軍重轟炸機的首次攻擊，一架 O/100 型轟炸機轟炸穆蘭雷梅茨（Moulin-les-Metz）的火車站。

↓世界上第一架四引擎重轟炸機，是俄國的塞考斯基依雅慕羅梅茨，由俄羅斯波羅的海貨車製造廠生產。此型飛機由於發動機供應和可靠度問題百出，除了航程以外性能表現不佳，因此最後建造的數量相當少。

在同一個月內，英國開始研發設計第一款眞正的重轟炸機，也就是雙引擎的韓德利佩基（Handley Page）O/100 型，於一九一六年十一月開始服役。

在這段期間內，英軍和法軍只對西線上和後方的德軍目標進行戰術轟炸，他們使用五花八門的飛機，搭配重量不超過五十公斤（一一二磅）的炸彈，直到一九一七年六月英軍才採用了一百五十三公斤（三三六磅）的炸彈。

到了一九一七年十月，英國皇家飛行兵團才剛剛組成第 41 大隊轟炸德國境內的工業目標，使用的機型包括皇家飛機製

齊柏林－史塔肯 R.IV

一般資訊

型式：7 人座重轟炸機

動力來源：2 具 119 仟瓦（164 馬力）梅賽德斯 （Mercedes）D.III 和 4 具164仟瓦（220 匹馬力）賓士（Benz）Bz.IV 縱列活塞引擎

最高速度：每小時 125 公里（78 哩）

飛行高度：3700 公尺（12150 呎）

重量：空機重：8720 公斤（19298 磅）
最大起飛重量：13035 公斤（28677 磅）

武裝：最多可達 7 挺 7.92 公釐機槍，炸彈攜行量可達 2123 公斤（4670 磅）

尺寸

翼展：42.20 公尺（138 呎 5 吋）

長度：23.20 公尺（76 呎 1 吋）

高度：6.80 公尺（22 呎 4 吋）

翼面積：332 平方公尺（3572 平方呎）

造廠 F.E.2b（譯註：F.E. 原文為 Farman Experimental，意為法赫蒙實驗機）和艾爾科哈維蘭（de Havilland）D.H.4 單引擎機，還有英國皇家海軍航空隊 A 中隊提供的韓德利佩基 O/100 型雙引擎轟炸機。

英軍展開攻勢

英國皇家飛行兵團第 41 大隊於十月十七日展開首次日間轟炸，派出八架 D.H.4 轟炸機攻擊薩爾布呂肯（Saarbrücken）附近的一座工廠，首次夜間轟炸則在十月二十四至二十五日間進行，由九架 O/100 型轟炸機對同一目標進行夜襲。攻勢在整個一九一七至一八年的冬季持續進行，到了一九一八年六月時，由英國皇家飛行兵團四個中隊和英國皇家海軍航空隊一個中隊組成的第 41 大隊已進行了一百四十二次空襲行動，當中有五十七次是轟炸德國境內的目標。

滕恰德不斷地施壓，要求擴大

英軍部隊的規模，並要求在法國必須完全擺脫法國陸軍的監督，此一要求在一九一八年六月時獲得批准，成立了所謂的「獨立部隊」（Independent Force），由滕恰德指揮，下轄重新裝備了 D.H.9 型機的第 41 大隊其中三個中隊，以及第 83 大隊的兩個中隊。

八月時，隨著裝備全新且經過改良的 O/400 型雙引擎轟炸機的三個中隊和一個裝備改良型 D.H.9a 的中隊抵達後，獨立部隊獲得了更多的戰力：其中一個已經派駐在法國的中隊，也已將完全過時的 F.E.2b 換裝成 O/400 型轟炸機。

在一九一八年十一月十一日簽署休戰協定、結束第一次世界大戰的前六個月，獨立部隊的各中隊投下了五百五十噸炸彈，當中有些重達七百四十八公斤（一六五〇磅），目標大部分爲德國的機場和城鎮，一共損失了一百零九架飛機、二百六十四人陣亡或失蹤，此一事實反應出獨立部隊具備了更強的攻勢作戰能力。

一九一八年九月，第 27 聯隊成立（由第 86、87 大隊組成），以實現獨立部隊的擴充計劃。這個新單位的裝備原本是新型的韓德利佩基 V/1500 四引擎重轟炸機，可攜帶三十枚一百一十三公斤（二五〇磅）炸彈，或是一枚一千四百九十七公斤（三三〇〇磅）炸彈；但到了休戰協定生效時，預定裝備此單位的 V/1500 轟炸機只有三架樣機送到，而被認爲適合這款威力強大的新式轟炸機的任務就是轟炸柏林。

獨立部隊在一九一九年初解散，而到了此時，獨立部隊已經爲現代戰爭中，戰略轟炸的發展奠定基礎，這個基礎就在二次大戰時獲得驗證。

←←在空戰的初期年代，炸彈攜帶、瞄準和投擲的方法相當原始，而小型炸彈的威力基本上也無足輕重，但在戰爭期間的發展不但迅速，而且相當重大。

↓德軍在第一次世界大戰時期最重要的轟炸機，是雙引擎的哥特式 G.III 和 G.IV。這些轟炸機在西線上空作戰，但也因為面對英國南部目標的日間及夜間攻擊而受人注意。

↑德軍也發展了數款長程重轟炸機，擁有四具、五具或甚至六具發動機。這些轟炸機中最知名且性能最佳的是齊柏林－史塔肯轟炸機，圖中即為典型的 R.VI，擁有兩具後推和兩具前拉的發動機。

→→英國發展了幾種方法來對抗飛船和轟炸機，包括本圖中的汽球障礙。這些汽球被拴在轟炸機可能來襲的飛行路徑上，用纜繩從側面連結起來，中間再加掛多條由上往下垂放的長纜繩。

海上的空戰

打從第一次世界大戰開始，英國和德國的海軍航空兵都蠢蠢欲動，德軍的飛船開始進行部署以空襲英國，同時也在北海（North Sea）和波羅的海（Baltic）上空巡邏偵察，而英國皇家海軍航空隊的飛機則攻擊比利時和德國境內的目標，同時也部署在達達尼爾海峽（Dardanelles）一帶，做爲魚雷轟炸機使用。

一旦戰爭進入白熱化階段，德國海軍的航空作戰就由該軍種下轄的兩個單位負責，也就是操作飛船的海軍飛船隊（Marine Luftschiffabteilung）和配備重於空氣飛行器的海軍航空隊（Marine Fliegerabteilung）；後者於一九一四年十二月才正式成立，但已經在海戈蘭（Heligoland）、基爾（Kiel）、普齊希（Pützig）和威廉港（Wilhelmshafen）等地擁有水上飛機基地。一九一四年十二月，第一批水上飛機被派駐至德軍佔領下的比利時沿岸的基地，但到

了戰爭即將結束的階段，海軍航空隊的規模已經擴充到擁有數百架飛機，且配置於北海、波羅的海、黑海（Black Sea）西側、土耳其境內黑海海岸以及愛琴海（Aegean Sea）沿岸地區等海岸地帶至少三十二座基地內，主要集中在比利時沿岸；有一部分佛瑞德里希港式（Friedrichshafen）和漢莎－布蘭登堡式（Hansa-Brandenburg）水上飛機，從這個區域出發作戰，並在北海的南部海灣內獲得可觀的戰果。漢莎－布蘭登堡式還與從東安

↑第一次世界大戰時期，英國設計的最佳輕型／中型轟炸機是愛爾科 D.H.4 及其後繼者 D.H.9 系列。這些飛機的結構相當堅固，並擁有良好的性能表現，可以成功與敵軍戰鬥機周旋，還可以掛載充足的炸彈。

格利亞（East Anglia）基地出發，英國皇家海軍航空隊的菲力克斯托（Felixstowe）F.2 飛艇發生空對空戰鬥。

一九一六年八月十一日是航空史上值得注意的一天，一架索普威斯駱駝式戰鬥機從一艘被拖曳航行的駁船上發射升空，於北海上空攔截並擊落一架 L.53 飛船；就在同一天，一支由十四架漢莎－布蘭登堡 W.29 型浮筒式水上飛機組成的機隊，標定了六艘英軍近岸用摩托

→第一次世界大戰期間，韓德利佩基 V/1500 是進入生產程序的英軍最大型轟炸機，一旁的 S.E5a 戰鬥機在其身旁顯得相對渺小，不過此款轟炸機因為太晚出現而沒有投入戰爭中。

←愛爾科 D.H.9 系列的發展以其優異的特性而在英軍和美軍中服役許久，它一直服役到一九二〇年代末期至一九三〇年代初期。

艇的位置，並以機槍火力擊沈了其中三艘。

英軍廣泛利用飛機進行多次近岸和海上任務，成爲日後航空母艦（carrier）發展和運用的先驅。

航艦空中武力的誕生

導致發展出眞正航空母艦的進程，是從自主力艦砲塔上加裝的平台發射飛機開始，經過拖曳航行的駁船，再到特別裝設有飛行甲板的改裝船隻，像是輕型戰鬥巡洋艦狂怒號（HMS Furious），從實質上來說她是第一艘眞正的航空母艦（與較早期臨時應急改裝的海上飛機輔助艦相反，後者僅僅是運輸飛

機），再將飛機用起重機吊到海面上起飛以進行作戰。

在戰爭後期，當小型的軟式飛船（non-rigid airships）和大型的菲力克斯托飛艇在英國海岸上空巡邏時，他們的任務是搜尋對英國海上交通線造成嚴重威脅的德國潛艇，而英國皇家海軍航空隊的各水上飛機中隊以及之後的英國皇家空軍，也有爲數頗多的飛機在地中海區域服役。

第一次世界大戰的另一個主要戰場，也就是在東線，德軍和俄軍的空中武力從戰爭一開始時就十分活躍，俄軍將實力集中在波蘭東部，特別是加利西亞省（Galicia）境內。俄國人只生產了少數本國設計的機型，大部分是引人注目的依雅慕羅梅茨轟炸機，等到俄國因爲布爾什維克革命而退出戰爭之後，俄軍操作的飛機變成是以英國和法國的飛機爲主；德軍在東線操作的飛機基本上和西線的機型一樣，但數量較少，投入戰場的時間也稍微晚一些。然而從一九一七年春季開始，由於俄國政治、社會和經濟方面的不安，最終導致布爾什維克革命而退出第一次世界大戰協約國行列，俄國空軍單位的素質明顯下降。

←←O/400 是英軍在第一次世界大戰末期最重要的重型轟炸機，V/1500 就是以此型轟炸機為基礎發展而來。O/400 能夠攜帶 907 公斤（2000 磅）炸彈，以及三至五挺 7.7 公釐（0.303 吋）自衛用機槍。

↓第一次世界大戰的一個關鍵性發展，就是世界上第一批航空母艦的誕生。一開始這些航空母艦只有個別的起飛和降落平台，全飛行甲板一直要到戰爭末期的最後發展階段才出現。

↑為了攻擊德國和土耳其的航運，也為了保護英國周圍的海上交通線，英軍大量使用浮筒式水上飛機，像是圖中的這些蕭特 184 型，能夠攜帶一枚小型的空投魚雷或是炸彈。

在南邊遠方，土耳其於一九一四年參加第一次世界大戰，成爲同盟國的一員，在英國海軍大臣邱吉爾（Winston Churchill）的建議下，協約國計劃從愛琴海進攻達達尼爾海峽，並奪取君士坦丁堡（Constantinople），以迫使土耳其人求和，並通過該地打開海上補給線，將補給物資和武器裝備送達黑海各港口，以支援奮戰中的俄國。

最初的海軍攻勢於一九一五年三月失敗，之後在英國海軍和英國皇家海軍航空隊的飛機支援下，大英國協部隊在加里波利半島（Gallipoli）進行了一連串的兩棲突擊行動，但都慘遭滑鐵盧。負責支援的飛機是蕭特 184 型浮筒式水上飛機，他們成爲世界上首批成功空投魚雷攻擊敵艦的飛機，擊沈了數艘小型土耳其船隻。

德國的增援

土耳其缺乏有效的空中武力，因此德國從一九一五年四月起便派遣少量的飛機和空勤人員特遣隊支援。土耳其部隊的陸戰上打得非常漂亮，寸土不讓，因此在一九一五年後期時盟軍認爲無法達成任何決定性勝利，便從一九一五年十二月開始撤軍。

英國與其帝國盟友也在巴勒斯坦（Palestine）和美索不達米亞（Mesopotamia）等地與土耳其軍

↑在第一次世界大戰時期，人們做了許多安裝並使用重型武器的實驗，但標準的武器依然是固定式或安裝在可活動基座上的步槍口徑機槍。

交戰。土軍在這些地方只能投入徒具象徵性的空中武力，儘管德軍再次提供援助，但英軍從頭到尾都佔了上風。同樣的基本情勢在美索不達米亞發展得相當明顯，德國人對土耳其人提供的有限空中支援被英軍的空中武力粉碎。在美索不達米亞區域，同盟國軍隊對土軍地面部隊的空中作戰也協助建立了英軍從空中執行「帝國警務」（imperial policing）的概念與實務，他們於一九二〇年代至一九三〇年代初期在北非、中東和印度等地將此概念發揚光大，飛機在這些地方可以迅速並有效地將特有的威力集中於難以從陸路到達的地方，因此可以在小型暴動擴大成大規模叛亂前便加以壓制或消滅。

義大利前線

在同一時期，奧匈帝國的空中武力也有實質成長，且到了一九一六年底也推出了許多性能更佳的戰機，像是航空工業公司（Aviatik）D. I. 和布蘭登堡 D. I.。到了一九一七年夏末，當德國派遣地面部隊進入南方戰區，試圖挽救奧匈帝國的挫敗時，義大利的空中和地面部隊便遭遇了更大的威脅。

義軍在第十二次伊松佐河

戰爭中的義大利航空武力

1915 年 5 月義大利加入協約國，參與第一次世界大戰，在義大利北部開闢了一條對奧匈帝國的新戰線。在此時，義大利皇家陸軍航空隊（Aeronautica del Regio Esercito）是一支有實力的隊伍，擁有約十二個中隊，裝備的飛機大部分爲布萊里奧、法赫蒙和紐波特的機種，而在亞得里亞海的海軍航空兵則擁有各式各樣的水上飛機。

面對義大利空中武力的是奧匈帝國的航空部隊（Luftfahrttruppen），但這支部隊已經將大部分兵力投入東線，因此只能以有限的力量對抗義大利航空部隊。

西線的戰役大部分反映在義大利戰線上，然而義大利在空中作戰的一個領域卻領先對手，那就是爲了偵察和轟炸而進行的長程飛行。當義大利飛機開始越過阿爾卑斯山對奧匈帝國的更深處內陸刺探時，德國再一次面對提升戰力的需要，剛開始時是提供現代化飛機。儘管遭遇了一些困難，義大利航空部隊在基本力量和全面作業能力等方面均穩定成長，因此卡普羅尼（Caproni）的多引擎轟炸機的空襲就在沒有面臨嚴重干擾的狀況下持續進行。到了 1916 年中，義大利的航空兵力總計擁有三十二個中隊。

（Isonzo）會戰或稱爲卡波雷托（Caporetto）會戰中慘遭打擊，因此在一九一八年初需要英軍和法軍的增援來協助穩定戰線。之後德軍將部隊抽出，轉而投入到西線上最後五波的攻勢中，因此雙方又再度回到靜態戰，直到義軍於一九一八年十月發動最後大攻勢，迫使奧匈帝國於十一月初提出休戰要求。

戰間期的發展

在一九一八年第一次世界大戰結束到一九三九年二次大戰爆發之間，航空科技先是經歷了第一次世界大戰結束後數年內的停滯不前，然後開始突飛猛進。在一九一八年，絕大部分的飛機都是以鋼索支撐的木製結構，外表大部分以翼布覆蓋的雙翼機，還有固定式的機尾著陸滑橇、鋼索機身設備、開放式駕駛艙和一具出力約爲一百八十六．五千瓦（二百五十匹馬力）的引擎。

在一九二〇年代期間，主要的變革是逐步採用更強力的發動機，並先是用鐵然後用鋁合金取代木材來做爲主要的結構，而這類飛機就被派上用場，直到進入一九三〇年代中期，在俄國內戰（the Russian Civil War，一九一八至一九二一年）、俄波戰爭（the Russio Polish War，一九一九至一九二〇年）、南美洲的查科戰爭（The Chaco War，一九三二至一九三五年）、從一九三二年起的中日戰爭第一階段、義大利征服阿比西尼亞（Abyssinia，一九三五至一九三六年），和甚至是西班牙內戰（the Spanish Civil War，一九三六至一九三九年）的初期階段等衝突中，都可見到他們投入戰場。在西班牙內戰中，西班牙國民黨

←大部分第一次世界大戰的交戰國都會生產自己的軍用機，奧匈帝國也不例外，像是航空式 D.I. 戰鬥機，其結構可靠度在剛開始時被懷疑。武裝為兩挺 8 公釐口徑（0.315 吋）許瓦茨羅瑟（Schwarzlose）機槍。

（Nationalist）獲得了德國和義大利部隊介入的可觀援助，而他們的對手共和黨（Republican）則得到蘇聯的物資支援。

有一項主要變化到了一九三〇年代中期十分明顯，剛開始是美國發展金屬應力蒙皮結構現代化飛機的結果，配備了後緣襟翼的懸臂式單翼、可收放式結構的起落架、封閉式機艙，引擎的馬力也更大，性能更可靠，並推動可變螺距的螺旋槳。此一科技上的改變接著就擴散到軍用飛機上，並從轟炸機身上開始運用，結果此一變革帶來更佳的性能表現，飛機可以攜帶更多炸彈，也可以配備更強的自衛火力，而當可以相匹敵的「現代化」戰鬥機出現時，他們導入了更強大的固定前射式武裝。到了一九三九年，飛機的最高速度已經成長三倍，最高飛行高度也成長兩倍（氧氣面罩這時已成為標準化配備），而轟炸機航程和酬載量的增加幅度也令人驚異。

←於 1932 年開始服役的馬丁（Martin）B-10 是美國陸軍的第一款全金屬轟炸機。然而戰間期的飛機設計日新月異，等到二次大戰爆發時，此款飛機已經是老舊機種，後繼者為波音（Boeing） B-17 空中堡壘式。

第二章

二次大戰：

西線戰爭，一九三九至一九四五年

當第一次世界大戰在西元一九一四年爆發時，飛機尚未安裝武器；等到了一九三九年，戰鬥機已經相當進化。

德國總理希特勒（Adolf Hitler）在未受西方盟國阻撓的狀況下取得薩爾蘭（Saarland）、萊茵蘭（Rhineland）地區〔這兩塊地區都是根據第一次世界大戰結束後簽訂的凡爾賽和約（Versailles Treaty）由盟國控制〕，以及奧地利和捷克斯洛伐克後，便將他的注意力轉向波蘭。希特勒麾下的軍事參謀人員希望在入侵波蘭時打一場新型態的戰役，在當中行動快速的地面部隊將以迅雷不及掩耳的速度對付一連串目標，而進行這種「閃擊戰」（Blitzkrieg）的關鍵就是來自空中的密接支援。

德國透過生產出口用的軍用飛機以及發展一系列先進商用飛機的方式，巧妙地迴避凡爾賽和約對德國生產軍用飛機的限制。因此在德軍入侵波蘭前夕，德國空軍（Luftwaffe）能夠投入一些當時世界上最佳的飛機，包括 He-111 和 Do-17 轟炸機、Ju-87 俯衝轟炸機、Bf-110 重型戰鬥機——也就是所謂的驅逐機（Zerstörer）、Bf-109 單引擎戰鬥機、Hs-123 對地攻擊機和 Hs-126 偵察機，此外還有由 Ju-52/3m 運輸機組成的機隊。當進攻波蘭的白色案（Fall Weiss）於一九三九年九月一日清晨四時二十六分展開時，這些飛機就在作戰中發動猛烈攻擊，主要目標是在支援陸軍部隊之前先摧毀波蘭空軍。

相較之下，波蘭性能最佳的戰鬥機 PZL P.11C（譯註：PZL 原文為 Pa stwowe Zak ady Lotnicze，意為波蘭國營航空製造廠），儘管能夠在空戰中和 Bf-110 交手，卻毫無贏過 Bf-109 的希望，或許 PZL P.37 麋鹿式（Los）是波蘭最有用的作戰飛機，然而在德軍入侵時，這款先進的轟炸機只有三十六架正在服役中。

第一款投入行動的德國空軍飛機，是第 1 俯衝轟炸機聯隊（Stukageschwader, StG）的 Ju-87B-1 斯圖卡俯衝轟炸機（Stuka），以及第 3 轟炸機聯隊的 Do-17Z-2 轟炸機，他們負責攻擊橋樑、機場和其他軍事目標。華沙（Warsaw）和克拉考

←在面對德軍的大舉入侵時，波蘭人所能集結最佳的戰鬥機是自製的 PZL P.11，該機相當靈活，但武裝過於薄弱，因此不是那麼有效。

（Krakow）也遭受德軍空襲，而 He-111 則沿著波羅的海海岸出擊，攻擊波蘭的海軍設施。

驅逐機群的 Bf-110 爲轟炸機護航，其空勤組員隨即採用俯衝和爬升戰術擊敗靈巧的 PZL 戰鬥機。在九月三日於華沙上空進行一場大規模空戰後，對波軍戰鬥機飛行員來說，戰鬥大體可說上是已經結束了，而德國空軍就重新派遣 Bf-110 進行對地炸射任務。當蘇聯於九月十七日入侵後，波蘭實際上已經輸了，但華沙一直要到九月二十七日，也就是德國空軍派出一千一百五十架次的轟炸機至該市執行轟炸任務的三天之後才投降。最後波蘭於一九三九年十月六日陷落。

就希特勒主宰歐洲以及最終支配世界的野心而言，挪威具備舉足輕重的重要性，只有佔領這個國家，才能保證對他的戰爭工業來說至關重要的瑞典鐵礦供應；挪威本身也有重要的軍事價值，德國海軍（Kriegsmarine）從挪威的港口出發，可以在北海作戰，而以挪威爲基地的德國空軍轟炸機則能夠攻擊英國。

挪威戰役

在英國，海軍大臣邱吉爾極力鼓吹，希望能夠在挪威水域布雷，以阻止在挪威航道上往來航行的德國鐵礦運輸船，但即使當時希特勒正計劃入侵該地，邱吉爾的建議還是被忽略了。結果在一九四〇年二月十六日，英國皇家海軍人員強行登上一艘載有英軍戰俘的德國船隻，儘管這次的登艦事件具有合法性，希特勒還是抓住機會，做爲入侵的藉口；他也考慮到應該拿下丹麥，因爲德國空軍需要位於奧爾堡（Aalborg）的大型機場設施，以進行突擊挪威的任務。

就在一九四〇年四月九日清晨五時過後，德軍進攻部隊越過

↓在不列顛之役期間，皇家空軍颶風式戰鬥機摧毀的敵機數比所有其他防衛武器加起來的還要多。圖為在該戰役中，第 56 中隊的戰鬥機正從北威爾德（North Weald）的機場緊急起飛。

丹麥邊界，同時從海上登陸，跟在他們之後的是德國空軍麾下另一種有力武器，也就是傘兵（Fallschrimjäger），他們首度投入戰場以攻佔奧爾堡的機場。二十分鐘之內，Ju-52/3m 運輸機就降落在機場上，源源不絕地吐出部隊和裝備，對丹麥造成強大壓力。到了當天晚上，哥本哈根（Copenhagen）就陷落了，德軍牢牢地掌控了丹麥。

挪威也在四月九日一早遭到德軍攻擊。攻擊一開始是由海軍部隊執行，即使英國皇家空軍一架桑德蘭式（Sunderland）飛艇已經在四月八日下午時於特倫漢（Trondheim）海岸外發現德軍船艦，但攻擊依然對英軍和挪軍部隊造成震撼。隨著部隊開始登岸，Bf-110 機開始掃射目標，迅速地消滅挪軍由格鬥士（Gladiator）Mk II 雙翼機組成的弱小部隊。在對軍事設施的轟炸攻擊之後，接下來抵達的就是傘兵部隊，他們迅速奪取該國的各主要機場。不過儘管如此，英國皇家海軍在四月十一日英勇地捲土重來，以第 803 海軍航空中隊（Naval Air Squadron, NAS）的八架賊鷗式機（Skua）發動一連串攻擊，擊沉柯尼斯堡號（Königsberg）。由於天候惡劣使得德國空軍無法出動，英軍部隊因

↓法軍阿爾卑斯山地部隊（Chasseurs Alpines）的士兵，正看著一架準備從挪威冰凍湖面上起飛的英軍布拉克本（Blackcurn）賊鷗式戰鬥機。這些飛機太晚抵達當地，因此無法挽救盟軍在挪威的戰敗。

此能夠在四月十五日於哈爾斯塔（Harstad）登陸，然後十六日在納姆索斯（Namsos），十八日則在安達爾斯（Andalsnes）登陸；然而德軍方面認清此一威脅，德國空軍就調派轟炸機攻擊這三處登陸地點，以及其他挪軍和英軍的抵抗口袋。

四月二十三日，從航空母艦光榮號（Glorious）上飛離的英國皇家空軍第263中隊格鬥士戰鬥機，試圖抵抗德國空軍的攻擊，但是徒勞無功。這些雙翼機從結冰的雷斯亞柯格湖（Lesjaskog）起飛，但卻難以進行作戰，到了四月二十五日晚上，該中隊當中的十一架飛機就無法勝任戰鬥任務了。到了四月二十六日，戰鬥終於結束，當附近的安達爾斯被德國空軍炸平時，倖存的機員就被撤離。

此時，盟軍在挪威的最後據點只剩下那維克（Narvik）。當時間從四月進入五月，德國空軍盡可能地強化在挪威的兵力，以奪取那維克，而盟軍的空中支援只有來自於不幸的第263中隊的格鬥士和英國皇家空軍第46中隊的颶風式（Hurricane）Mk I；前者再一次從光榮號起飛，這一次於五月二十六日抵巴爾杜佛司（Bardufoss），他們在當地與颶風式會合。那維克一直在盟軍的控制之下，但到了六月初，德軍部隊橫掃法國，英國別無選擇，只好把部隊從挪威撤出。

→→那維克成為德軍全神貫注的焦點。如同這張1940年4月拍攝的照片所證實的，德軍轟炸摧毀了港內許多船艦。

向大獎邁進

對希特勒而言，歐洲大陸的最大獎就是英國，當他的部隊還在和波軍交戰時，他就已經計劃一次穿越比利時和荷蘭進入法國，接著直取海峽港口的侵略行動，如此一來將使他得以集結一支用來攻擊英國的入侵艦隊。德軍入侵西歐的黃色案（Fall Gelb）於一九四〇年五月十日發動，首先是大膽無畏的滑翔機和傘兵部隊於比利時和荷蘭境內展開空降突擊，之後德軍部隊就跟在他們後面成群擁入荷蘭和比利時，穿越盧森堡。

荷蘭崩潰

早在五月十日凌晨三時，德軍轟炸機就已開始行動，特別是第4轟炸機聯隊攻擊了瓦爾哈芬（Waalhaven）－鹿特丹（Rotterdam）的機場，幾個小時之後Ju-52/3m運輸機就開始降落。荷軍只在空中進行了微弱的抵抗，荷軍福克D.XXI戰鬥機對德國空軍的Bf-109E和Bf-110戰鬥機來說，只是微不足道的挑戰。

做爲英法聯盟的一部分，英國遠征軍（British Expeditionary Force, BEF）已經在法國境內集結大量部隊以及兩支空中武力，當中英國駐法空軍（British Air Forces France, BAFF）編組的任務是支援英國遠征軍作戰，下轄操作萊桑德（Lysander）、布倫亨式（Blenheim）和颶風式等機種的各中隊；第二支編組是先進航空打擊軍（Advanced Air Striking Force, AASF），功能是補充兵力嚴重不足的法軍現代化轟炸機部隊，因此

由會戰式（Battle）、布倫亨式式轟炸機以及颶風式戰機組成。

防衛法蘭西

先進航空打擊軍由法軍指揮，於五月十日中午首度投入戰場，攻擊盧森堡境內的德軍單位，參與最初空襲的共有八架會戰式，當中就有三架被擊落，而接下來的幾波空襲也對各單位的會戰式造成慘重損失。到了五月十二日，英法聯軍將注意力聚焦在阻斷通往於馬斯垂克（Maastrict）橫跨阿爾貝爾特運河（Albert）橋樑的道路，盟軍方面再次投入會戰式和布倫亨式式轟炸機，同樣蒙受了慘重的損失，而加爾蘭得中尉（D. E. Garland）和格雷中士（T. Gray）因爲堅持進攻而

→對被包圍在敦克爾克（Dunkirk）周圍的盟軍官兵來說，等待是漫長而血腥的。由於天候不佳妨礙了飛行，他們幾乎沒有任何空中支援。

↑這些英國皇家空軍第610中隊噴火式 Mk I 的飛行員，對著鏡頭重演緊急起飛的畫面。在1940年的夏季，這可說是英國戰鬥機機場的經典景象。

獲頒維多利亞十字勳章（Victoria Cross），不過他們兩人和會戰式座機再也沒有返回；但他們的無線電操作員二等兵雷諾德（L. R. Reynold）則沒有獲得勳獎。此時英國遠征軍的作戰重點是防衛法國。

五月十三日，德軍渡過了繆斯河（Meuse）進入法國，並在色當（Sedan）建立橋頭堡，盟軍立即派出會戰式、布倫亨式式、LeO451〔譯註：LeO 為黎歐黑－歐利維耶（Lioré-et-Olivier）的縮寫〕和阿米歐（Amiot）354 等轟炸機加以攻擊，但盟軍轟炸機部隊到五月十四日就已瓦解了。即使有法軍的 D.520、MS.406、布洛緒（Bloch）152 與鷹（Hawk）75 式等戰鬥機支援英國皇家空軍的戰鬥機陣容，德軍在空中和地面的凌厲推進已經勢不可擋。到了五月十九日，英國駐法空軍和先進航空打擊軍的殘部只好向西方撤退。

即使天候持續惡劣，法國空軍（Armée de l'Air）依然操作各式各樣的戰機英勇奮戰以保衛巴黎，但隨著德軍地面部隊向南推進已經遠達里昂（Lyon），法國領導人便於一九四〇年六月二十二日簽署休戰協定。

不列顛之役

邱吉爾於一九四〇年六月底宣佈：「法蘭西之役……結束了，但

低地國的陷落

在 1940 年 5 月 10 日德軍猛攻期間，英國駐法空軍無法協助比利時。雖然英國駐法空軍派遣戰鬥機出擊，但英國皇家空軍戰鬥機司令部和英國轟炸機司令部均派出少數布倫亨式式對付比利時境內的目標。5 月 11 日，戰鬥機司令部派出以英國爲基地的颶風式至比利時和荷蘭上空，而先進航空打擊軍的颶風式則攻擊地面上的 Ju-52/3m 運輸機和空中的 Ju-87。戰鬥機司令部於 5 月 13 日再度展開行動，派遣噴火式 Mk I 和配備武裝砲塔的反抗式（Defiant）戰鬥機參戰。在第 264 中隊派出的六架反抗式中，只有一架平安歸來。地面上的苦鬥依然持續，但在 5 月 14 日下午，第 54 轟炸機聯隊的 He-111H-1 轟炸機展開了一場大規模空襲，摧毀了鹿特丹的大片區域，迫使荷蘭投降。

不列顛之役（Battle of Britain）即將展開。」鑑於德軍無法對英國諸島嶼進行閃擊戰，因此要征服英國只有三種可能：海上封鎖可以讓英國挨餓直到屈服，大規模轟炸作戰也可讓她跪地求饒，最後如果能在英國南部上空建立空中優勢的話，也許就能夠進行入侵行動。歷史紀錄顯示後者是曾經被使用的方法。

六月五日夜間，德軍首次對英國進行空襲，由 Ju-88A-1 和 He-111H-1 轟炸機攻擊米爾登霍（Mildenhall）的機場，接著在六日進行另一波空襲，然後攻擊行動於六月十八日再度展開。德軍的目標是機場，空襲的最初目的是爲了回應英國轟炸機司令部於五月十五至十六日對德國魯爾（Ruhr）地區進行的首波戰略性攻擊任務，而這次攻擊本身則是爲了報復德軍襲擊鹿特丹；此時德軍對英國的夜間作戰或多或少地持續進行，就像英國轟炸機司令部對德國的空襲一樣。不列顛之役的第一階段已經展開，德國空軍試圖奪取英吉利海峽（the English Channel）的制空權，並在同一時間封鎖英國的航運。德軍派出 Bf-109E 在英吉利海峽上空執行自由追擊任務（frei Jagd），企圖引誘英國皇家空軍出擊，而 Do-17Z、Ju-88、He-111 和 Ju-87 就攻擊機場、航運及沿岸目標。七月十日，德國空軍對一支運輸船團進行大規模空襲，提高作戰的層級，英軍的噴火式（Spitfire）和颶風式參戰，和 Do-17Z 與護航的 Bf-110C 交手，結果導致高達一百架飛機被捲入空中纏鬥，這一天被公認爲不列顛之役的第一天，到了第二天七月十一日，德國空軍總司令部便下令對英國進行更深入的空中作戰。

英軍已經建立了本島預警雷達站（Chain Home Radar Station）作業網絡，而這些設備再加上戰鬥機指揮體系以及訓練良好的觀測隊（Observer Corps），使得英國皇家空軍經常可以克服德國空軍擁有的奇襲和高度優勢。因此就是在七月十一日清晨的成功空襲後，英軍即時收到了斯圖卡機群準備空襲波特蘭（Portland）的警告。斯圖卡轟炸機由 Bf-110C 護航，但英國皇家空軍派去進行攔截的四個戰鬥機中隊已經就戰鬥位置，當這些護航

從敦克爾克撤退

邱吉爾於張伯倫（Neville Chamberlain）辭職之後當上英國首相，而他在 1940 年 5 月 20 日決定將英軍部隊撤出歐洲大陸。由於德軍的進展過於神速，因此德國國防軍的交通線這時變得延伸過度，而當盟軍部隊開始集結在敦克爾克－歐斯坦地區準備撤離時，希特勒下令裝甲部隊停止攻勢。他麾下的指揮官們希望繼續逼近，以橫掃被困在海岸上的大批盟軍部隊，但這個任務反而落在德國空軍身上。

自從 5 月 15 日起，空軍上將休．道丁爵士（Sir Hugh Dowding）就已經抗拒派遣戰鬥機支援法國的行動，他相信他們應該被保留做爲英國保衛戰的預備隊；而當撤出法國的行動證明他的立場正確時，這意味著敦克爾克大撤退的空中掩護必須要由英國境內的基地提供，反抗式、噴火式和颶風式因此參與了重新展開的空中支援作戰。對盟軍來說幸運的是，進行撤離的海灘正位於德國空軍 Bf-109 和 Ju-87 的航程極限位置，但儘管如此，殘餘的盟軍要塞和爲進行撤離而集中的小船隊仍遭受持續性的轟炸威脅。

撤退行動於 5 月 26 日展開，結果受到德國空軍的嚴重阻撓。5 月 29 日早晨天候不良使德軍無法起飛，但隨著天氣在下午好轉，英國皇家空軍採用比以往更大規模的兵力進行巡邏。5月 30 日，天氣再度有利於盟軍，結果當天有五萬八千八百二十三名人員撤離；次日，當大霧進一步阻礙空中行動時，又有 六萬八千零十四名人員被撤離。6 月 1 日早晨，Ju-87 利用天氣緩和的機會攻擊盟軍航運，但天候又再度變差，使得撤離行動得以一直持續到 6 月 4 日，到了那時已有三十三萬八千六百二十六名盟軍撤出法國。

機發現自己沒辦法跟著英軍戰機一樣調頭時，他們就迅速解決了 Ju-87，結果一共擊落了四架；戰鬥過後，這兩款戰機就不曾在西方的天空進行日間作戰。此外，氣候不佳也使得飛機幾乎無法起飛，雲層一直要到七月十九日才散去，海峽中的幾支運輸船團行蹤因此曝露行蹤。

當天氣允許的時候，德國空軍便持續以類似的強度進行作戰，七月二十五日則是一次例外，因爲大批的 Bf-109E 在當天壓倒了攔截的英國皇家空軍戰機。天氣自八月八日起開始改善，空戰的規模因而升級，而這正是英國戰鬥機司令部（Fighter Command）集中所有資源對抗轟炸機群的時候。

鷹日

此時，德國空軍已經在爲作戰中最主要的鷹擊行動（Adlerangriff）制定計劃，預計將於鷹日（Adlertag）展開。爲了盡快在天氣狀況許可時採取行動，鷹日原預定爲八月十日，但最後卻延至十三日。德國空軍衆所周知極不可靠的情報單位，認爲戰鬥機司令部已在八日遭到慘痛打擊，此一結論將使最高統帥部深受其害，然而另一方面也使他們體認到雷達系統對英國皇家空軍防

漢克爾 HE-111

一般資訊

型式：中型轟炸機

動力來源：2 具 986 仟瓦（1300 匹馬力）Jumo 211F-1 液冷式倒 V-12 活塞引擎

最高速度：每小時 400 公里（250 哩）

作戰高度：8390 公尺（27500 呎）

重量：空機重：7720 公斤（17000 磅）
最大起飛重量：14075 公斤（31000 磅）

武裝：最多可達 7 挺 7.92 公釐 MG15 或 MG81 機槍；最高可達 2000 公斤（4409 磅）內載炸彈或 2500 公斤（5512 磅）外掛炸彈。

尺寸

翼展：22.5公尺（74 呎 3 吋）

長度：16.4 公尺（54 呎 6 吋）

高度：3.9 公尺（13 呎 9 吋）

翼面積：86.5 平方公尺（942 平方呎）

務的重要性，因此迅即採取反制雷達的戰術。德國空軍也接受 Bf-110 被擊敗的事實，但這款大型的梅塞希密特（Messerschmitt）戰機已經被指定作爲長程戰鬥轟炸機（Jagdbomber, Jabo）使用，即將深入英國執行任務。鷹擊的需要佔了上風，而早在八月十二日晚間英軍的戰鬥機基地便再一次遭遇德軍集中火力打擊，此外第 210 試飛大隊（Erprobungsgruppe）的 Bf-110C-6 戰鬥轟炸機也進行了一次大膽的低空進襲，攻擊海岸的雷達站。

八月十三日的戰事在混亂中揭開序幕。德國空軍總司令、帝國大元帥（Reichsmarschall）戈林（Göring）因爲天氣預報不佳的因素，下令取消鷹擊，但不是所有已經升空的單位都收到了此一訊息，導致第 2 轟炸機聯隊的 Do-17Z-2 在沒有戰鬥機掩護的狀況下飛抵英

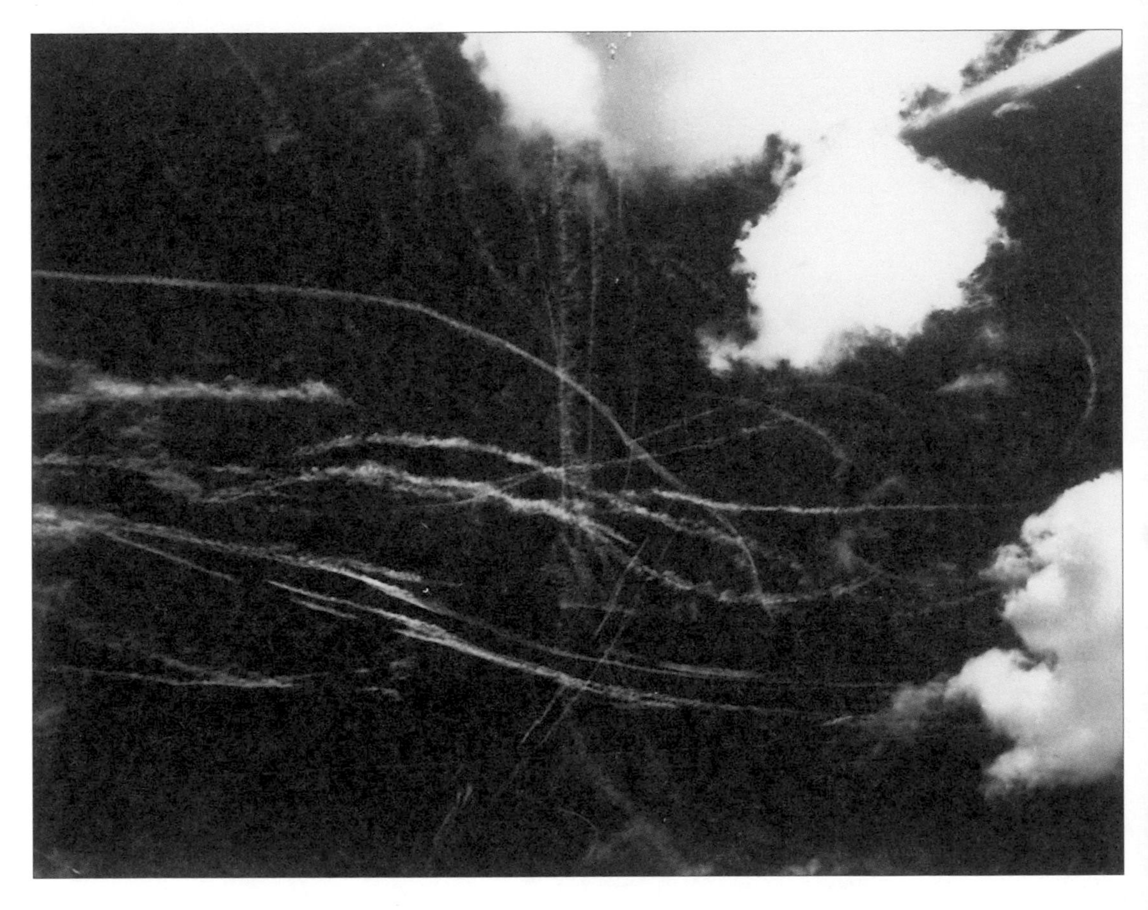

國上空，而一趟由第 2 戰鬥機聯隊第 1 大隊 Bf-110 執行的自由追擊任務，照表定計劃將與第 54 轟炸機聯隊的空襲協同，但結果卻是戰鬥機已經就位，轟炸機則無影無蹤。一直到下午稍晚的時候，儘管天氣還是不佳，大規模空襲依然展開了。入夜後，德軍的轟炸仍繼續進行，到了當天結束時，德國空軍一共損失了四十五架飛機，戰鬥機司令部只損失了十三架。天氣在八月十四日的戰鬥中扮演了決定性角色，使空襲行動降至最低限度，但到了八月十五日，英國皇家空軍的第 41、72、73、79、605 和 616 中隊在與第 26 轟炸機聯隊的 He-111H-1 及護航的 Bf-110D-0，還有第 30 轟炸機聯隊的 Ju-88A-1 交手時打了一場漂亮的勝仗，德國空軍在當天損失了七十九架飛機，英國皇家空軍只折損了三十四架。

戰術的改變

德國空軍的戰術顯失敗了，在沒有戰鬥機緊密護航的狀況下，再也不能派遣轟炸機於日間飛越敵方領土上空。英國皇家空軍已經開始忽視執行自由追擊任務的敵機，集中火力打擊下方的轟炸機，而隨著轟炸機和機組員損失的數量上升，

↑對地面上好奇的觀眾而言，不列顛之役雙方纏鬥的唯一證據也許就是戰鬥機廢氣在高空形成的混亂凝結尾流。

命運不佳的反抗式

1940 年 7 月 19 日，英國皇家空軍得到了空襲機群在法國海岸上空集結的早期預警，不過 Ju-87B-2 能夠在沒有對手攔截的狀況下攻擊多佛港內的船隻。爲了報復德軍空襲多佛，戰鬥機司令部派出颶風式和反抗式，後者的任務是在法國海岸外進行低空巡邏。第 111 中隊的颶風式發現 Bf-109E 攻擊第 141 中隊的反抗式，但因爲無線電問題而無法集中多架飛機攻擊德軍。反抗式遭到梅塞希密特戰鬥機的猛烈進攻，因爲飛行員明白反抗式的機槍塔無法對付來自後方和下方的攻擊。在出擊的九架反抗式中，只有三架返回基地，接著此型戰鬥機便立即退出日間戰鬥機的行列。

→在入侵低地國和法國期間，Bf-110 依然是一款極為有效的日間戰鬥機，圖為第52驅逐機聯隊第一大隊的 Bf-110C。

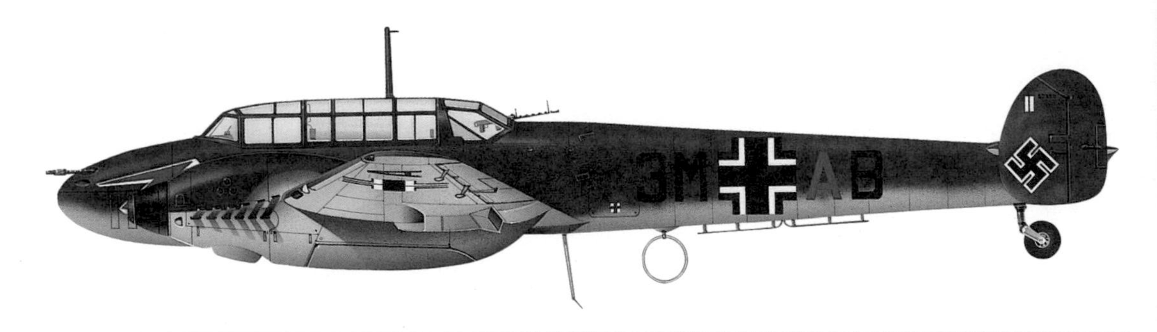

梅塞希密特 Bf-110

一般資訊

型式：重型戰鬥機

動力來源：2 具 809 仟瓦（1100 匹馬力）戴姆勒－賓士（Daimler-Benz）DB 601B-1 逆 V-12 活塞引擎

最高速度：每小時 560 公里（348 哩）

作戰高度：10500 公尺（3500 千呎）

重量：空機重：4500公斤（9900 磅）
最大起飛重量：6700 公斤（14800 磅）

武裝：2 門 20 公釐（0.78 吋）MG FF/M 機砲；**4 挺7.92 公釐（0.313 吋）MG17 機槍**；一挺 7.92 公釐（0.312 吋）MG15 機槍。

尺寸

翼展：16.3 公尺（53 呎 4 吋）

長度：12.3 公尺（40 呎 6 吋）

高度：3.35 公尺（10 呎 9 吋）

翼面積：38.8 平方公尺（414 平方呎）

德軍因此做出戰鬥機要持續緊密護航轟炸機的決定，英國皇家空軍的飛行員於八月十六日注意到這個新戰術，當時 Bf-109E 被目擊與轟炸機飛在同一個高度，就在他們兩側及前方，左右搖擺以保持低速並維持編隊隊形。作戰再一次徹底地因爲天氣因素而無法進行，但到了八月十八日，斯圖卡再次被投入戰場，結果又蒙受慘重損失。這場空戰非常激烈，持續了一整天，結果德軍損失了七十一架飛機，英國皇家空軍則只有二十七架被擊落。

不列顛之役中最艱苦的一天已經結束，但英國皇家空軍卻極爲缺乏隨時準備可以駕機升空的飛行員來操作大量新型和修復的飛機。當經驗豐富但筋疲力竭的人員需要休息的時候，戰爭對他們的戰技的需求也愈來愈大，戰鬥機司令部因此被迫保留一群由資深人員擔任的幹部，再用剛結束訓練的新人來支援，於是許多教官已經奉命去前線服役，因而新人是駕駛會戰式和萊

→戈林（右）是戰爭初期最受希特勒寵愛的將領之一，但到了不列顛之役的時候，希特勒就已經對他領導空軍的方式多所批評。

→→在德國空軍進行的另一波空襲後，倫敦市區起火燃燒，圖片前方是倫敦塔橋。當不列顛之役持續進行時，對倫敦的大規模空襲變得愈來愈常見。

桑德式機受訓。此刻戰鬥機司令部目前處於最低潮，無法維持作戰的步調。

輸掉會戰？

德國空軍持續對英國皇家空軍的機場施壓，所謂的防區機場（sector airfields）對於戰鬥機指揮通訊鏈來說是不可或缺的重要環節，特別需要擔心是否被摧毀。英軍高層下令以最少的資源對付敵機，以避免發生代價高昂的戰鬥機空戰。另一方面，戈林考量到德國空軍應該集中軍力，藉由轟炸來殲

閃電空襲開始

1940 年 9 月 7 日德軍展開對倫敦的第一次空襲，出動三百四十八架各型轟炸機，還有六百一十七架 Bf-109 和 Bf-110 戰鬥機緊密護航；英國戰鬥機司令部也毫不客氣地反擊，擊落了四十一架敵機，本身只損失二十八架。空襲行動一直持續至 9 月 15 日，德軍一連串的攻擊都遭到戰鬥機的堅決抵抗。到了當天結束時，德軍有六十架被擊落，卻只擊落了二十六架敵機。英國皇家空軍戰鬥機司令部面對著所有的可能性，贏得了一場引人注目的勝利。這導致了德國空軍的另一項戰術變革，其行動準則變成戰鬥轟炸機在日間低空進襲，轟炸機則在夜間對倫敦空襲；此外也直接導致希特勒決定延後入侵英國的海獅行動（Seelöwe）。

滅敵軍戰鬥機，他企圖讓梅塞希密特戰鬥機和轟炸機編隊更緊密地靠在一起。戈林也承受攻擊英國轟炸機司令部的壓力，因爲英軍正對海峽上各處港口進行空襲，而德軍部隊正集結在那些地方，爲即將進行的登陸做準備，各戰鬥機聯隊這時被迫以「又低又慢」的姿勢迎擊敵軍，在空中消滅英國皇家空軍戰鬥機司令部（RAF Fighter Command）的機會已經錯失了。

不過話雖如此，戰鬥機司令部仍遭受嚴重損失，戰鬥機飛行員陣亡，因此無法維持英國的空防。但之後到了八月二十五日夜間，英國轟炸機司令部首度派機攻擊柏林，希特勒對此大發雷霆，戈林也非常尷尬，結果就是做出了一個將會影響戰爭走向的決策。當德國空軍於九月七日改變戰術時，七個防區基地當中已經有六個遭到打擊而無法運作，無法替補的飛行員仍以駭人的速率消耗。爲了報復英軍對柏林的空襲，德軍指定了一個新目標：倫敦。

到了九月十七日，希特勒心裡已經在盤算著對蘇聯的戰役，於是發出了聲明，當德國空軍轟炸機狂炸倫敦時，入侵英國的行動可以暫緩。當英國皇家空軍奮力抵抗難以捉摸的敵人時，這座城市的居民即將遭遇於夜間降臨的恐慌，但從整

↓1941 年初，德軍將 Bf-109F 投入戰場，以免噴火式 Mk V 在戰鬥中取得上風。圖為第 2 戰鬥機聯隊的 Bf-109F-2。

↑如果 Bf-109F 讓英國皇家空軍感覺日子更難受的話，那麼 Fw-190A 就稱得上是嚴重打擊了，英軍方面之後發展出一款噴火式的全新改良型 Mk IX 以對付此款戰鬥機。

體而言，英國戰鬥機司令部和這個國家已經得救了。

德國空軍已經在導航設備方面進行許多研究，也在夜間轟炸作戰上投資許久，此刻德軍將會在倫敦戰役中從此一策略獲得回饋；相反地，英國轟炸機司令部並沒有做什麼來找出對抗夜間轟炸的方案，因此當德國空軍以合理的精確度進行轟炸時，英國守軍就跟瞎子沒什麼兩樣。

夜間閃電

當英軍奮力地將剛發展出的 AI Mk III 對空雷達裝製，設置到適合的機身中以進行夜間戰鬥任務時，義大利的戰鬥機和轟炸機部隊也加入了德國空軍的行列，參與對英國皇家空軍的「最後毀滅」。不過義軍雖然於九月期間抵達法國，但一直要到十一月才投入，結果證明他們缺乏這方面的能力，在對付哈維許（Harwich）的空襲中，六架 BR.20M 轟炸機和三架戰鬥機（很可能是 CR.42 雙翼機和 G.50bis 單翼機）遭颶風式戰鬥機擊落，而英軍方面則完全沒有損失，因此義軍飛機就再也沒有參與大規模空襲行動。英國的實驗室這時已經開始發展偵測德軍轟炸機

↑第厄普登陸的計劃構想相當不理想，且空中支援的管理不佳。然而英國皇家空軍的戰鬥機掩護成功保護了英國皇家海軍的船艦，只有兩艘受損而已。

的設備。布倫亨式式最後終於裝上了雷達，之後也馬上裝到標緻戰士機（Beaufighter）的早期型，而英國科學家也發展出可以依據德軍導航信號進行追蹤的裝置。英軍建立了一套地面指揮攔截雷達系統，能夠指揮英國皇家空軍的夜間戰鬥機並引導他們到機載雷達的搜索範圍內。

德軍高層在十月時頒布了新命令，使所謂的夜間閃電空襲進入了新階段。倫敦依然是主要目標，但新增了工業設施和其他城市做爲新目標。德軍繼續進行大規模且充滿毀滅性的空襲，特別是針對考文垂（Coventry），該市在十一月十四至十五日的夜間遭到徹底毀滅，但守軍於一九四〇年十一月十九至二十日眞正向前踏出了一步，當時康寧漢上尉（Cunningham）和菲立普森中士（Phillipson）駕駛裝備 AI Mk IV 對空雷達的標緻戰士戰鬥機擊落一架 Ju-88。當夜間戰鬥機和防空措施改進時，英國皇家空軍也開始干擾德國空軍的導航信號，而德國空軍就是在這個時候又再度改變了戰術。在一九四一年一月至二月間，氣候再次不利於持久作戰，但德國空軍在二月十九至二十日的夜晚展開新一輪空襲，把航運也列入目標。這些行動一直持續到五月初，但英軍夜間戰鬥機的戰果不斷攀升，而其他戰區也極力要求德國空軍轟炸機部隊的增援，因此各轟炸機聯隊馬上開始撤出，閃電空襲便中止。不列顛之役終於結束了。

英國戰鬥機司令部由於要從事對抗夜間空襲的任務，因此不願意釋出飛機至其他戰區。入侵的威脅已經降低，但不是完全解除，所以大批以英國爲基地的日間戰鬥機單位沒有太多工作要做，因爲德國空軍在白晝的威脅已經完全消失了。另外在一九四〇年十二月二十日，第 66 中隊的兩架噴火式機從低空飛入第厄普（Dieppe）附近的敵方空域，他們穿透了內陸，掃射電力設施、兵營和車輛。戰鬥機司令部開始轉守爲攻了。

戰鬥機攻勢

戰鬥機司令部麾下第 11 聯隊的新任指揮官李馬洛利（Leigh-Mallory）認爲，在法國和比利時海岸上的德軍部隊正過著快活的日子，他們不用擔心遭受攻擊，可以隨意地作戰。他在整場不列顛之役期間鼓吹運用「大隊」（Big Wing）戰術——大致上就和德國空軍的自由追擊差不多，而這時他更推動運用此一大型戰鬥機編組進行攻勢，掃蕩被佔領的地區。結果，當這類戰術依然是

↓儘管布倫漢式和德國空軍的戰鬥機相比之下頓顯過時，也非常容易受到高射砲火的傷害，但它在 1940 年時依然是英國遠征軍的關鍵機型之一。圖中這些布倫漢 Mk IV 隸屬於第 139 中隊，在法國作戰。

↑這些美軍部隊在搭乘C-47飛往諾曼第的途中來一根菸，跟他們即將面臨的危險相比根本算不上什麼，有幾架運輸機甚至在裡面的傘兵一個也沒跳出來的情況下就被擊落。

作戰核心時，就衍生出幾種不同型式的任務，每一種型式都有一個代號，剛開始時被稱爲蚊式機（Mosquito），之後被定名爲大黃（Rhubarb），這是由許多兩架爲一組的戰鬥機或分隊進行低空掃蕩，此作戰模式日漸普及；此外也展開侵入行動，在當中布倫亨式和稍後的道格拉斯（Douglas）DB-7或破壞式（Havoc）埋伏在德軍轟炸機基地附近上空，希望能夠在轟炸機升空進行夜間轟炸時造成騷亂。戰鬥機掃蕩行動於一九四一年一月九日首度進行，德國空軍拒絕與之交戰，就如同英國皇家空軍最終還是避免對德國空軍的自由追擊行動做出反應。情勢相當明顯，轟炸機需要參戰，以做爲誘餌，引出德國的梅塞希密特戰鬥機，再由颶風式和噴火式戰鬥機加以攻擊。結果最後是第2聯隊負責了大部分的工作，而當第一次所謂的馬戲團任務（Circus missions）於一月十日進行時，總計有六架布倫亨式式，還有來自六個中隊的噴火式和颶風式戰鬥機參戰。颶風式緊密地為布倫亨式式護航，噴火式則留在後方於較高的位置待機，準備隨時打擊升空防禦的德軍戰機。這次空襲行動非常順利，一些 Bf-109E 被誘出而捲入空戰，有一架颶風式被擊落，但其餘的戰機降低至樹梢高度，隨機挑選目標掃射，並四處搜尋維修中或起飛中的德國空軍戰機，而轟炸機就趁亂低飛逃逸無蹤。這些英國皇家空軍飛行員在低空和敵軍纏鬥時表現出的攻擊性，是個好兆頭；但英軍高層則認為進行攻擊時應該更小心，免得損失數字開始累積上升，因此一直要到一九四三年底才會更進一步運用低空戰術。此舉能夠有效地讓德軍戰鬥機在航程範圍內交戰和起降落時（戰鬥機在這段作業期間內最為脆弱），避免受到攻擊。

馬戲團任務的行動模式在整個一九四一年間持續著，且隨著沙恩霍斯特號（Scharnhorst）和格耐森瑙號（Gneisenau）停泊在布勒斯特（Brest）加重了德國空軍的防衛負擔。從正面來看，當地空軍單位接收了改良許多的 Bf-109F 戰鬥機，而沿著面對敵方領域的海岸線上也建設了早期預警雷達系統。到了一九四一年六月中，馬戲團作戰行動已經證明對敵我雙方造成的損失不相上下，然後到了一九四一年六月二十二日，長期以來攔截並解碼德軍最高機密通訊情報的英國得知了德國國防軍（Wehrmacht）進攻蘇聯的消息，當德國空軍的戰鬥機部隊被調派到東方時，西線只剩下兩個完整的聯隊（Geschwader）在法國，即第 2 和第 26 戰鬥機聯隊，因此加強攻勢就變成優先要務。這兩個單位以菁英飛行員（Experten）為核心，而當英國皇家空軍奮力地在噴火式的航程範圍內尋找德國空軍認為值得防禦目標時，卻也發現儘管不斷地蒙受損失，但卻沒有多少戰果，所以戰鬥機司令部高層內反對進行馬戲團任務的聲浪開始加強。不過儘管如此，他們依然持續進行這個行動，連同其他作戰，包括針對航運的錨地任務（Roadstead），以及內容為派遣由轟炸機或戰鬥轟炸機組成的龐大機隊以摧毀特定目標的通槍條行動（Ramrod）在內。然後在一九四一年八月三十一日，德軍一架新型戰機擊落了一架颶風式戰鬥機。Fw-190 已經服役，而盟軍最新銳的戰鬥機像是噴火式 Mk V，相比之下立刻屈居下風。

海峽衝刺

由於長久以來繫泊在布勒斯特港，並多次淪為空中轟炸的目標，戰鬥巡洋艦沙恩霍斯特號和格耐森瑙號，以及重巡洋艦歐根親王號終於在 1942 年 2 月 11 日晚企圖殺出重圍。德國空軍大舉出動以掩護此一行動，但英軍一直沒有做出反應，直到尤金．艾斯蒙少校（Eugene Esmonde）在第二天清晨下令第 825 海軍航空中隊的劍魚式機升空為止。英軍浴血奮戰，猛烈攻擊，德軍的 Fw-190 和劍魚式與護航的噴火式纏鬥不休。結果所有的魚雷轟炸機均被擊落，十八名機組人員中只有五名僥倖生還，艾斯蒙在身故之後獲追贈維多利亞十字勳章。

超級馬林噴火式 MK.IX

一般資訊

型式：單座戰鬥機

動力來源：1 具 1129 仟瓦（1515 匹馬力）V-12 勞斯萊斯（Rolls Royce）梅林61 活塞引擎

最高速度：每小時 657 公里（408 哩）

作戰高度：12192 公尺（40000 呎）

重量：空機重：2545 公斤（5610 磅）
最大起飛重量：3402 公斤（7500 磅）

武裝：2 門西斯帕諾 20 公釐口徑（0.78 吋）機砲和 4 挺 7.92 公釐（0.312吋）機槍或 2 挺 12.7 公釐口徑（0.5 吋）機槍；454 公斤（1000 磅）炸彈。

尺寸

翼展：11.2 公尺（36 呎 10 吋）

長度：9.5 公尺（31 呎 3 吋）

高度：3.6 公尺（11 呎 9 吋）

翼面積：22.4 平方公尺（242 平方呎）

第厄普的災難

英國皇家空軍在一九四一年放慢了作戰的腳步，之後於一九四二年三月再次對歐洲大陸進行攻勢行動，在這新一輪的攻勢中，包括只用戰鬥機進行掃蕩的羅得歐（Rodeo）和轟炸攻擊的波士頓（Boston）行動。然而到了四月，英國皇家空軍比德國空軍損失更多飛機的事實愈來愈清楚，攻勢因而中止，等到了七月時再以避免和戰鬥機特別是 Fw-190 接觸的方式重新展開。

在這段技術方面屈居下風的期間，盟國與剛參戰的美國同心協力，開始計劃一場入侵歐洲大陸的作戰。由於考慮到可能會在一九四三年春季進行一次大規模突擊，因此需要進行偵察以評估德軍的抵抗

←←在 D 日前、中、後的期間內，英國皇家空軍和美國陸軍航空隊的重轟炸機均扮演了重要角色。圖中這架看起來身經百戰的的美國陸軍航空隊 B-17 正飛越諾曼第灘頭上空。

↓這張照片只顯示出為進行大君主行動（Operation Overlord）所集結兵力的一小部分而已。在這塊區域裡，裝在條板箱內的物資不計其數，還有許多組裝到瓦科哈德連式（Hadrian）滑翔機。

能量。一九四二年八月十九日，盟軍部隊在第厄普登陸，英國皇家空軍將第一批終於可以和 Fw-190 匹敵的噴火式 Mk IX 投入作戰，還有新型的颱風式（Typhoon）Mk IB 以及野馬式（Mustang）Mk I。戰鬥機在防衛艦隊時表現良好，但當 Fw-190 以充滿攻擊性的高超技巧升空戰鬥後，盟軍的傷亡變得十分慘重，地面上登陸部隊的進展也十分悽慘，整場作戰因此被認爲是一場血淋淋的失敗。盟軍在第厄普登陸戰學到的教訓相當值得注意，但這卻象徵著美國陸軍航空隊（United States Army Air Force, USAAF）首度投入馬戲團行動；其中，B-17E 空中堡壘（Flying Fortress）轟炸機攻擊了德國空軍第 26 戰鬥機聯隊在阿布維爾（Abbeville）的基地。

轟炸機投入戰鬥

對德軍來說，B-17 的空襲在剛開始時證明難以抵擋，Fw-

190 和新型的高空 Bf-109G-1 奮不顧身地想要穿透轟炸機的防禦火網，德國空軍被迫發展新戰術以擊敗 B-17 以及之後的 B-24 解放者（Liberator）轟炸機，美國陸軍航空隊因此最終認清了轟炸機無力自我防衛，必須派出戰鬥機護航以確保轟炸行動成功。到了十月，盟軍入侵北非的準備工作已在進行中，而德軍戰鬥機單位就在一九四二年十一月八日從法國撤回以對抗盟軍威脅。盟軍在西方的攻勢依然持續，沒有減弱，然而在十一月二十三日第 2 戰鬥機聯隊第 3 大隊的 Fw-190 第一次對 B-17 進行正面對頭攻擊，這款龐大轟炸機的弱點已

←戰鬥機飛行員有時會用座機的翼尖掀翻 V-1 飛行炸彈，進而將其摧毀。飛行員必須將座機的翼尖放到飛彈的翼尖下，然後向上擺動機翼，以使 V-1 失去控制。

↓圖中是英軍第 6 空降師官兵在登上飛往諾曼第的飛機前一起調整手錶的時間。身後是阿姆斯壯懷特渥斯（Armstrong Whitworth）的阿博馬爾式機（Albermarle）。

↑在D日登陸期間，達科塔式拖曳了無數的霍薩式（Horsa）滑翔機。圖中這些飛機是支援第6空降師的一部分第二波兵力。

→→希特勒的復仇武器是對準一個城市般大小目標的概略方向便發射，因此是不分打擊對象的。圖為1945年3月，一枚V-2對薩里（Surrey）吉爾福德（Guildford）街道造成的破壞。

經被發現了。

自從一九四〇年底起，德軍的戰鬥轟炸機就在英國上空橫行，他們的飛行速度極快，並對各式各樣的目標進行「打帶跑」攻擊。進行這種攻擊的 Bf-109 和特別是 Fw-190 戰鬥轟炸機相當難以對抗，這種狀況一直要到颱風式 Mk IB 和配備格利芬（Griffon）引擎的噴火式 Mk XII 配發給實戰部隊後才停止。後者於一九四三年四月起服役，到了那時其他戰區的需求已經在耗盡戰鬥轟炸機的實力。同年六月，德軍只剩下一個單位在執行戰鬥轟炸機的任務，其飛行員由新手和前驅逐機組員組成，可說是一群烏合之衆，表現相當拙劣，有幾個人甚至因爲迷航而誤降英國。

在其他地方，噴火式 LF.Mk IX 於一九四三年三月出現，它能夠贏過 Fw-190；另外在稍早時，P-47C 雷霆式（Thunderbolt）已在美國陸軍航空隊的第 4 戰鬥機大隊服役，它代表終於有一種飛機可以在俯衝時逮到高速飛行的 Fw-190 或 Bf-109。隨著美軍源源不絕地進駐英國，地中海戰區和東線戰場對於 Fw-190 的需求不斷升高，

市場花園行動（Operation Market Garden）

在歐洲大陸上，德軍部隊已撤退至荷蘭境內的防線，而蒙哥馬利將軍擬訂了一份計劃，以避免正面對抗這些陣地。他的目標是讓空降部隊在分別被稱爲市場和花園的兩段式行動中，於安恆（Arnhem）的德軍戰線後方著陸。此一聯合作戰於 1944 年 9 月 17 日展開，進展得相當不順利，到了 9 月 21 日，安恆一帶殘餘的英軍官兵便開始盡可能地逃命。對盟軍來說，雖然市場花園行動是一次代價慘重的挫折，但向萊茵河的進軍依然持續著。

再加上德軍飛行員承受的壓力開始顯現，德國空軍的傷亡因而開始攀升，然後復仇武器就出現了。

一九四三年八月間，盟軍照相偵察機開始帶回法國北部建築工地的影像。盟軍已經察覺到希特勒的復仇武器計劃，並辨識出這些建築工地是發射台工程，準備用來發射 V-1 飛行炸彈（flying bomb）這種恐怖的武器。盟軍對 V-1 發射台的首次攻擊於八月二十七日由 B-17 轟炸機進行，之後再由重轟炸機、中型轟炸機和戰鬥轟炸機進行猛烈轟炸。

此外值得注意的是，美軍於一九四三年導入了關鍵性戰鬥機種：P-51B 野馬式和 P-38 閃電式（Lightning）。P-38 從未完全良好適應歐洲戰區，但配備梅林（Merlin）發動機的 P-51 卻成爲大戰中最優秀的戰鬥機之一。

盟軍反攻歐洲的作戰終於在一九四四年六月六日進行，他們於 D 日（D-Day）在法國登陸。爲了準備登陸行動，戰鬥機司令部已經於一九四三年十一月解散，新成立的盟國遠征空軍（Allied Expeditionary Air Force, AEAF）由英美部隊組成，並且緊接著在登陸之後被指定用於前進部署，而英國防空軍（Air Defence of Great Britian, ADGB）則留在「本土」防衛英國。

這一刻，攻勢作戰的重點幾乎完全擺在「削弱」目標，並在入侵行動展開前攻擊德軍交通線。到此刻爲止，德軍戰鬥機防務都集中在對抗美軍第 8 航空軍的轟炸機以及盟軍新型飛機，當中包括擁有極致性能的蚊式機，此機已經在實戰部隊中被廣泛運用，而且只需要擔心敵方領土上可怕的高射砲火。

「計程車招呼站」出擊

緊接著 D 日之後而來的戰鬥特別艱辛，因爲裝甲部隊可以沿著該區的狹窄道路推進，還能規避敵軍部隊。裝上火箭的颱風式成爲對付這類裝甲部隊的選擇，依照固定航線飛行的颱風式在空中進行所謂的「計程車招呼站」（Cab Rank）巡邏任務，等待地面管制員的呼叫飛抵目標上空。敵軍裝甲部隊和諾曼第地區（Normandy）公路交通

→→1944 年 7 月 27 日，英國皇家空軍第 616 中隊的流星式 Mk I 首度出擊。8 月 4 日，一枚 V-1 成為此型噴射機的第一個犧牲品，它被流星式用翼尖掀翻。

的損失相當駭人。

一九四四年六月十三日，當一枚 V-1 落在北肯特海岸上的斯旺斯空（Swanscombe）時，復仇武器的威脅終於成爲現實了。此時英國防空軍開始派出轄下的噴火式 Mk XIV、野馬式 MK III、蚊式 NF.Mk XIII 和嶄新的暴風式（Tempest）Mk V 戰鬥機對付此種武器。他們的目標是擊落這些無人飛彈，英國皇家空軍的第一架噴射機流星式（Meteor）Mk I 也從八月二日起加入行列，組成日益複雜且有效的防禦網。

朝向德國的遲緩推進一直持續到一九四四年冬季，而德軍穿越阿登（Ardennes）地區的失敗反攻就在十二月時發生，空中的反攻則是從一九四五年一月一日展開，

大西洋瘟神

在衝突的初期，德國空軍即已顯示出在反艦攻擊領域的熟練程度，而當其在沿海區域依然致命時，德國空軍飛機開始眞正顯現其成效。長程的 Fw-200 禿鷹式能夠深入打擊大西洋上的目標，也能將目標位置的詳細資料提供給其他飛機，或是在德國空軍和德國海軍合作無間時提供給 U 艇，因此被邱吉爾取了個「大西洋瘟神」的綽號。禿鷹式和 U 艇聯手合作，嚴重威脅到英國的生存。

後者的代號爲地板行動（Operation Bodenplatte），這是一次不周密的計劃，冀望運用戰術空中武力，將部署在前進基地內的盟軍空中武力一掃而空。這次行動主要的結果是消耗掉德國空軍許多經驗豐富的飛行員，但盟軍在飛機和人員方面的損失能夠輕易地由預備隊補充。同時，德軍也喪失了許多最新型的飛機，當中包括多架 F-190D-9 和 Me-262 噴射機，此外更虛擲了大量寶貴的航空燃料而未獲得多少戰果。最後在一九四五年三月七日，美軍部隊渡過萊茵河（Rhine），接著英美聯軍在二十四日一次空降作戰中，於萊茵河以東的威賽爾（Wesel）一帶著陸。

到了這一刻，德國空軍要爲防衛柏林而進行最後一搏。Me-262 開始以較多的數量投入戰場，不過在單一作戰中從未超過五十架，而最新的 Bf-109K 和由 Fw-190衍生出的 Ta-152 也愈來愈廣泛運用了。儘管如此，德軍再也沒有任何戰勝的希望，隨著蘇軍從柏林步步進逼，無條件投降的結局已經無法避免。

雖然希特勒不相信完全藉由海上衝突手段擊敗英國的可能性，但防止英國透過海路接受美國和加拿大運補的微弱效果，對他的戰略而言卻是關鍵部分。一九三九

↓搭乘達科塔式的傘兵部隊在停放霍薩式滑翔機的著陸區上空跳傘。安恆的空降行動讓參戰者直接被捲入大麻煩中，並導致英軍徹底戰敗。

年九月，U 艇大約擊沈了二十六艘船，包括航空母艦勇敢號（HMS Courageous）；爲了對抗潛艇的威脅，英國皇家空軍海岸司令部只能投入安森式（Anson）和性能遠較佳的桑德蘭式（Sunderland），但這兩款飛機都極爲缺乏進行反潛戰鬥的裝備。一直要到一九四〇年一月三十日，英國海岸司令部才宣稱旗下的桑德蘭式擊沈了一艘潛艇 U55，不過這艘潛艇在被擊沈前早已被英國皇家海軍擊傷。

反航運攻擊

對付 U 艇的戰爭是一場科技和手段的戰爭，而對水面艦的作戰則從一開始起就獲得了一些成果。在擊敗德國海軍的過程中，盟軍空中武力最主要的貢獻之一就是一九四一年五月二十六日，從皇家方舟號（HMS Ark Royal）上起飛的劍魚式（Swordfosh）擊毀了德軍俾斯麥號（Bismarck）的船舵裝置，這艘殘廢的戰鬥艦之後就被英國皇

↓圖中的安森式 Mk I 是開戰時皇家空軍海岸司令部的中堅，共有九個中隊操作此型飛機，而另一個中隊操作哈德森式 Mk I，還有一個中隊是操作維得畢斯特式（Vildebeest）Mk IV 雙翼機。

家海軍的船艦擊沈，象徵著德國海軍主力艦出擊行動的終結。

在其他地方，海岸司令部的博佛特式（Beaufort）、標緻戰士和稍晚才出現的蚊式在整場戰爭期間負責攻擊水面船隻，而英國皇家海軍航空隊（Fleet Air Arm）和英國轟炸機司令部在不同的時間裡都持續對德國的其他大型艦隻進行攻擊，當中包括沙恩霍斯特號、格耐森瑙號、尤金親王號（Prinz Eugen）和提爾皮茨號（Tirpitz）。

護航航空母艦

主要的突破是來自於大膽號（HMS Audacity）的服役，這是一艘經過改裝的戰利品，艦上載有八架岩燕式（Martlet）戰鬥機〔即 F4F 野貓（Wildcat）〕，於一九四一年十二月在直布羅陀（Gibraltar）至英國間的運輸船團航線上，首度參與作戰。雖然這艘船於十二月二十一至二十二日沉沒，但岩燕式艦載機擊落了兩架禿鷹式（Condor），證明了此類船隻的效能。護航船隻配備戰鬥機和反潛機的基礎已經奠定了，不過在他們的運用變得更廣泛之前還得承受許多不必要的損失。

在一九四二年五月期間，前往蘇聯的 PQ-16 船團頭一次經歷了較大規模的德國空軍反航運作戰，他們在遭受 Ju-88 超過五天的攻擊後損失了七艘船。希特勒相當不悅，因爲他曾希望這三十五艘船都

↓早在 1939 年 11 月，第一個 Fw-200 海上偵察機單位就已經在編組中了。隨著法國在 1940 年陷落，禿鷹式和 U 艇就開始從法國的基地出發作戰。

能被擊沈，所以 PQ-17 船團就淪爲約由二百六十四架飛機編成的最大兵力圍攻目標。PQ-17 船團於六月二十七日從冰島啓航，到七月四日爲止都幾乎遭到連續不斷的空襲，結果在三十三艘船當中共有二十三艘被擊沈，因此在之後所有的運輸船團航行過程中，防空就變成不可或缺。

PQ-18 船團中就納編了復仇者號（HMS Avenger），上面載有海颶風式（Sea Hurricane）Mk IB 和劍魚式機，而裝備彈射器的商船黎明帝國號（HMS Empire Morn）也配備了海颶風式 Mk IA。在船團航行的途中，德軍總計有五架轟炸機被擊落，二十一架被擊傷，盟軍的損失則是四架海颶風式和十三艘船。德國空軍在北極地區再也無法支撐大規模攻擊，但在大西洋離結束的日子還遙遙無期。

海上雷達

面對 U 艇的苦鬥由於 ASV Mk II 雷達的導入而首次獲得支援，使得英國皇家空軍海岸司令部的哈德森式、威靈頓式、卡塔利納式飛艇和解放者式可以偵測在海面上航行的 U 艇；然而這類飛機的航程有限，因此沒有美軍或英國皇家空軍飛機可抵達的大西洋中部，成爲 U 艇的獵殺場。其他運用到的科技包括利式探照燈（Leigh Light），其可在巡邏飛機進行夜間攻擊時照亮目標，但飛機仍無法一路伴隨運輸船團沿著橫越整個大西洋的航線航行。

來自美國援助的超長程飛機數量不斷增加，特別是解放者式使英國海岸司令部（Coastal Command）能夠在更外海的地方，於雷達的幫助下展開對付 U

↓俾斯麥號是盟軍的首要目標，但她有充分的能力抵禦來自空中和海上的攻擊。她在船舵被一架劍魚式魚雷轟炸機攻擊而故障後，終於在 1941 年 5 月 27 日被盟軍海軍艦砲擊沈。

↑到了 1944 年，解放者式 GR.Mk IV 已經在海岸司令部服役。這款飛機以聯合公司（Consolidated）B-24J 為基礎，在機身後段下方裝備了可收起式的搜索雷達，是一款可怕的海上巡邏機。

艇的作戰，此外這時幾乎所有的飛機均配備了空對艦（Airbrone Surface Vessel, ASV）雷達裝備，但擊敗 U 艇的關鍵在護航航空母艦身上。在一九四三年期間，總共有六艘新船服役，艦上編制有岩燕式和劍魚式機，而美國海軍也導入了六艘較大的護航航空母艦，支援格魯曼（Grumman）的野貓和復仇者反潛機，到最後以北美爲基地的飛機掩護範圍與海岸司令部旗下的飛機巡邏範圍間的大西洋缺口就被納入保護範圍了；U 艇的損失開始上升，攻擊也不再那麼有效，首要關切之事反而變成迴避盟軍的飛機。

U 艇的威脅

同時，英國海岸司令部得到配備美製解放者式和卡塔利納式機（Catalina）單位，戰力獲得強化，開始對往來於法國港口和大西洋上獵殺區的 U 艇進行兇猛的作戰，對 U 艇來說，這象徵著末日的開始，但在一九四一年底，英國確實非常有可能無法在 U 艇的肆虐下存活下來。

到了一九四三年五月底，德國 U 潛艇戰的傑出大師鄧尼茨將軍（Dönitz）在一天之內被擊沈五艘 U 艇而沒有擊沈盟軍任何一艘船艦的狀況下，命令麾下 U 艇部隊退出大西洋。U 艇將會進行重編並再度展開攻勢，但護航航空母艦、陸基反潛機加上改進中的科技，可不會允許 U 艇再次成爲戰爭勝利可能性的威脅。

←圖中這艘 U 艇 VII 型受到深水炸彈攻擊，被迫浮出水面。從空中獵殺並擊沈潛艇是一項高難度的任務，即使盟軍擁有最先進的科技也一樣。

第三章

二次大戰：

非洲與地中海，一九四〇至一九四五年

一九四〇年六月十日，墨索里尼對英法兩國宣戰，他的好戰讓整個地中海戰區陷入武裝衝突中。

一九四〇年六月十日，墨索里尼（Benito Mussolini）對英法兩國宣戰；到了十月二十八日，義大利的部隊已經在希臘面臨一場潰敗，但他的好戰卻讓整個地中海戰區陷入武裝衝突中。尤其是馬爾他島（Malta）做爲海軍基地具備相當大的重要性，特別是在盟軍因爲簽訂休戰協定而失去法國艦隊的時候，馬爾他也從做爲盟軍飛機的基地，搖身一變成爲一艘「不沉的航空母艦」，能夠打擊義大利的航運和陸上目標，然而島上卻沒有常駐的英國皇家空軍實戰部隊，只有數量不足的防空武器。

明白義大利此時擺出的威脅之後，以該島爲基地的英國皇家空軍地中海司令部航空指揮部指揮官梅納德准將（F. H. M. Maynard），下令組裝儲存在該島上的四架英國皇家海軍航空隊海格鬥士（Sea Gladiator）Mk I 戰鬥機零件當中的

↑薩伏亞·馬齊提（Savoia-Marchetti）SM.79 魚雷轟炸機，在陽光的照耀下於地中海上空飛行，該機無疑是二次大戰中義大利最佳的轟炸機。

←←1940 年間，這些馬奇（Macchi）MC.200 戰鬥機隸屬於第 22 航空隊（Gruppo）第 52 小隊（Stormo），負責防衛羅馬。義大利飛行員在剛開始時相當抗拒在駕駛艙加裝座艙罩。

攻擊塔蘭托

在 1940 年下半年和 1941 年春季期間，英國皇家海軍在地中海區域並沒有特定任務。老鷹號的飛機攻擊北非的維琪部隊目標，之後則支援對馬爾他的補給行動。光輝號在 8 月間抵達本戰區，艦上載著全新的風暴式 Mk I 戰鬥機，其風暴式和劍魚式四處肆虐，之後劍魚式就對義軍停靠在塔蘭托的艦隊進行大膽且具毀滅性的空襲。英軍熟練地執行攻擊計劃，過程相當順利，戰果十分傑出，只損失了兩架劍魚式和一名機組員，但至少重創了三艘戰鬥艦和兩艘驅逐艦。受到塔蘭托攻擊行動成功的激勵，英軍繼續橫行無阻，不但皇家方舟號加入他們的行列，百眼巨人號也搭載劍魚式進行反潛任務。

三架。這是一個有前瞻性的舉動，因爲在一九四〇年六月十一日的前幾個小時裡，義大利空軍（Regia Aeronautica）的 SM.79 轟炸機開始對該島進行攻擊，兩架海格鬥士升空迎戰，之後由於在當天的八次空襲期間內義軍對這批雙翼機都時時保持警戒，因此都可以看到接下來的空襲全在 CR.42 和 MC.200 戰鬥機的保護下進行。六月二十四日，當四架第 767 海軍航空中隊的劍魚式抵達該島，編成第 830 海軍航空中隊時，馬爾他就此具備了攻勢能力，而自從百眼巨人號（HMS Argus）上起飛的十二架颶風式 Mk I 抵達之後，戰鬥部隊的實力也開始跟著強化。

墨索里尼在希臘的冒險愈來愈不如他的意，而德軍的介入，不只是在希臘，同時也是在更廣大的地中海和北非戰區，這是不可避免的結果。義軍在北非的進展也受到重挫，爲了維持軸心國（Axis）在該區的利益，希特勒開始命令德國空軍各單位進駐義大利。對馬爾他運補船團的攻擊於一九四一年一月十三日展開，由義軍 Z.1007bis、SM.79 和 Ju-87B-2 等戰機與德軍的 Ju-88A-1 聯手進行。十四日，航空母艦光輝號（Illustrious）遭到三十架德軍斯圖卡俯衝轟炸機的精準攻擊，結果受到重創，因此就躲進馬爾他港內；但光輝號在那裡便淪爲攻擊目標，直到她於一月二十三日逃往亞力山卓（Alexandria）爲止。德國空軍各單位在義大利境內的指揮機構是第 10 航空軍（Fliegerkorps），收效甚宏。

He-111H-3 開始在海上進行定時的反航運偵察以及布雷任務，而 Ju-88 和 Ju-87 轟炸機就攻擊馬爾他的機場。戰鬥機部隊旋即獲得增援，第 26 戰鬥機聯隊第 7 中隊的 Bf-109E-7 進駐西西里島（Sicily）。此時德國空軍展開自由追擊作戰，即使英軍已經部署了雷達，但因爲西西里島上的機場實在是太靠近了，因此無法對德軍攻擊行動提出多少警告；德軍的援兵源源不絕而來，並且奪得了馬爾他的制空權。

馬爾他暫時喘一口氣

在一九四〇年六月至一九四一年二月底的這段期間內，持續的空襲讓軸心軍付出九十六架飛機被擊落的代價，馬爾他經驗豐富的飛行員幾乎快耗盡了，不過幸運的是第 10 航空軍的飛機此刻奉命支援德軍在北非的作戰，而南斯拉夫、希臘和克里特島方面也有額外的需求，結果就是馬爾他這時只吸引到義大利空軍的注意力。

隨著義大利向英國宣戰，在北非指揮第 202 聯隊的柯立蕭准將（R. Collishaw）命令麾下的布倫亨式式機對義軍位於艾爾阿登（El Adem）的機場進行空襲。一九四〇年六月十日，因為義軍最高司令部未能即時將宣戰的消息傳達給駐守在非洲的各單位，所以英軍簡直是在最徹底奇襲的狀態下發動打擊。雙方於六月二十九日爆發首次戰鬥機空戰，三架英國皇家空軍格鬥士戰機，面對數量相似的飛雅特（Fiat）CR.42 戰機，結果義軍損失兩架飛機。

英軍和義軍在空中的對抗模式已經定了形。義軍不是英國皇家空軍的對手，即使英軍在此一區域內的裝備已到捉襟見肘的狀態也一樣；不列顛之役前夕德軍入侵危機升高時，資源都被小心翼翼地護送回英國本土。但即便如此，威靈頓式（Wellington）Mk IC 轟炸機紛紛開始抵達，強化了英國皇家空軍的轟炸能量，而颶風式 Mk I 也開始取代格鬥士雙翼戰鬥機。

德軍介入

北非大英國協部隊總司令阿奇巴爾德．魏菲爾將軍（Archibald

↓圖為 1939 年剛服役後不久的皇家方舟號和劍魚式艦載機。她在1941年底被擊沉之前曾度過了一段光榮的成功歲月。

Wavell）展開了一波大膽的攻勢，他的目標放在攻佔利比亞和昔蘭尼加（Cyrenaica），空權在這場戰役裡扮演重要角色，英軍也再次彰顯空中優勢的典範。魏菲爾率領麾下部隊深入利比亞，之後因為害怕交通線中斷而停止。就在這個時候，盟軍的資源開始轉移到希臘，而第 10 航空軍則奉命展開對利比亞和埃及境內，以及地中海戰區裡盟軍的作戰。隆美爾中將（Erwin Rommel）於一九四一年二月十二日抵達的黎波里（Tripoli），接掌已經就位準備支援義軍但數量仍不足的德軍部隊指揮權；非洲軍（Afrika Korps）已經抵達北非，非洲軍的兵力透過海空二路進行的補給行動不斷地增強。Bf-110 於二月十日開始對英軍部隊進行炸射，而 Ju-88A 則襲擊了班加西港（Benghazi）及周圍的英方航運。

希特勒強烈希望隆美爾先按兵不動，直到非洲軍集結至擁有強大兵力為止，但這位中將非常明白，大英國協的部隊已經過於延伸、戰力薄弱，因此他決定運用輕裝甲單位發動一連串突穿行動，預計將可造成顯著損害，結果到了三月三十

↓在地中海戰區，英國皇家空軍和南非空軍都操作格鬥士戰鬥機，他們在剛開始面對義軍較弱的抵抗時可說是游刃有餘。

↑儘管颶風式在空戰領域裡和最新型的 Bf-109 相比顯然已經過時，但它在對地攻擊和反裝甲部隊任務中，仍扮演舉足輕重的角色。

一日，一面對這些凌厲的攻擊，盟軍就開始撤退了。

隆美爾發動攻勢

當英國皇家空軍和皇家澳大利亞空軍（Royal Australian Air Force, RAAF）的戰鬥機單位遭遇了德國空軍的 Bf-110 和長程的 Ju-87R-1 俯衝轟炸機時，空中的小規模衝突隨即爆發，英軍獲得了部分戰果。到了四月四日，班加西已經落入隆美爾手裡，而當德軍部隊進入希臘和南斯拉夫時，英軍高層決定將英國皇家空軍撤入埃及境內以保存戰力。儘管如此，攻擊和防禦作戰仍然持續進行著，颶風式機在四月十四日英勇奮戰，對抗大批 Ju-87、Bf-110 和 G.50，不過非洲軍抱怨他們缺乏戰鬥機掩護。

但是此一缺陷在四月十五日獲得彌補，第 27 戰鬥機聯隊的 Bf-109E-4/N 戰鬥機開始進駐恩加查拉（Ain el Gazala），並從十九日起展開行動。這些梅塞希密特戰鬥機的基地離托布魯克（Tobruk）港只有一百零五公里（六十五哩），承受德軍施加的龐大壓力，在德軍戰線的後方和防守的盟軍一同處於被圍攻的狀態。

隆美爾於四月三十日進攻托布魯克，但以澳大利亞衛戍部隊爲主力的守軍再次把德軍擋了下來，當補給線變得過度延伸的時候，他們只得被迫撤退，之後抵達的老虎船團（Tiger）爲英軍帶來了大量戰車和五十三架颶風式 Mk I 戰鬥機，因而在部分程度上允許盟軍於五月十五日發動簡短行動（Operation Brevity），此次反攻的目標是奪取哈法雅隘口（Halfaya Pass）；英軍在奪得隘口後，就會接著發動戰斧行動

霍克颶風式 Mk II

一般資訊
型式：單座戰鬥機
動力來源：一具 883 仟瓦（1185 匹馬力）勞斯萊斯梅林 XX V-12 活塞引擎
最高速度：每小時 547 公里（ 340 哩）
作戰高度： 10970 公尺（36000 呎）
重量：空機重：2605 公斤（5610 磅）
最大起飛重量：3950 公斤（8710 磅）
武裝：4 門西斯帕諾 Mk II 20 公釐口徑（0.78 吋）機砲

尺寸
翼展：12.19 公尺（40 呎）
長度：6.3 公尺（20 呎 8 吋）
高度：4 公尺（ 13 呎 1 吋）
翼面積：23.92 平方公尺（257 平方呎）

（Operation Battleaxe），朝托布魯克推進，以解救澳軍。一開始英軍順利拿下哈法雅隘口，但德軍設法弄到足夠的燃料，使部分戰車得以繼續作戰。

在緊接而來的戰鬥中，由於空中掩護有限，盟軍節節敗退，德軍在五月二十七日收復哈法雅隘口，不過戰斧行動依然如期於六月十四日發動，但在德軍逆襲之後便於十七日終止。盟軍於戰場上空握有短暫時間的制空權，但他們隨即喪失優勢，之後不可避免地又是一場屈辱的撤退。

克里特島之戰

在希臘政府的安排下，一九四○年十一月起英軍人員在具有戰略重要性的克里特島上建立一座基地。這座基地的防禦能力極低，只有高射砲而已，另外也只配置了一個第 805 海軍航空中隊的戰鬥機，下轄風暴式（Fulmar）Mk I、海格鬥士和一些做為預備隊的 F2A 水牛式（Buffalo）；桑德蘭式機部署於蘇達灣（Suda）的前進基地內，而克里特島的四周也佈置了雷達站。

一九四一年四月，英國皇家空軍參謀部宣佈無法在克里特島建立防空體系，因此只能當成一個有用的前進基地，供肩負保護地中海運輸船團任務的飛機進駐。一批各式各樣飛機集結在當地，準備從事此一至關緊要的任務，包括一大批孟買式（Bombay）、布倫亨式 Mk IF、颶風式和海格鬥士等機種，後三者經常與德軍的 Bf-109E 交手。

從五月十四日起，水平和俯衝轟炸機進行爲期一週的一系列攻擊，當第一波打擊正中要害後，這些空中遭遇戰便轉變爲一場針對該島的持久戰役。十架颶風式從埃及趕來加強空防，但到五月十九日爲止，只有三架颶風式和三架格鬥士集結完畢，結果任何可用的飛機都當機立斷馬上撤出。希特勒已經對水星行動（Operation Merkur）做最後的確認；這是一個大膽的計劃，預估將動用滑翔機步兵、傘兵和海運部隊攻下克里特島。

德軍在希臘南部集結了將近五百架 Ju-52/3m 運輸機，爲五月二十日的突擊行動做準備。不過就在運輸機起飛前，德軍犯下了兩個關鍵性的錯誤，首先他們誤解了該島的地形，島上岩石遍佈，地勢險峻；再者，他們也低估了克里特島上的盟軍衛戍部隊兵力，盟軍數量大約在三萬人左右。

德軍第一批部隊搭乘 DFS-230 滑翔機在島上著陸，但隨即被消滅；德軍傘兵接著跳傘進入戰場，同樣受到致命的打擊。島上的戰鬥相當激烈，完全倒向盟軍那一邊，但因爲地面上的戰況過於混亂，德國空軍因此無法提供支援。但之後在五月二十一日夜間，盟軍部隊離開陣地，撤離到一個具備戰略重要性的山丘上，此舉使得德軍可以奪

↓在不列顛之役裡蒙受慘重損失後，Bf-110證明相當適合在沙漠和地中海戰區作戰，其長航程的特性特別受到好評。

取馬里門（Máleme）的機場，展開 Ju-52/3m 運輸機的起降作業，容克斯運輸機在火線上作業，帶來德軍贏得戰役所需的援軍。克里特島的戰鬥持續到五月二十五日，當時大英國協部隊開始集結在斯伐基亞（Sfakia）港，準備進行撤離。

奪下克里特島

英國海軍各單位從頭到尾都參與了這場戰役，他們在附近海面巡邏，以防止任何德軍從海路加入水星行動的行列。強盛號（HMS Formidable）上載有十八架風暴式機，但更進一步的空中掩護必須由埃及出發，這使得颶風式、標緻戰士、布倫亨式和馬里蘭式（Maryland）這幾種飛機僅能在航程的限制下介入，對友軍船艦只能提供有限的掩護，對克里特島的話就完全不可能發動攻擊了。德國空軍對英國皇家海軍的反應是可以預期的，在五月二十二日盟軍全面撤退後發動新一波的猛烈打擊，除了斯圖卡之外，還派出了 Bf-110C-4 和 D-3 戰鬥機，以及 Ju-88A-4、Do-17Z 和 He-111H-3 轟炸機。

英軍船艦的損失十分慘重，一共有三艘巡洋艦和六艘驅逐艦被擊沈，受創的船艦包括航空母艦、三艘戰鬥艦、六艘巡洋艦和七艘驅逐艦。儘管德軍攻佔了克里特島，但這場戰鬥卻讓德軍在飛機數量和人員傷亡方面付出高昂代價，因此希

↓在克里特島空降的初期階段，Ju-52/3m 運輸機單位和德國傘兵都蒙受了慘重損失，盟軍堅強的防務和崎嶇不平的地形導致了大量傷亡。

沙漠裡的新裝備

在北非戰場，當克里特島被攻佔，簡短行動和戰斧行動均以失敗收場後，就輪到盟軍想辦法阻止德軍任何進一步的攻勢，還得花時間重新武裝。緊接著在簡短行動與戰斧行動之後抵達的新機種是戰斧式 Mk IIB 戰鬥機、颶風式、波佛特式、標緻戰士、馬里蘭式和波士頓 Mk III。這些嶄新的航空兵力將準備在 1941 年 11 月展開的新攻勢，也就是十字軍行動當中投入使用；然而在同一時間，裝備全新 Bf-109F-2 和 F-4/Trop 戰鬥機的第 27 戰鬥機聯隊第 2 大隊也抵達北非，此外義軍也接收更多的 MC.200，以及新式的 MC.202 霹靂式（Folgore）戰鬥機。

特勒再也沒有以這樣的兩棲方式將麾下傘兵投入戰場。

盟軍在沙漠中展開的新一波攻勢，也就是十字軍行動（Operation Crusader）的準備階段中，大英國協集中空中武力攻擊軸心軍的機場。當德軍採取守勢時，情況立即明朗起來，因為對戰斧式（Tomahawk）和颶風式來說，Bf-109F 根本是另外一個等級。在十一月十八至十九日夜間，當盟軍部隊從埃及出發向托布魯克的挺進順利展開時，此一發現將會對十字軍行動的執行產生衝擊。隆美爾的八八公釐砲和戰車進行了激烈抵抗，但參與十字軍行動的部隊和澳洲守軍會合，他們於十一月二十六日至二十七日離開托布魯克，接著於十

↓1943 年，Ju-52/3mg6e (See) 攝於愛琴海上空。加裝浮筒的 Ju-52/3m 運輸機證明在地中海和巴爾幹半島一帶非常有用。

↑圖為進行訓練中的 DFS-230 滑翔機。在入侵克里特島期間，有許多 DFS-230 由 Ju-52/3m 拖曳。此機在駕駛艙上方裝有一挺機槍，以便在著陸時提供壓制火力。

二月七日解除德軍對該港的圍攻。

在戰鬥當中，盟軍飛機戰果不佳，要不是因爲德軍裝甲部隊的燃料補給量有限，也許爲攻勢進行的空中支援不會那麼有效。另外，補給問題迫使隆美爾帶著德國空軍的單位一起退到班加西後方，當中有些被迫撤至西西里島上的基地。十字軍行動之所以能成功，大部分要感謝英軍船艦和飛機有效阻止德軍補給跨越地中海而來。這些部隊以馬爾他爲基地，如果盟軍繼續掌握馬爾他的話，軸心軍在這個戰區裡就不會再有任何勝利，因此馬爾他再度吸引了德國空軍的注意力。

目標：馬爾他

隨著克里特島、南斯拉夫和希臘全都落入德軍手中，第 10 航空軍將軍部（Filegerkorps）從西西里搬遷至雅典（Athens），並將下級單位分散到德國、希臘和克里特島等地，馬爾他因而在一九四一年五月間獲得了一些喘息空間。盟軍運輸船團在通過馬爾他時阻礙相對較低，雖然義大利空軍專門進行對艦攻擊的魚雷轟炸機（Aerosiluranti）技巧高超，對盟軍而言代表著持續且致命的威脅，但義大利水面艦隻和潛艇卻有著本身的難題。當物資船團（Substance）於七月二十四日靠岸時，在運載的貨物當中有六架劍魚式機，還有第 272 中隊標緻戰士機的分隊，使得馬爾他可以開始扮演攻勢性角色；到了八月初，馬爾他島上的航空兵力迅速擴充。在九月期間，長戟船團（Halberd）在魚雷轟炸機的精準攻擊中殺出一條血路，送來了重達五千噸的貨物，當中包括充足的燃料，可以支撐至一九四二年五月。然而，一直要到一九四二年八月初，運輸船團才能再次運補馬爾他。

馬爾他的反航運作戰持續對軸心國運輸船隊造成惡劣影響，隆美爾在九月間就抱怨沒有獲得充足的補給，且必須採取某些措施來保護運輸船隊，另外他也堅持主張德國空軍的兵力應該增強，並調派回西西里，結果隆美爾的抱怨遲至一九四一年十月才得到回應，希特勒下令將 U 艇派至地中海。十二月，馬爾他再次遭受德國空軍轟炸機的襲擊，而 U 艇也展開無情的作戰，英軍被擊沈的船艦中有一艘就是皇家方舟號。

一九四二年一月，德軍轟炸馬爾他的機場，導致英軍將威靈頓轟炸機撤出，但颶風式戰鬥機依然留在當地以維繫防禦力量。德國空軍的戰鬥機開始集結，Bf-109F-4 熱帶型（Trops）加入位於西西里的第 2 航空軍，使飛機總數提升至

↓1942 年 8 月，基座船團（Pedestal）帶領三艘商船和一艘油輪至馬爾他，當中還包括航空母艦無畏號（Indomitable）〔一架大青花魚式（Albacore）剛從艦上起飛〕、老鷹號（殿後）和勝利號（Victorious，前方載著海颶風式者）；狂怒號（Furious）也在其中，上面搭載了噴火式。

↑1942 年 4 月，英國皇家空軍第 417 中隊將噴火式帶至埃及。這些噴火式 Mk VC 安裝了外觀臃腫的渥克斯（Vokes）熱帶空氣濾淨器，可保護馬林發動機免受沙漠飛沙的無情破壞。

四百二十五架。德國空軍在當月開始以每天六十五至七十架轟炸機的方式開始攻擊馬爾他，由 Bf-109 戰鬥機護航 Ju-88A-4，另外也發動戰鬥轟炸機攻擊和空中掃蕩任務。跟 Bf-109F 相比，颶風式 Mk II 顯然已經過時，直到三月七日十五架噴火式 Mk VB 從百眼巨人號（Argus）和老鷹號（Eagle）飛來才解除此一困境；而老鷹號在三月二十一日又帶來另外九架噴火式 Mk VC。

當三月二十三日一支來自亞力山卓的運輸船團試圖靠岸時，戰鬥變得更加激烈。噴火式和颶風式在整個月內隨時升空作戰，獲得了程度不一的戰果，而只要是具備任何重要性的目標，從航運到跑道，全都遭受幾乎是從不間斷的轟炸。三月二十九日，老鷹號又成功地穿越德軍封鎖，帶來七架噴火式 Mk VC，等到每場都超過二百五十架飛機的德軍空襲變成常態之後，邱吉爾終於獲得許可能派出美軍的胡蜂號（Wasp），企圖一口氣運送四十七架噴火式 Mk VC。

舉足輕重的噴火式

只有在攫取制空權的狀況下，才有可能拯救馬爾他於旦夕，而噴火式看起來就是達成此目標的唯一救星。這些噴火式配備了桶形油箱（ferry tanks），在保持無線電靜默的狀況下於四月二十日清晨從胡蜂號上起飛。這艘航空母艦在阿爾及爾（Algiers）外海逆風航行，而飛機必須飛越達一千一百二十五公里（七〇〇哩）才能抵達目的地；大約有四十六架噴火式成功飛抵馬爾他，但無線電靜默狀況已經被打破，德國空軍正等著和噴火式戰機一決雌雄。甚至就在第一批 Ju-88 前往位於塔卡利（Takahli）基地的時候，兩架 Bf-109 已經一面在海岸外上空盤旋，一面清點數量。在最後一架噴火式降落後大約一個半小時，轟炸機就展開空襲，結果沒有幾架戰鬥機來得及再度升空，有許多戰鬥機就在地面上被炸毀。

諷刺的是，倖存下來的噴火式卻吸引了德國空軍更多的注意力，到了一九四二年五月，盟軍只剩下六架飛機可繼續作戰，而飛行員也因為只有減半的配給糧食而苟延殘喘，馬爾他的空防已經被徹底擊敗，此刻正是入侵該島的最佳時機。馬爾他空軍指揮官洛依德空軍少將（Lloyd）於二十七日發電向倫敦求援，他指出如果不能立即派遣援軍的話，馬爾他將可能會陷落。

支援終於到來。老鷹號和胡蜂號一共帶來了六十四架噴火式 Mk VC，而伴隨這兩艘船前來的快速布雷艦威爾許曼號（HMS Welshman）則載有一定要運抵馬爾他的重要補給品。這一次噴火式戰機得到了高效率的迎接，有些在降落後六分鐘之內就再度起飛。當地勤人員在作業時，負責駕駛戰機至馬爾他的飛行員就離開駕駛艙，因此已經整裝待發的飛行員就可以駕駛這些戰機升空，準備迎接不可避免的空襲。

當第一批德軍轟炸機出現在馬爾他上空時，大約有半數新運抵的噴火式已經在天上待機，隨時準備作戰；他們進行了戰鬥，特別是威爾許曼號在五月十日成功入港，並開始吸引意志堅決的 Ju-87 和 Ju-88 展開空襲。五月十八日，老鷹號又再度運來了十七架噴火式。英國皇家空軍開始在空戰中有所斬獲，德國空軍第 2 航空軍的空勤組員已呈力竭之勢。當馬爾他的防禦變得愈來愈強大時，德軍的作戰損失就開始上升；德軍入侵馬爾他的計劃被擱置了，但對盟軍運輸船團的襲擊一直要到一九四二年八月才開始慢慢平息。但儘管如此，早在六月時從馬爾他出發的攻勢作戰就重新展開，其戰鬥機旋即對西西里進行攻勢掃蕩。德國空軍於一九四二年十月十一日再對馬爾他進行了一次協調的攻擊行動，結果損失了九架 Bf-109G-2 熱帶型和三十五架轟炸機，英軍則只損失了三十架噴火式。對德軍來說這樣的損失太過龐大而無法承受，於是馬爾他的攻擊部隊和船艦又再次可以自由地侵擾定期航向北非並返回的軸心國運輸船團。

沙漠中的戰爭

一九四二年一月，同盟國的沙漠空軍（Desert Air Force, DAF）發現自己正面對著駐紮在利比亞的軸心軍。隨著敵軍對馬爾他的攻擊日益激烈，以及日本在前年十二月加入戰爭，和「本土」的領導階層不願意釋出最新式裝備，沙漠空軍配置了性能較差的飛機，儘管這當中包括了最新型的小鷹式（Kittyhawk）Mk I 戰鬥機。在隆美爾於一月底發動一波新攻勢後隨之而來的一段激烈戰鬥中，Bf-109F 仍將握有優勢。

直到一九四二年五月，雙方航

↓寇帝斯的戰斧式在沙漠中表現良好，在盟軍取得性能更佳的飛機前是良好的臨時替代機種，它能夠輕鬆應付義大利戰鬥機，但面對 Bf-109E 時陷入苦戰。

↑體積龐大、飛行速度緩慢的 Me-323，是供應北非德軍的補給鏈中不可或缺的環節。Me-323 十分脆弱，任何裝了一把槍的飛機都可以對它造成傷害。

空部隊的交換比持續地以穩定的步調上升，之後自由追擊任務變得更頻繁，而 Ju-88 也開始轟炸地面部隊的陣地。五月二十六日德軍一次狡詐的機動預示了隆美爾決定進擊，使盟軍只得採取守勢。在五月二十六日和二十九日間的激烈作戰，使得沙漠空軍付出了百分之二十的戰力爲代價，因此被迫節省手頭上的資源。此舉無助於緩和德國空軍對托布魯克的攻擊，隆美爾變得愈來愈沉迷執著於此一目標，因此這座港口終於陷落了。在六月二十日的一系列連續突擊之後，南非守軍兵敗被俘。隨著托布魯克的陷落，盟軍共有三萬二千二百二十人淪爲戰俘，看起來已經沒有什麼事物可以擋住隆美爾了。

戰略錯誤

隆美爾乘勝追擊，對準目標蘇伊士運河（Suez）而向前推進。納粹領導階層裡的一些人士感覺到他的補給線已經過度延伸，而看起來可能會在六月之前耗盡的燃料補給也的確用完了。

然而誘惑實在是太大了，這時由非洲軍改編而來的非洲裝甲兵團（Panzerarmee Afrika）不斷地突穿深入。同一時間，馬爾他島上的英軍正從德國空軍的大屠殺中逐漸勝出，其海空單位又開始攻擊軸心軍的運輸船團。

德軍又犯下了另一個主要錯誤，而這個錯誤代表了軸心軍在非洲覆滅的開始。儘管如此，當時盟軍部隊正向艾拉敏（El Alamein）節節敗退，而沙漠空軍到最後關頭終於獲得高性能戰機的增援，當中包括本來要支援澳大利亞的噴火式 Mk VB，另外一個承諾則是美軍部隊即將前來。

雖然第 8 軍團正在撤退，但卻是在握有局部制空權的狀況下移動。七月間，隆美爾參與了長達一個月的作戰，但軸心軍航空部隊卻

→美軍遊騎兵號（Ranger）上的 F4F-4 野貓式戰鬥機（圖為 VF-41 中隊所屬機）和 SBD-3 無畏式俯衝轟炸機參與了火炬行動。

因爲缺乏燃料而愈來愈無法對地面部隊提供支援。德軍方面馬上派出 Ju-52/3m 進行運補，但無法彌補運輸船團的損失，因此軸心軍在整個八月期間被迫補充各種戰損，並準備面對下一波衝突。當隆美爾試圖在艾拉敏周圍突破英軍防線衝向尼羅河（Nile）時，就在八月三十一日下令恢復攻勢，結果他爲了突破英軍防線而做的每一次努力，都遭到由蒙哥馬利將軍（Montgomery）指揮的第 8 軍團冒著空中轟炸危險的阻撓。此刻蒙哥馬利已經擬訂計劃，準備在一九四二年十月從隆美爾手中奪回主動權，但第 27 戰鬥機聯隊正忙著接收新型的 Bf-109G-2，這是能夠再次支配天空、壓倒盟軍的最佳戰鬥機。在十月十九日的艾拉敏攻勢之前，「古斯塔夫」（Gustav）在

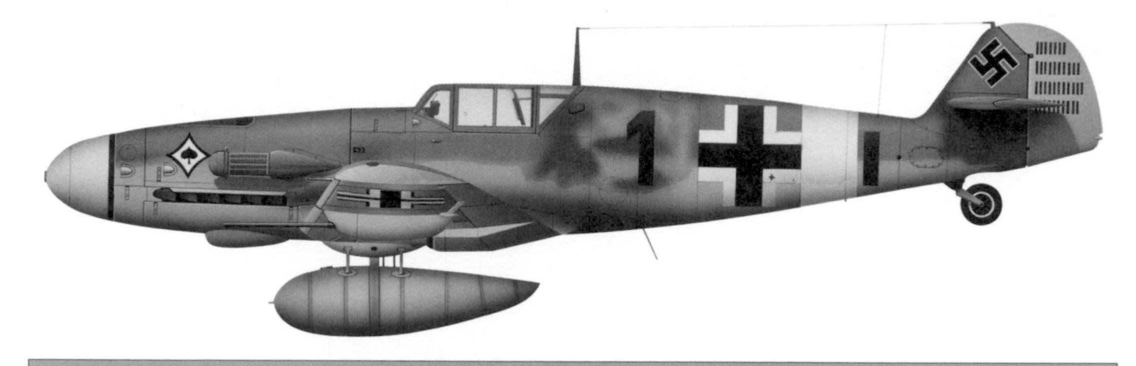

梅塞希密特 Bf-109

一般資訊

型式：單座戰鬥機

動力來源：1 具 1085 仟瓦（1455 匹馬力）戴姆勒－賓士 DB 605A-1 逆 V-12 活塞引擎

最高速度：每小時 640 公里（395 哩）

作戰高度：12000 公尺（39370 呎）

重量：空機重：2247 公斤（5893 磅）
最大起飛重量：3400 公斤（7495 磅）

武裝：1 門 20 公釐口徑（0.79 吋）MG151/20 機砲；2 挺 7.92 公釐（0.312吋）MG17機槍

尺寸

翼展：9.9 公尺（32 呎 6 吋）

長度：8.9 公尺（29 呎 7 吋）

高度：2.6 公尺（8 呎 2 吋）

翼面積：16.4 平方公尺（173 平方呎）

「削弱」空襲前的戰鬥中曾經有良好表現，接著便在十月二十三日展開戰鬥，結果軸心軍面臨具有壓倒性優勢的盟軍部隊，光是在十月二十四日英國皇家空軍就出擊了一千架次，美國陸軍航空隊則出擊了一百四十七架次。

在非洲的終結

在英國皇家空軍派出一萬零四百零五架次飛機執行任務的協助下，第 8 軍團在十月二十六日至十一月四日這段期間內完成突破，隨之而來的就是軸心軍的撤退，接下來則是盟軍發動火炬行動（Operation Torch），於十一月八日在北非大舉登陸。

在英美聯軍發動的火炬行動中，大批盟軍部隊在法屬摩洛哥和突尼西亞上岸，剛開始他們擊敗了維琪（Vichy）法國部隊，然後從後方朝非洲裝甲兵團進攻，最後與蒙哥馬利的第 8 軍團會師。此時佔領維琪法國的德軍部隊首先做出激

義大利的空戰

盟軍在入侵義大利之前動用了壓倒性的空中武力打擊所有形式的目標，當中包括美國陸軍航空隊和英國皇家空軍的重轟炸機。面對轟炸機的空襲，Bf-109G 和 MC.202 的反抗儘管堅決不移，但很少突破 P-38、小鷹式、P-40 和 A-36 入侵者式的護航。1943 年 9 月 7 日，B-17 與護航的 P-38 和發射迫擊砲的 Bf-109G 之間爆發最後一場空戰，這是德國空軍所能夠進行的最後一場大規模抵抗。

烈抵抗，其援軍從挪威和東線源源不絕而來，而反航運作戰的強度也節節升高；德軍也在突尼西亞進行登陸，一支由數千人組成的部隊在配備 Bf-109G、Ju-87D 和 Fw-190A4 的單位支援下完成集結。這些部隊想辦法阻止盟軍部隊的推進，讓隆美爾有時間重新取得裝備並編組部隊。他們打得相當好，使盟軍在穿越突尼西亞進軍時的速度變得相當緩慢，等到英美聯軍間的合作日趨完善，美軍戰鬥機飛行員也開始累積經驗時，盟軍地面作戰的進展就愈來愈快了。

到了一九四三年三月底，剛抵達的第 1 軍團加入第 8 軍團的行列，同時軸心國的運輸船團再也無法於地中海上航行，德國空軍就開始使用 Ju-52/3m、Ju-90、Go-242、DFS-230、SM.81和 Me-323 等運輸機種進行運補任務。此一規模龐大的空運機隊極易受到包括 P-38 閃電式在內的盟軍戰鬥機傷害；到了一九四三年四月所謂的亞麻行動（Operation Flax）結束後，軸心軍大約損失了四百架運輸機，而盟軍只損失了三十五架戰鬥機。盟軍於四月二十二日展開在非洲境內的最後攻勢，殘存的軸心國部隊儘管努力戰鬥，但結局依然無可避免，Bf-109 和 Fw-190 的飛行員就開始在機艙內盡可能多塞幾個地勤

↓圖為 1942 年間在埃及服役的英國皇家空軍第 213 中隊颶風式 Mk IIB AK-W 號機，它和一架洛克希德（Lockheed）哈德森式一起停在同一條沙漠跑道上。

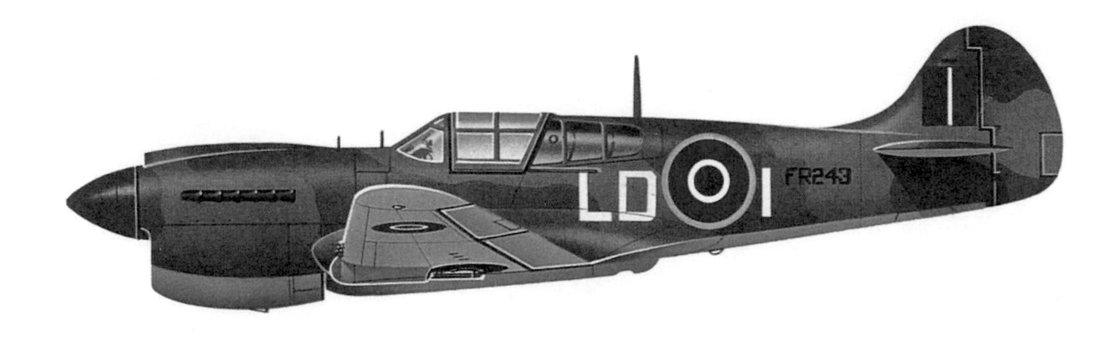

寇帝斯 P-40 小鷹式

一般資訊
型式：單座戰鬥機
動力來源：1 具 857 仟瓦（1150 匹馬力）佩卡德（Packard）梅林 V-1650-39 V-12活塞引擎
最高速度：每小時 289 公里（366 哩）
作戰高度：2239 公尺（29000 千呎）
重量：空機重：2880 斤（6350 磅）
最大起飛重量：4173 公斤（9200 磅）
武裝：6 挺12.7 公釐口徑（0.5 吋）機槍，可外掛 227 公斤（500 磅）的炸彈

尺寸
翼展：11.3 五公尺（37 呎 3 吋）
長度：9.49 公尺（31 呎 2 吋）
高度：3.22 公尺（10 呎 7 吋）
翼面積：21.92 平方公尺（236 平方呎）

〔譯註：P-40 隨著使用國的不同而擁有不同的名稱，在美國，所有的 P-40 都被稱為戰鷹式（Warhawk），至於在大英國協和蘇聯空軍中，P-40B 和 P-40C 被稱為戰斧式，而 P-40D 和以降的戰鬥機則被稱為小鷹式。〕

人員的狀況下撤離至西西里。軸心軍最後在五月十三日投降，非洲的戰爭就這樣結束了。

哈士奇行動

英國方面深信，成功入侵歐洲北部的關鍵在於從南邊攻擊納粹帝國，並在過程中迫使義大利退出戰爭。美國人心不甘情不願地同意此一戰略，接著便擬訂對西西里進行兩棲和空降聯合突擊的計劃，以做爲此一戰略的開始。盟軍在地中海和北非戰區已經集結了一支龐大的軍用機隊，當中包括美國陸軍航空隊的解放者式重轟炸機、噴火式 Mk IX 戰鬥機和 F-5 閃電式偵察機。盟軍在集結部隊準備進行突擊，也就是後人熟知的哈士奇行動（Operation Husky）期間，對義大利、薩丁尼亞（Sardinia）和西西里境內的機場和其他關鍵軍事目標進行了協調的攻擊。

按照原定計劃，入侵西西里的行動於一九四三年六月十日凌晨二時四十五分展開，但作戰方案隨即修正。雖然德軍的猜測錯誤，認爲

波音 B-17 空中堡壘式

一般資訊
型式：重轟炸機
動力來源：4 具 895 仟瓦（1200 匹馬力）萊特（Wright）R-1820-97 旋風（Cyclone）輻射活塞引擎
最高速度：每小時 462 公里（287 哩）
作戰高度：10850 公尺（35600 呎）
重量：空機重：16391 公斤（36135 磅）
最大起飛重量：29710 公斤（65500 磅）
武裝：13 挺 M2 白朗寧機槍（Browning）12.7 公釐口徑（0.5 吋）機槍；載彈量可達7900 公斤（17417 磅）

尺寸
翼展：31.62 公尺（103 呎 9 吋）
長度：22.66 公尺（74 呎 4 吋）
高度：5.82 公尺（19 呎 1 吋）
翼面積：131 平方公尺（1420 平方呎）

即將來臨的攻擊並非朝著西西里而來，因此將島上的部隊撤出以增援其他地方，但天氣對盟軍相當不利。盟軍在剛開始的突擊中動用霍薩（Horsa）和瓦科（Waco）滑翔機，但強風使得當中六十九架提早迫降而落入海中。同樣的強風也妨礙了載運傘兵跳傘的 C-47 運輸機，使得傘兵的著陸區域變得相當廣大。儘管對盟軍來說這些都算是挫折，但在大規模空中支援的打擊下，即使是抵抗最頑強的德軍口袋陣地都被壓制住了；雖然戰鬥激烈且曠日持久，但到了八月十二日，殘餘的德軍部隊就已經撤離了。

進入義大利

西西里只不過是進入義大利的墊腳石，盟軍已經擬訂了一份三階段的入侵計劃。入侵義大利本土的第一階段是灣鎮行動（Operation Baytown），由第 8 軍團在噴火式和小鷹式戰機的支援下，於九月三日在瑞吉歐卡拉布利亞（Reggio Calabria）登陸；九月九日發動的雪崩行動（Operation Avalanche）將由英美混合部隊在薩萊諾（Salerno）海灣中的義大利海岸登陸，並由大量陸軍和海軍戰鬥機支援。德軍的抵抗異常激烈，一直要到九月十六日才撤退，到了那時 Fw-190A-5 戰鬥轟炸機和裝備飛彈的都尼爾（Donier）轟炸機已經痛擊盟軍運輸船團。最後在響板行動（Operation Slapstick）中，盟軍部隊於同一時間在塔蘭托（Taranto）登陸，受到的抵抗則相對輕微。

盟軍在義大利本土的挺進面臨德軍的強硬抵抗，那不勒斯（Naples）於十月一日落入美軍手中；在其他地方，義軍單位已經開始逃命，但希特勒下定決心要防守義大利至最後一刻。撤退中的德軍部隊善加利用義大利的地形，建立幾乎牢不可破的防禦陣地，迫使盟軍部隊打一場消耗戰，無法光靠空中武力來打贏這場仗。然而盟軍的最後勝利不可避免，美軍第 9 航空軍也為了支援即將到來的反攻法國作戰而撤出。一九四三年的冬季格外令人難以忍受，提早降臨的冬雨將機場變成一片泥濘，因而限制了作戰的範圍，特別是當盟軍抵達德軍的防衛系統，也就是古斯塔夫防線的時候，他們的推進變得愈發艱困。

攻取羅馬

當盟軍試圖突破古斯塔夫防線進抵羅馬的時候，激烈無比的戰鬥就在卡西諾（Cassino）周圍爆發開來，結果戰鬥從一九四三年十二月一直進行至一九四四年，最後盟軍於一月二十二日在古斯塔夫防線後方的安齊奧（Anzio）和內土諾（Nettuno）進行大膽的登陸作戰，從側翼迂迴德軍防線，使得盟軍部隊離羅馬只有幾哩的距離而已；不過德軍反應迅速，導致了另一場僵局，美軍部隊反而被包圍在安齊奧，來自法國的 Ju-88 轟炸機接著就攻擊他們。戰鬥在空中和在地面上同樣激烈，一直延續到二月底，但德國空軍無法維持作戰的步調，特別是因為他們需要將各單位集中以在東線抵抗蘇軍部隊，還要在西線防禦預料中的盟軍入侵歐洲。最後進行抵抗的德軍單位終究被盟軍的重轟炸機空襲粉碎，但盟軍一直要到五月初才終於可以朝羅馬推進。五月十七日，德軍部隊從卡西諾撤退，而美軍部隊則在六月五日攻取羅馬。

在其他方面，一九四四年八月十四至十五日的鐵砧行動（Operation Anvil）中，盟軍的傘兵部隊在法國南部空降，展開一場實際上未受抵抗的進軍以穿越法國。但在義大利境內激烈的戰鬥仍持續進行，不過盟軍於一九四五年四月發動的最後攻勢一口氣奪取了維洛納（Verona）、波隆那（Bologna）、費拉拉（Ferrara）和帕瑪（Parma）；到了五月二日，義大利和奧地利境內的德軍部隊才向盟軍投降。

第四章

二次大戰：

東線，一九三九至一九四五年

東線衝突是二次大戰的轉捩點，兩個極權國家的爭鬥將會奪走比戰爭中每一處戰區加起來還要更多的人命。

廣泛的衝突隨著芬蘭和蘇聯間冬季戰爭的爆發，於西元一九三九年十一月三十日展開：在瓜分了波蘭之後，史達林害怕希特勒的德國將會跨越芬蘭灣（Gulf of Finland）對列寧格勒（Leningrad）發動攻擊；爲了預防起見，蘇聯人選擇攻佔芬蘭的領土做爲緩衝區，建立可用來逐退蘇聯攻擊的基地。在長達十四週的戰鬥中，紅軍在地面上奮力克服準備萬全且活力充沛的芬蘭守軍——同樣的作戰模式也反映在空戰上，雖然戰鬥時常被惡劣的天氣中斷。

在戰爭開打時，芬軍主要是裝備了福克 D.XXI 戰鬥機、布倫亨式 Mk I 轟炸機和福克 C.X 偵察機在芬軍手中，福克 D.XXI 尤其證明大幅超越了過時的蘇軍 I-15bis 雙翼戰鬥機，甚至連芬蘭僅擁有一個中隊的老舊布里斯托牛頭犬式機（Bulldog）都可以擊墜敵機。蘇軍擁有數量優勢：他們部署了將近七百架飛機，來對抗芬軍數量不到一百五十架戰機。最後蘇軍純粹憑藉著數量來壓倒芬軍，但在這過程中卻得承受重大損失。蘇軍的 DB-3（稍後改稱爲 Il-4）、SB-2 和年代久遠的 TB-3 ，在對芬蘭領土的日間空襲中，遭遇格外慘重的戰損，而到了該年年底芬軍便已贏得五十次空戰勝利。

芬軍於一月六日展開逆襲，其空軍部隊戰力旋即因爲獲得來自英國的現代化布倫亨式 Mk IV、鐵手套式（Gauntlet）和格鬥士戰鬥機，以及來自法國的 MS.406 與義大利 G.50 而獲得提升；在同一天，芬軍的 D.XXI 飛行員約瑪．薩爾萬托（Jorma Sarvanto）宣稱在一天之內擊落六架 DB-3 敵機而留名青史。然而新飛機的運抵並無法防止不可避免的結果發生，蘇軍將飛機數量提升至一千五百架，也在西元一九四〇年一月時引進了 I-16 單翼戰鬥機，面對著芬軍的反抗恢復了轟炸作戰，並朝維普里（Viipuri）推進。

雖然數量遠遠不如對手的芬軍在地面上毫不屈服，但到了三月，他們面對著大約二千架敵軍飛機。冬季戰爭隨著芬蘭於一九四〇

←←地勤人員正為一架福克 D.XXI 進行檢修，以準備進行另一項任務，該機是冬季戰爭最初幾個月裡芬蘭戰鬥機部隊的前鋒。在冬季戰爭中芬軍宣稱取得的空戰勝利紀錄裡，大部分是由駕駛荷蘭供應的 D.XXI 的飛行員締造。

福克 D.XXI

一般資訊

型式：雙座偵察／轟炸雙翼機

動力來源：1 具663.5 仟瓦（890 匹馬力）坦佩雷（Tammerfors）製布里斯托飛馬（Pegasus）XII 或 XXI 九汽缸單排輻射引擎

最高速度：每小時335 公里（208 哩）

作戰高度：8100 公尺（26575 呎）

重量：最大起飛重量：2900 公斤（6393 磅）

武裝：2 挺 7.62 公釐口徑機槍，1 挺為固定前射式，另 1 挺則安裝在駕駛艙後方可活動的後射機槍座上；可外掛 500 公斤（1102 磅）的炸彈

尺寸

翼展：12 公尺（39 呎 4.5 吋）

長度：9.29 公尺（30 呎 2.25 吋）

高度：3.30 公尺（ 10 呎 10 吋）

年三月十三日簽署休戰協定而結束，包括維普里在內的卡瑞利亞（Karelia）大部分地區，均落入蘇聯手中。

希臘之役

在希特勒展開入侵蘇聯的行動之前，必須先解決巴爾幹的局勢。德軍的計劃是壓制住希臘和南斯拉夫，並攻佔羅馬尼亞的油田。如同後來顯示的，巴爾幹戰役並沒有如希特勒所願的那樣進展順利。德軍爲了準備進行巴巴羅沙行動（Operation Barbarossa）而付出的努力，可以說是適得其反，對該行動有著損害性的間接效果。

綽號「佩特」的佩托：英國皇家空軍頭號王牌飛行員

在希臘戰役裡奮不顧身的戰鬥中，南非出生的飛行員馬默杜克．托馬斯．聖約翰．佩托（Marmaduke Thomas St John Pattle），幾乎可以確定是整場戰爭中受勳最多的英國皇家空軍王牌飛行員，他於雅典上空和德國空軍 Bf-110 激戰時陣亡。在短短的九個月期間，佩托駕駛格鬥士和颶風式締造了五十次空戰勝利。

墨索里尼的義軍部隊，在一九四〇年十月二十八日穿越阿爾巴尼亞進攻希臘後，努力想要征服該國但卻無法如願，因此希特勒決定介入。在空中，義軍的 MC.200 和 G.50 面對著英國皇家空軍，其布倫亨式 Mk I/IV 和格鬥士 Mk I 已經部署至希臘境內的基地；儘管英國皇家空軍的格鬥士已經過時，但到一九四一年一月，還是在面對義軍時宣稱獲得了三十次空戰勝利。

三月一日，德軍部隊進入保加利亞，以準備進行入侵希臘的瑪利塔行動（Operation Marita）；爲了回應德軍，英國皇家空軍就從北非將額外的單位調往希臘，這些飛機當中包括颶風式 Mk I 戰鬥機。隨著南斯拉夫在三月時發生軍事政變，德軍於四月六日發動瑪利塔行動。第 8 航空軍爲本次作戰提供空中支援，轄下共有約一千二百架飛機，當中包括 Bf-109E 和 Ju-88A 等機種；同一時間，希特勒承諾將以「盡可能快的速度」粉碎南斯拉

↓哈爾可夫戰線（the Kharkov front）一帶的 Yak-1 飛行員，居中者是他們的指揮官古薩洛夫（I. M. Gussarov）。古薩洛夫的單位宣稱在 1942 年 5 月中旬的一個星期內就締造了十五次空戰勝利紀錄，此時正值提摩盛科（Timoshenko）元帥在哈爾可夫發動大反攻，但最後以失敗收場。

夫，而 Do-17Z、Ju-87B 和 Ju-88A 就準時地在四月六日轟炸塞爾維亞首都貝爾格勒（Belgrade）。

隨著弱小的南斯拉夫空軍——當中同時包括颶風式和 Bf-109E，在作戰的前三天內實質上可說是被殲滅，在該戰區中剩餘的希臘和英軍飛機不但數量不如德軍，戰機的技術差距也十分明顯；希臘空軍戰鬥機部隊的骨幹是 PZL P.24，在面對 Bf-109E 時根本沒有什麼勝算。到了四月二十四至二十五日，德軍已經佔領南斯拉夫，摧毀了比雷埃夫斯港（Piraeus），並拿下了薩羅尼加（Salonika），而到四月十五日只剩下二十八架飛機可升空作戰的英國皇家空軍，就被迫開始從希臘撤離。隨著希臘的崩潰和英軍的抵抗，再加上雅典於四月二十七日陷落，最後殘存的英國皇家空軍部隊就和大英國協官兵一起被撤離至克里特島。再過不久之後，這些筋疲力盡的部隊將會再度投入戰鬥中，試圖驅逐在水星行動中對克里特島進行空降突擊的德軍，但最後依然徒勞無功。

↓在巴巴羅沙行動初期，一名手持德軍代表性武器 MP40 衝鋒槍的士官正在一座燃燒中的農舍旁待命。由於蘇聯空軍在巴巴羅沙行動一開始就幾近全軍覆沒，所以德國的閃擊戰可說是進展神速。

德國在巴爾幹半島成功緊急救援義大利人，最終以希臘和南斯拉夫臣服於軸心軍的支配下做爲終結。這場戰役耗費了比預計中要久的六週時間，結果使得希特勒的主要目標，即入侵蘇聯行動的展開，以及隨後兩個歐洲主要「超級強權」一決雌雄時機，必須往後推遲。

軸心國的入侵行動代號爲巴巴羅沙，於一九四一年六月二十二日的拂曉展開，希特勒宣稱：「我們

↓德軍的空中偵察照相顯示，頓河上三座橋樑中的兩座已經被蘇軍破壞了。由於蘇軍在剛開戰時缺乏性能優良的轟炸機和對地攻擊機，因此這方面的不足就由游擊隊的活動來加以彌補。

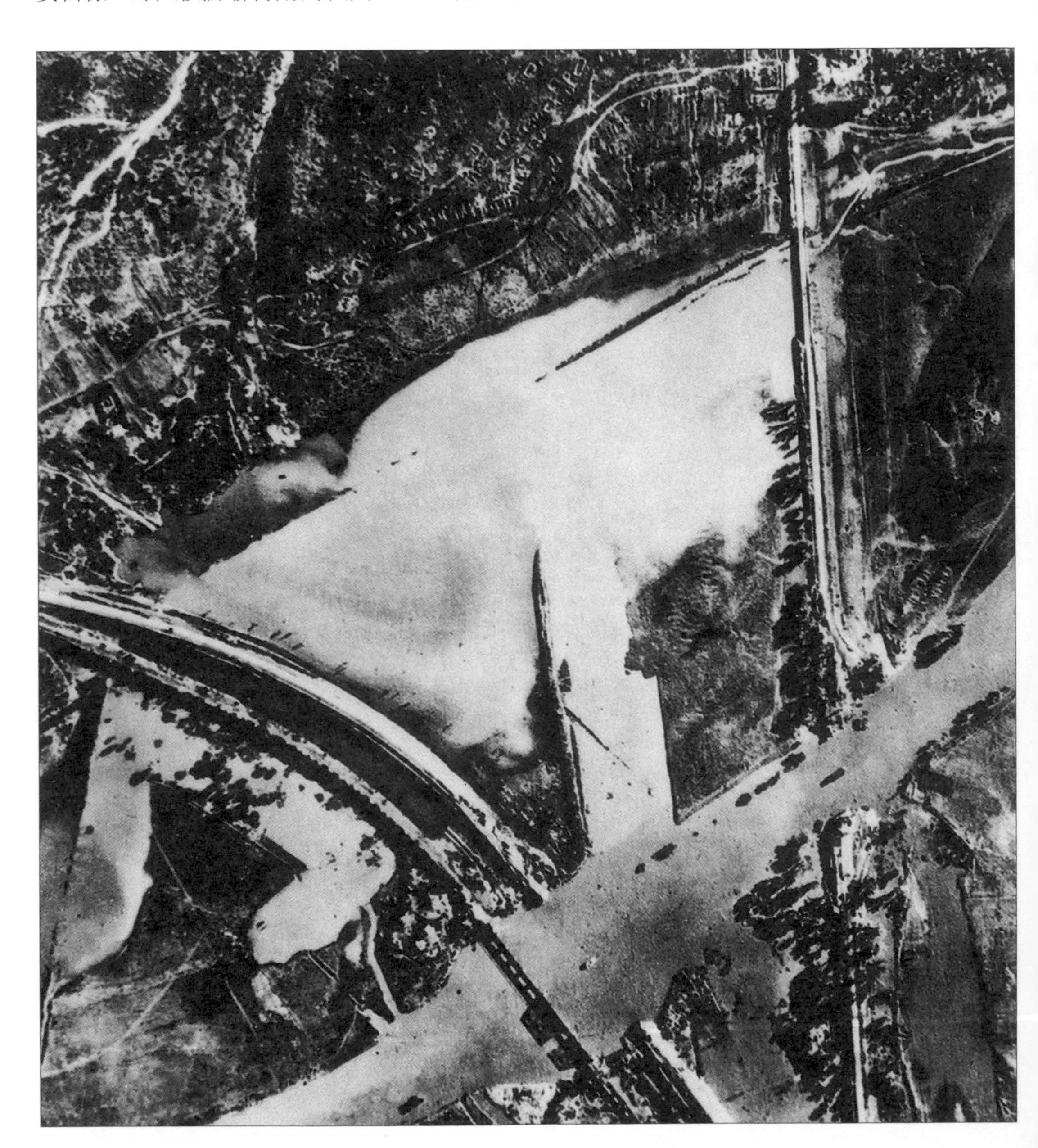

只要往門上踹一腳，這整棟腐朽的房子就會跟著垮下來。」但現實狀況多少有些不同。儘管德國事實上仍在巴爾幹和地中海戰區作戰，四個航空軍團（Luftflott）已經沿著從黑海一路延伸到波羅的海的戰線集結完畢，這條戰線由北方、中央和南方三個集團軍負責掩護。

史達林是否像許多歷史紀錄所指出的那樣徹底受到奇襲仍不無爭議，但軸心國的入侵行動在剛開始的數週內進展十分迅速，卻是不爭的事實。在空權的協助下，於波蘭和西方戰役期間證明極為成功的閃擊戰戰術才得以在俄國的大地上延續。德軍最初進軍的焦點擺在中央集團軍的戰線上，他們將在波羅的海國家和普里皮特（Pripet）沼澤地之間朝莫斯科的方向深入，由第 2 航空軍團負擔掩護，而當中的 Ju-87 斯圖卡俯衝轟炸機將會徹底打垮蘇軍裝甲部隊。

巴巴羅沙展開

德國空軍利用了早期偵察飛行的成果——在這個過程中曾動用

↓1943 年底，一架羅馬尼亞的 He-111 轟炸機正在掛載炸彈準備出擊。除了斯洛伐克以外，羅馬尼亞是唯一從一開始便參與東線戰爭的軸心陣營國家，但盟軍對該國油田的攻擊意味著空軍此時採取守勢。

都尼爾（Dornier）Do-17Z-2

一般資訊

型式：中型轟炸機

動力來源： 2 具 656 仟瓦（880 匹馬力）BMW 布拉莫（Bramo）九汽缸輻射引擎

最高速度：每小時 410 公里（ 255 哩）

作戰高度：8200 公尺（26905 呎）

重量：最大起飛重量：8590 公斤（18937 磅）

武裝：1 或 2 挺 7.92 公釐口徑（0.312 吋）活動式機槍，裝在擋風玻璃、機鼻、機背和機腹等位置；機身內載彈量可達 1000 公斤（2205 磅）

尺寸

翼展：18 公尺（59 呎 1 吋）

長度：15.79 公尺（52 呎 10 吋）

高度：4.56 公尺（14 呎 11 吋）

翼面積：55 平方公尺（592 平方呎）

Ju-86P 高空偵察機。在拂曉的空襲中派出了首批由 He-111、Ju-88 和 Do-17 等轟炸機組成的高空轟炸部隊攻擊十座蘇軍機場；隨之而來的攻擊波，由大約八百架在低空飛行的轟炸機和 Ju-87 編成——還要加上戰鬥機掩護——對蘇軍機場造成進一步損害，將地面上的所有敵軍單位一掃而空。在巴巴羅沙行動的第一天裡，德國空軍宣稱摧毀了一千八百架蘇軍飛機，當中絕大部分都是在基地內被擊毀。

除了將各式各樣的飛機投入攻勢作戰中之外，德國空軍和地面部隊也集結了超過一千架支援飛機執行廣泛的任務，包括偵察、運輸和陸軍協調相關工作。

除了由德軍單位之外，軸心國也提供了各式機隊：第 4 航空軍團轄下有一支強大的羅馬尼亞航空聯隊，任務主要是以 He-112B、颶風式和 PZL P.24 防禦普洛什提（Ploesti）的油田；至於其他部隊則包括一支來自斯洛伐克的小型分遣隊，以飛雅特 CR.32、CR.42 戰鬥機和 Ju-86K 轟炸機爲基礎的匈牙利空軍，還有來自克羅埃西亞的「志願」單位，義大利和西班牙部

→一架蓋著迷彩偽裝網的蘇軍圖波列夫（Tupolev）SB-2 轟炸機，停放在曝露的滑行道上準備出擊，地勤人員正進行掛彈作業。該機雖然在巴巴羅沙行動展開時就已經是落伍機種，但還是一直服役至1943 年。此機擁有克里莫夫（Klimov）M-103 直列式引擎。

希特勒致命的猶豫不決

早在 1941 年 8 月，希特勒的全盤目標就已經從莫斯科轉移至克里米亞和頓內次（Donets）。也許是因爲德國陸軍離蘇聯首都的路程已不到一半的事實，導致他過度自信，但無論如何中途轉向攻打南方的決策付出了高昂代價。游擊隊開始發動讓軸心軍部隊感到困擾不已的襲擊，擴大了進一步的混亂。秋雨遲滯了部隊前進，並將臨時跑道變成一片泥淖；後勤補給線愈來愈長，作戰力也愈來愈低。Hs-123 和 Fi-156 對日益惡化的天氣狀況特別能夠適應，但後勤補給線的問題只會因爲德軍繼續往東朝莫斯科推進而加劇。

隊則在稍後加入他們的行列。

大約由八百架準備好戰鬥的德國空軍戰鬥機組成之部隊，主要機種爲 Bf-109E/F，可用來對抗那些已經設法升空的蘇軍飛機；在此一階段中，蘇軍的主力戰鬥機仍是 I-16，這款飛機在對上由經驗豐富的飛行員所駕駛的 Bf-109 時，可說是毫無獲勝希望。

在德國空軍的眾多目標中，蘇軍手頭上數量稀少但可用的先進 MIG-3 戰鬥機具有十分重要的地位。一直到一九四二年十月爲止，I-16 都會是戰鬥機團的主要裝備，德國空軍飛行員藉此締造穩定的擊落數字，當中包括一些格外優異的個人紀錄。對數一數二的德國空軍王牌飛行員來說，值得注意的是其中大部分人在某一段時間內都曾在東線服役過，舉例來說像是「王牌中的王牌」埃里希·哈特曼（Erich Hartmann），在他的三百五十二架擊墜紀錄當中，至少有三百四十五架是在面對蘇軍時創下的。

由於察覺到冬季的降臨將會帶來舉足輕重的影響，希特勒已經計劃在耶誕節奪佔莫斯科，因此德國空軍就在七月時於比亞李司托克（Bialystok）和明斯克（Minsk），以空中武力協助消滅主要的蘇軍抵抗口袋陣地，以及炸毀至關重要的博布魯伊斯克（Bobruysk）鐵路橋之後，便開

↓在「偉大衛國戰爭」（Great Patriotic War）期間，蘇軍航空部隊隸屬於地面部隊，經常要接受野戰指揮官的發號施令，像是率領紅軍直搗柏林的朱可夫。

→東線上的德國空軍飛行員正在討論下一趟任務。儘管德國空軍在初期獲得巨大成功，頂尖的王牌飛行員也創下令人印象深刻的紀錄，但到了一九四四年初，德國空軍不僅數量上大大不如敵軍，連面對如何補足人員損失都感到棘手不已。

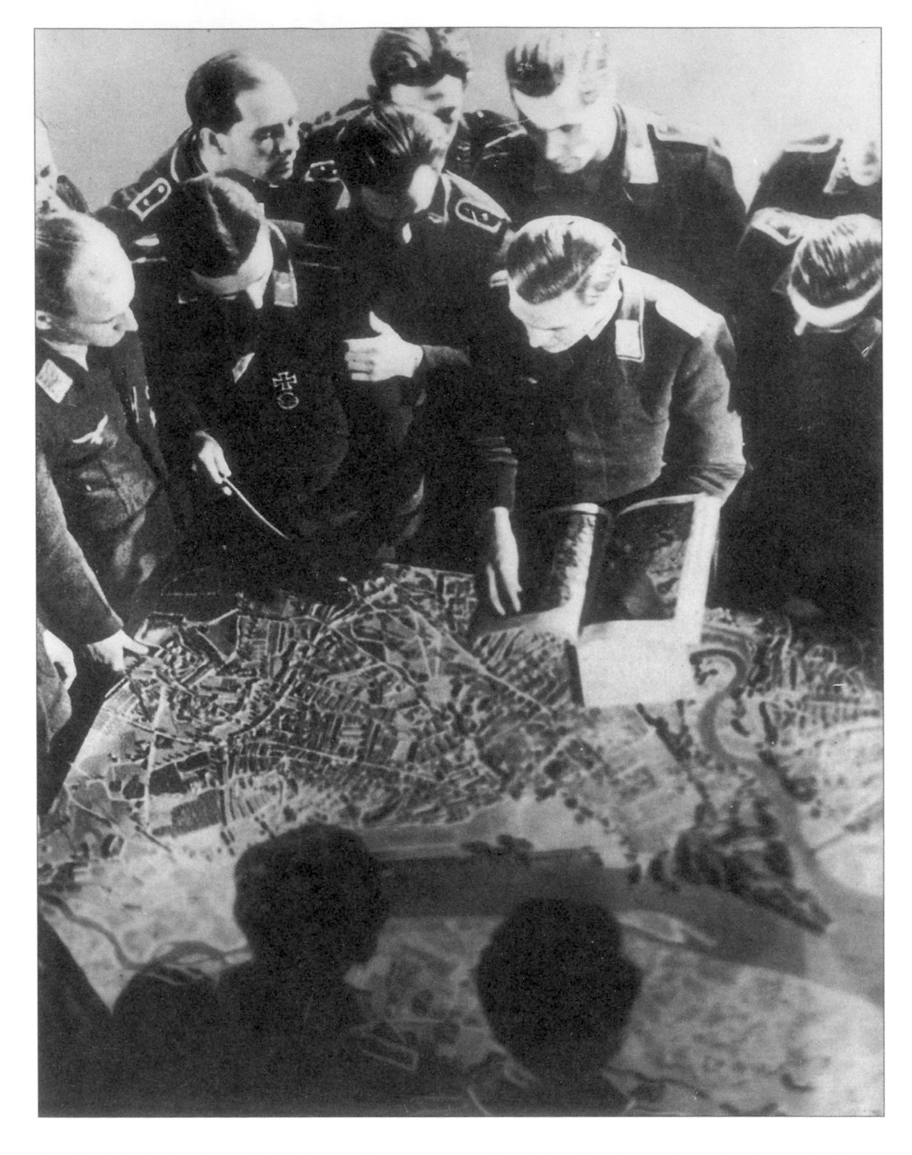

始對蘇聯首都展開轟炸。儘管德國空軍握有制空權，但大約容納十萬名敵軍部隊的斯摩稜斯克（Smolensk）口袋陣地，是較難克服的目標。在這個階段，德國空軍各單位從某一座被攻佔的機場跳至另一座，奮不顧身地試圖為迅速深入的地面部隊維持空中掩護。

到了一九四一年九月底，整條戰線從列寧格勒向南延伸遠至克里米亞（Crimea），而到了十二月初時更是進一步拉長到弗洛奈士（Voronezh）、羅斯托夫（Rostov）和莫斯科的外圍區域。

當德軍部隊逼近列寧格勒時，蘇軍於六月二十五日進攻芬蘭，史達林希望芬軍能夠加入軸心國部隊的行列。SB-2 轟炸機再一次在芬蘭空軍手中踢到鐵板，芬軍 G.50 戰鬥機在所謂的續戰（Continuation War）中，開戰的第一天就宣稱擊落十三架。芬軍再度面對敵眾我寡之勢，大約只有一百二十架可用飛機，但儘管如此他們的美製水牛式戰鬥機卻是 I-16 所望塵莫及的。

圍攻列寧格勒

雖然德軍在北方的進展穩定，但希特勒卻抓住機會介入，宣佈主要的目標將會是烏克蘭而非列寧格勒；該市此時已在德軍打擊範圍內，Bf-110 在八月時就已經對列寧格勒郊區的機場進行空襲。紅軍堅守列寧格勒，而德軍就改變戰術，從九月二十六日起開始包圍該城，並由第 1 航空軍團擔任先鋒進行航空作戰。在紅軍的活動遭德軍在 Ju-88 和 Bf-110 的幫助下被壓制之前，蘇聯航空兵參與於八月十六日發動的一波的逆襲，這是開戰以來第一次他們可以運用數量充足的兵力擾亂德國空軍的航空作戰。

除了為地面部隊攻佔的廣大領域提供空中掩護之外，在巴巴羅沙行動最初幾個月裡，也可以看到對德國空軍來說精彩無比的個別戰鬥場面。在九月二十二日一場由 Ju-87 對克隆施達特（Kronshtadt）海軍基地進行的空襲中，漢斯．烏爾里希．魯得爾（Hans-Urlich Rudel）駕機擊沈了戰鬥艦馬拉特號（Marat）。魯得爾之後成為戰爭中受勳層級最高的軍人，以摧毀

↓一名蘇軍士兵正在看守一架被擊落的 Bf-109F。當梅塞希密特 Bf-109F 在巴巴羅沙行動期間首度出現在戰場上時，可說是無人能敵，但蘇軍單座戰鬥機的逐步發展，使局面從 1942 年中期開始漸漸扭轉。

MiG-3

一般資訊

型式：單座戰鬥機／戰鬥轟炸機

動力來源：1 具1007 瓦（1350 匹馬力）米庫林（Mikulin）AM-35A 十二汽缸V形引擎

最高速度：每小時 640 公里（398 哩）

作戰高度：12000 公尺（39370 呎）

重量：空機重：2595 公斤（5709 磅）
最大起飛重量：3350 公斤（7385 磅）

武裝：1 挺12.7 公釐口徑（0.5 吋）機槍和 2 挺 7.62 公釐口徑（0.3 吋）固定式前射機槍；外掛火箭和炸彈可達 200 公斤（410 磅）

尺寸

翼展：10.2公尺（33 呎 6 吋）

長度：8.25公尺（27 呎 0.8 吋）

高度：2.65 公尺（8 呎 8.3 吋）

翼面積：17.44 平方公尺（188 平方呎）

大約二千個地面目標、當中包括超過五百輛戰車的紀錄，獲頒騎士十字勳章並加上橡葉、寶劍和鑽石徽飾。

對克隆施達特的空襲，是一個規模龐大的計劃，由第 1 航空軍團領導，以支援北方集團軍。目標是對準蘇軍波羅的海艦隊，並清出一條通道，使德軍部隊可以向列寧格勒挺進。蘇軍也發動了一些值得注意的空襲，一九四一年八月，Il-4、Yer-2 和四引擎的 Pe-8 空襲柏林；雖然代價高昂且成效不佳，但卻在宣傳上打出了漂亮的一擊，因爲這是在德國空軍第一波大規模轟炸莫斯科之後，緊接著反攻的空襲行動。德國空軍對莫斯科的首波大規模轟炸已於七月二十一日進行，參戰的飛機包括二百架 Do-17、He-111 和 Ju-88，但德國空軍對莫斯科的轟炸作戰結果證明，這只不過是一種象徵性舉動。

在較靠近蘇聯領土的地方，蘇軍於德軍入侵之後就派出 SB-2 和 DB-3 等轟炸機，在沒有戰鬥機護航的狀況下對德軍機場進行空襲，然而在 Bf-109 戰鬥機的嚴密防守下，這些老舊的轟炸機就如同在冬季戰爭一樣，遭受慘重的損失。

英國皇家空軍配備的颶風式戰鬥機，在九月時運抵莫曼斯克（Murmansk）颶風式的運抵具有更爲持久的價值：這是第一批由蘇軍使用的外國製戰機，也是爲了戰爭援助而提供的裝備。在租借法案的名義下，蘇聯人將會接收大量可供爲打贏戰爭而使用的物資裝備，包括現代化的戰鬥機在內，這些物資強化了他們初步的成功。在蘇軍手中，一些西方製的機型在戰鬥中勝出；值得注意的是，美國陸軍航空隊不愛使用的 P-39 空中眼鏡蛇（Airacobra）式戰鬥機，蘇軍在東線上將其當成低空戰鬥機操作，而讓它有嶄露頭角的機會。

颱風來襲

由於九月時德軍在南面進展神速，再加上對列寧格勒和奧德薩（Odessa）展開圍城作戰，使得軸心國的注意力又回到朝莫斯科進軍一事，也就是颱風行動（Operation Taifun）上。

對軸心軍部隊而言，在烏克蘭的作戰雖然相當成功，但卻浪費了寶貴的時間，並馬上進一步衍生出許多問題：十二月，第 2 航空軍團所屬飛機被重新調遣至地中海戰區，而在同一時間，冬季的來臨使得軸心軍的前進慢了下來。颱風行動於十月初展開，雖然已經於進軍的路上攻佔包括奧勒爾（Orel）在

↓雖然米高揚－格列維奇（Mikoyan-Gurevich）的 MiG-3，無法經歷拉沃契金（Lavochkin）與雅克列夫（Yakovlev）發展之後繼戰鬥機種所享有的成功歲月，但這款外觀光滑的戰機的飛行速度卻是格外地快；然而在 1942 至 1943 年時，大部分此型戰鬥機都被從第一線機種降級至防空單位使用。

東線上的新裝備

1942 年，梅塞希密特 Bf-109F 取代了德國空軍的 Bf-109E，而過時的 Do-17也被替換了，然而更重要的是蘇軍在同一年也取得了新裝備。最後，隨著大量的單翼機，像是 LaGG-3、MiG-3 和 Yak-1 戰鬥機，以及 Il-2 與 Pe-2 對地攻擊機抵達戰場，現代化戰鬥機開始如雨後春筍般出現。但爲了躲避閃擊戰的破壞，飛機生產線都被轉移到蘇聯東部的新廠房裡，配發新飛機的進度因而受到限制。

內的關鍵目標，希特勒在天候變得更惡劣前卻未能達成佔領莫斯科的目標。到了十月底時，摩托化部隊和飛機都一樣根本無法動彈，等到十二月初就被凍住了。

隨著德軍漸漸不支，蘇軍指揮官朱可夫（Georgi Zhukov）抓住主動權，在來自遠東地區的生力軍支援下，於十二月五日至六日在莫斯科地區發動一波大規模反攻。因爲天氣因素，加上有限的空中作戰資源進行重新部署，使得地面部隊喪失空中掩護，德軍便於十二月八日起從莫斯科撤兵，所以希特勒只得被迫放棄攻佔蘇聯首都的計劃。到目前爲止，德國空軍的戰力已經降至在整條戰線上大約只有一千九百架作戰飛機，當中可能只有半數能夠出動。

蘇軍持續頑強抵抗，在列寧格勒、哈爾可夫（Kharkov）與莫斯科方面不斷壓迫軸心軍部隊。紅軍設法逼退德軍，並在一九四二年二月時德軍中央和北方兩個集團軍之間達成大規模突破，成果是德軍第 10 軍在列寧格勒以南的戴米安斯克（Demyansk）被切斷，另外在霍爾姆（Kholm）也形成了另一個規模較小的口袋陣地，因此這時就

↓Ju-87D-3 於 1942 年底導入服役，用來擔任密接支援的角色，其引擎和機組員的裝甲保護都有所改進。圖中這幾架飛機隸屬於第 2 對地攻擊機聯隊（Schlachtgeschwader）「英麥曼」，由傳奇人物漢斯．烏爾里希．魯得爾（Hans-Ulrich Rudel）指揮。

伊留申（Ilyushin）Il-2

一般資訊

型式：雙座密接支援和反戰車攻擊機

動力來源： 1 具 1238 仟瓦（1660 匹馬力）米庫林 AM-38 液冷式縱列引擎

最高速度：每小時 404 公里（251 哩）

作戰高度：6000 公尺（19685 呎）

重量：空機重：4525 公斤（9975 磅）
最大起飛重量：6636 公斤（14021 磅）

武裝：2 門 37 公釐（1.46 吋）固定式前射機砲和 2 挺 7.62 公釐口徑（0.3 吋）

機槍；駕駛艙後方裝有 1 挺 12.7 公釐口徑（0.5 吋）機槍和兩枚 200 公斤的反戰車炸彈 或 8 枚火箭。

尺寸

翼展：14.6 公尺（47 呎 10 吋）

長度：11.6 公尺（38 呎）

高度：3.4 公尺（11 呎 1 吋）

輪到德國空軍的運輸機部隊來提供支援，他們以 Ju-52/3m 運輸機運補被困在戴米安斯克口袋陣地內的部隊，直到四月時德軍穿越蘇軍防線打開一條陸上通道爲止。期間，德國空軍動用 DFS-230 和 Go-242 滑翔機運補霍爾姆口袋內的部隊，直到五月時援軍抵達才停止。戴米安斯克的運補任務是德國空軍運輸機部隊，首次奉命以如此規模對部隊進行補給，雖然任務成功，但卻佔用了德國空軍幾乎全部的運輸能量，連轟炸機都被徵用來扮演運輸機的角色，輸送必須物資。

隨著德軍攻勢在兵臨莫斯科城下時被逐退，希特勒再次將注意力轉向南方，而南方集團軍就奉命朝克里米亞和烏克蘭南部的目標推進。德國空軍的第 4 航空軍團在匈牙利空軍的支援下，自開戰起就在南翼作戰，掩護南方集團軍從普里皮特沼澤地以南，一路延伸到匈牙

16

新裝備的戰爭

隨著德國空軍的兵力在 1942 年中時開始延伸，地面部隊再也無法確保可以獲得空中支援，而軸心軍的情勢也因爲蘇軍新一代戰鬥機的效能而更加惡化。La-5FN 和 Yak-9 是堅固、可靠、耐用，足以匹敵德國空軍的戰鬥機；而當地製造的戰鬥機也獲得愈來愈多透過租借法案取得的戰鬥機補充，這些戰鬥機包括 P-39、P-40 和噴火式。雖然宣傳機器傾向淡化西方裝備的成就，但 P-39 在蘇軍手中讓人留下了深刻印象。反過來看，德國空軍在庫斯克只能投入一千餘架作戰飛機——這幾乎已是所有配置在東線上的飛機數量。雖然最新型的 Bf-109G 抵達戰場上讓德軍擁有技術優勢，但更重要的事件將會在地面上展開，因爲德軍指揮官此刻擁有威力強大的虎式（Tiger）和豹式（Panther）戰車。

利和斯洛伐克邊界上的正面。

第 4 航空軍團的最終目標，是支援德軍朝第聶伯河（Dnepr）和基輔（Kiev）方向追擊，同時也要壓制黑海區域的敵軍海空活動，以保護羅馬尼亞的油田。德軍在此獨立的戰場上發動一波攻擊，指向奧德薩和摩爾多瓦（Moldova），並由羅馬尼亞和匈牙利部隊支援。紅軍便後撤至更深處的陣地以防衛基輔，在經由鐵路撤退期間，還不斷遭到德軍 He-111 和 Ju-88 的騷擾攻擊。當希特勒的目標從莫斯科轉移至克里米亞和高加索（Caucasus）時，德國空軍從一九四一年八月起便投入大量兵力，將蘇軍逼退至第聶伯河一線後方。

德軍部隊以迅雷不及掩耳的速度在第聶伯河上建立橋頭堡，並由 Bf-109 和 Ju-87 保護，而紅軍在基輔城外的陣地也在九月時遭德國空軍痛擊。隨著蘇軍抵抗被消滅，基輔市的爭奪戰於九月二十六日落幕。

德國的藍色案

當蘇軍在北方持續進行攻勢時，德軍於一九四二年四月起在南方重新展開作戰，以準備進行一場規模龐大的夏季攻勢，代號爲藍色案（Fall Blau）。

這一次德軍將設法取得油源以供自身使用，還要奪取克里米亞半島。蘇軍的損失十分慘重，無法在五月初於哈爾可夫發動的大規模反攻中阻擋德軍，而德軍則再度廣泛運用空中轟炸和密接空中支援，尤其第 4 航空軍的飛機在哈爾可夫迫使蘇軍撤退時扮演了重要角色。

在一場代號爲獵鴇行動（Operation Trappenjagd）的德羅聯軍行動中，軸心軍大量利用了德國空軍的轟炸機和俯衝轟炸機，並於不久之後攻佔了克赤半島（Kerch）；另外在經過一段時間的砲兵轟擊和高達六百架德國空軍飛機的狂轟濫炸後，「堡壘城市」塞瓦斯托波耳（Sevastopol）於七

←←兩架波利卡波夫（Polikarpov）I-153 戰鬥機正在塞瓦斯托波耳上空巡邏。這些雙翼機在巴巴羅沙行動的初期階段，毫不令人意外地蒙受了慘重損失，但他們在次要戰區中仍繼續服役，特別是在克里米亞和遠東地區。

↑地勤人員正在為這架由樹枝偽裝的 La-5FN 加油。拉沃契金的 La-5FN 配備一具燃油噴射 ASh-82FN 發動機，極速可達每小時 620 公里（385 哩），並擁有絕佳的機動性，可與絕大部分德軍戰鬥機相匹敵。

月一日落入德軍手中。就好像在巴巴羅沙行動揭開序幕時的那樣，軸心軍部隊看來再度勢不可擋。

在塞瓦斯托波耳上空，軸心軍的航空兵握有空中優勢，而蘇軍因爲大量裝備 LaGG-3、MiG-3 和 Yak-1 而獲得的技術進步，馬上就因爲 Fw-190A 的出現而完全被抵消；德國空軍的航空兵力到了一九四二年中時，已經增至約有二千七百五十架飛機。

新飛機，新裝備

除了 Fw-190 之外，德國空軍此刻也操作改良後的 Ju-87D，以及 Hs-129 專用密接支援機。在塞瓦斯托波耳陷落之後，軸心軍部隊準備向東進軍，依照藍色案的規劃從六月二十八日開始向弗洛奈士推進，隨後將能確保裡海（the Caspian）沿岸至關重要的油田。在這場作戰中，各路德軍部隊將在頓河（Don）會師，並包圍紅軍，德國空軍則能夠提供大約一千二百架可投入作戰的飛機進行支援。由於史達林被打個措手不及，德軍在本次作戰的初期階段中迅速地向東深入，而斯圖卡也在戰鬥中證明效果奇佳。不過就在這個時候，希特勒在判斷上又犯下另一個嚴重錯誤。

隨著兩個集團軍已經在七月十四日於頓河會師，且羅斯托夫跟著在七月二十三日陷落，計劃中在弗洛奈士後方朝向高加索的推進實際上已經喊停了，德軍的注意力又再次轉到攻佔具備戰略重要性的城市上。希特勒的新目標是列寧格勒和史達林格勒（Stalingrad），蘇軍則誓言不惜一切代價死守這兩座城市。

期間，軸心軍部隊已經進抵克里米亞地區的第一塊油田，但延伸的補給線使得他們無法再向東南方做進一步深入；更重要的是，此時德國空軍的兵力已經過度延伸，因此再也無法確保對戰線南段地面部隊的掩護。

對佛瑞德里希．包拉斯（Fredrich Paulus）的第 6 軍團來說，史達林格勒從來就不是一個輕鬆的目標，紅軍防衛這座象徵性的城市事關其威望，而當時的天氣就像一九四一至四二年在莫斯科那樣，再一次對守方有利。

到了一九四二年九月中，軸心軍戰線在北方從列寧格勒和戴米安斯克開始一路向南延伸，經過俄國西南方的弗洛奈士，直到史達林格勒及後方區域，為了拿下這座城市，第 6 軍團分成兩個獨立的正面作戰。在空中，德國空軍維持數量和技術層面的優勢，並使用 He-111 和 Ju-88 對該城發動猛烈轟炸，不過蘇軍方面有大批性能優良的 La-5 和 Pe-2 抵達，這意味著一種長足的進步，也是即將發生大事件的前兆。這場會戰裡的其中一位蘇軍英雄是莉狄亞．李特夫雅克（Lydia Litvyak），她是戰績最佳的女性戰鬥機王牌飛行員；九月十三日李特夫雅克宣稱在史達林格勒上空擊落第一架 Ju-88 敵機。

↑在蘇聯空軍的大部分兵種裡，女性人員是特徵之一，從莉狄亞．李特夫雅克和卡緹亞．布妲諾娃（Katya Budanova）這類的王牌飛行員，到圖中軍械士的地勤人員都有。這位軍械士正在為 Yak-9D 的機槍裝填子彈，是此款被廣泛使用的單座戰鬥機的長程型號。

在十月裡，重整旗鼓的紅軍部隊發動了天王星行動（Operation Uranus），以鉗形運動繞過史達林格勒，包圍數量約為三十萬人的軸心軍部隊。由於軸心軍身陷敵境，因此就輪到德國空軍的運輸機隊為第 6 軍團維持一條空中運補走廊。這時冬季已經降臨，蘇軍也有效運用火砲轟擊德軍運輸機使用的機場。德軍運輸機的主力是 Ju-52/3m 和其他運輸機，但也包括 He-111

德國空軍的夜襲

為了減少損失，德國空軍也開始愈來愈常進行夜間出擊，最後甚至編組出專門的夜間對地攻擊機大隊（Nachtschlachtgruppen），此一戰術反映出蘇聯空軍扮演夜間騷擾襲擊角色的成功。蘇軍方面使用老舊的波利卡波夫 U-2（稍後被定名為Po-2）進行這類任務，而德軍則徵用哥特式 Go-145 和阿拉度 Ar-66 雙翼教練機等機種。

和 He-177 等轟炸機。一九四三年一月中，德國空軍只剩下兩座機場可用，因而被迫以空投的方式進行運補；到了二月，第 6 軍團向蘇軍投降，希特勒的東進野心就這樣畫上句點。

庫斯克大混戰

蘇軍已經成功地在史達林格勒頓挫了軸心軍朝向東方的推進，希特勒因此下令德軍在戰線中段發動一波新攻勢，於一九四三年六月展開。新戰役的目標是在弗洛奈士以西，庫斯克（Kursk）突出部集結的大批蘇軍部隊，紅軍和軸心軍部隊在莫斯科以南的地區即將面對面決一死戰。

在巴巴羅沙行動展開時，地中海戰區發生的事件，導致了攻勢展開時間的重大延誤，同樣的事情也在庫斯克會戰時發生。由於希特勒預期盟軍將在地中海戰區發動攻勢，庫斯克攻勢——代號為衛城行動（Operation Zitadelle），因而臨時叫停。最後衛城行動於一九四三年七月五日展開，但到了那時蘇軍已經把三個航空軍團、共計將近二千五百架作戰飛機的兵力投入攻勢中，此外還要加上大批預備隊。

蘇軍轉守為攻

在蘇軍的飛機當中，有許多是 Il-2 和 Il-2M3 對地攻擊機，他們將證明對地面上的裝甲部隊部隊和一般單位，具有毀滅性的威力。蘇聯的戰爭計劃可說是聯合兵種攻勢的模範——有點像「蘇軍式閃擊戰」（Soviet's Blitzkrieg）戰術，從此刻起將會成為準則，而德國空軍也會開始轉攻為守；除了數量被超越之外，德國空軍也受到游擊隊襲擊和缺乏燃料的雙重打擊。

當德軍準備好對蘇軍進行裝甲部隊突擊的時候，雙方在庫斯克的攤牌主要是以陸戰為主進行戰鬥，結果就是歷史上規模空前的戰車會戰，雙方大約有三千輛戰車在戰場上爆發混戰。而在他們的頭頂上特殊的反戰車攻擊機也為雙方帶來衝擊，當中的佼佼者莫過於 Hs-129，和被改裝進行反戰車作戰的 Ju-87D，還有 Il-2。斯圖卡也提升火力，衍生出 Ju-87G，配備兩門三七公釐口徑機砲，而 Ju-88 更裝上七五公釐砲而變成 Ju-88P，這兩款飛機都及時被部署至戰場上，因此能夠參與庫斯克會戰。經過長達一週的激戰後，德軍顯然佔了上風，但蘇軍的朱可夫元帥卻又投入了一整個全新的戰車軍團，以及額外的 Il-2 攻擊機。

德國陸軍元帥埃里希・馮・曼斯坦（Erich von Manstein）明白，

此刻軸心軍岌岌可危，因此贊成撤軍，但希特勒加以干涉，下令繼續進行攻勢。然而蘇軍拉大戰線，蘇聯空軍也開始漸漸佔上風，當紅軍在北邊朝奧勒爾逼近時，德國空軍的損失就開始上升。到了會戰結束時，軸心軍已經折損了大約九百架飛機，而蘇軍只損失了約六百架。

隨著軸心軍部隊在庫斯克遭遇決定性失敗以及德國空軍失去空中優勢，希特勒的東線戰役敗象漸露。期間，本土戰線的局勢也變得愈來愈迫切，像是大批飛機，特別是 Bf-110，就從東線上被撤回以防衛納粹帝國。然而對德國空軍來說，東線仍有幾個正面發展，像是愈來愈脆弱的 Ju-87D 持續由 Fw-190F 對地攻擊型替換，後者於一九四三年初首度導入服役。到了一九四三至四四年冬天，蘇軍航空兵的數量已經大幅超越德國空軍，而先前德軍享有的質量優勢也已經慢慢喪失了。蘇軍利用軸心軍的弱點，於一九四三年底在基輔地區發動一波大規模攻勢：在東線上第三個冬季裡，德軍慘遭重擊，到了一九四四年一月，紅軍已經開始朝西方大舉進擊，朝席托米爾（Zhitomir）方向深入。

就像先前在戴米安斯克和史達林格勒一樣，軸心軍部隊（南方集團軍轄下的單位）發現他們又被蘇軍切斷了，這次是在科爾森（Korsun）－車卡夕（Cherkassy）口袋。他們唯一可靠的運補方式就是空投補給，但這

↓貝爾的中置引擎戰鬥機空中眼鏡蛇和眼鏡蛇王（Kingcobra）因為其低空表現佳得到蘇軍的高度讚揚。圖中站在 P-39 空中眼鏡蛇旁的是菲多．希庫諾夫（Fedor Shikunov），於 1945 年 3 月被高射砲擊落前，他在五十二場空中戰鬥中就取得二十五次勝利。

回到芬蘭

當紅軍持續將軸心國部隊逐出烏克蘭後，向北揮軍進攻芬蘭，於 1944年 6 月 10 日越過卡瑞利亞入侵。在同一個月，美國陸軍航空隊的第 8 和第 15 航空軍開始從蘇聯領土起飛出擊，德國空軍的反應是派出轟炸機，對盟軍轟炸機基地進行一連串空襲行動，但卻對盟軍的戰鬥能量沒有造成多大影響。德國空軍到了 1944 年中時仍能集結約二千架飛機，但為了對付德軍，蘇軍方面能夠派出高達一萬三千架飛機，而且該國的工業還能以驚人的速率，生產新裝備以彌補作戰損失。

德軍在芬蘭的作戰期間，空權在雙方陣營都扮演了重要角色，但蘇聯的數量優勢（蘇聯投入約七百五十架飛機進行戰鬥）最終還是克服了芬德聯軍的防禦。但儘管如此，芬軍成功地造成蘇軍重大傷亡，就像在冬季戰爭時一樣。這一次他們得利於更現代化的戰鬥機，當中最值得注意的就是 Bf-109G-6。蘇軍攻陷維堡（Viborg）後，芬蘭人於 1944 年 9 月 4 日同意停火。

又是另一場失敗，該口袋陣地於二月中時遭殲滅。這段期間在北方，德軍於列寧格勒戰線上遭受最後的戰敗，雖然德國空軍成功地將飛機數量從二百四十架提高至四百架，然而蘇軍在接受空投補給的游擊隊幫助下守住了該市，同時 U-2 雙翼機在夜間騷擾任務中也相當活

↑1944 年，這架 Bf-109G-6 由芬蘭排名第三〔僅次於伊爾馬里・尤提萊能（Ilmari Juutilainen）和漢斯・溫德（Hans Wind）〕的王牌飛行員埃諾・路克康能（Eino Luukkanen）駕駛。路克康能駕駛 D.XXI、水牛式和 Bf-109，他一共擊落了五十六架敵機，並參與了 1944 年 6 月在卡瑞利亞進行的激烈空戰。

躍。經過長達八百八十日的圍城後，隨著德軍的最後抵抗在列寧格勒南邊被排除，蘇軍終於在一月二十七日突破德軍封鎖。

一九四三年紅軍成功的冬季攻勢，在一九四四年春季時注入了一股新動力，目標是將德軍逐出烏克蘭。到了一九四四年五月時，最後一批德國空軍飛機撤離了在克里米亞口袋抵抗陣地內苟延殘喘的軸心軍部隊。隨著確保制空權，蘇軍航空兵開始加強對撤退中軸心軍部隊的打擊；當蘇軍擁有大約三千架可用飛機的時候，德國空軍在整條戰線上每天僅能勉強湊足三百架可用的戰鬥機。

一九四四年七月間，紅軍有時候以一天約四十公里（二十五哩）的速度向西前進；到了蘇軍於一九四四年七月九日進入維爾諾（Wilno）〔現今的維爾紐斯（Vilnius）〕的時候，白俄羅斯在紅軍的掌握中實際上已經安全了。蘇軍接下來做的就是向西方進行經過協調的進擊，在當中飽受圍攻的德軍部隊將會在一路退回國界的過程中不斷遭受襲擊，而空權在這個過程裡扮演了重要的角色。

向西方賽跑

蘇軍向西方的前進取道兩條走廊：第一條伸入波蘭東北部，第二條則在南方，伊凡・柯涅夫元帥（Ivan Konev）的部隊將會從那裡朝維斯杜拉河（Vistula）挺進。剛開始時紅軍的進展相當快速，隨即就抵達鐵路補給線的末端，到了該月月底，蘇軍不但已經攻下布勒斯特－李托夫斯克（Brest-Litovsk），也已經渡過了維斯杜拉河。

這時蘇軍將領將他們的注意力轉向南邊，特別是巴爾幹半島。蘇軍在八月二十日從奧德薩前線重起

←←1944 年，德軍部隊正在測試一架迫降在拉脫維亞境內的 Po-2。雖然這款飛機的外觀顯然已經相當老舊，但 Po-2（被德軍稱為「縫紉機」）在一般偵察、傷患撤離、連絡和夜間騷擾攻擊任務等方面，卻有良好表現。

攻勢，目標是羅馬尼亞，由大約一千七百架飛機支援。羅馬尼亞部隊和德國盟友隨即被壓倒，而羅國政府就在僅僅三天之後屈服了，結果至關重要的普洛什提油田牢牢地落入盟軍掌中。九月八日，蘇軍佔領保加利亞，但德國空軍依然在巴爾幹半島奮戰不懈，堅持和蘇軍周旋到底，且仍得到盟友匈牙利的協助。

到了一九四四年十二月時，德蘇戰線已經轉移至從聶曼河（Niemen）至華沙以東，再向南至布達佩斯（Budapest）間的一線之地。蘇軍能夠集結約一萬五千五百架作戰飛機，而他們的有效運用已使德國空軍在整條戰線上的總數下降至只有區區二千架飛機。史達林的大軍進展也比在阿登地區掙扎前進的西方盟軍更加迅速，因此紅軍到一九四五年一月十三日就抵達了東普魯士（East Prussia）。

東線的終曲

在東普魯士，雙方不論是在地面上還是在空中都爆發激戰，德軍的頑強抵抗加上惡劣天候把紅軍擋在柯尼斯堡。

然而，隨著蘇軍於一月十七日奪取華沙，他們發現了一個重要的目標。在二月裡，蘇軍渡過了奧得河（Oder），並發現他們離柏林已經不到八十公里（五〇哩）。到了這個時候，德國守軍訴諸愈來愈鋌而走險的手段抵擋蘇軍，德國空軍就是在這樣的背景下派出了槲寄生（Mistel）子母機。

同一時間，德國空軍企圖提高戰鬥機部隊的戰力，冀望從蘇軍手中奪得制空權，因此重新部署飛機以保衛首都，然而德國空軍的資源無論是在物質還是人員方面不但愈來愈稀少，並同時在兩條戰線上消耗，而蘇軍這時也導入了 La-7 和

↓槲寄生子母機（Mistel）是在剩餘的轟炸機機身上安裝炸彈，再由戰鬥機吊掛，並引導飛向目標，由此可看出德國軍方愈來愈不擇手段。如圖，Ju-88A 和 Bf-109F 組成槲寄生 1 型，被用來攻擊奧得河上的橋樑。

↑這張照片透露了蘇軍在 1945 年時享有的空中優勢。如圖，一架 La-7（最靠近鏡頭者）旁，是一整排令人印象深刻的 Yak-3 戰鬥機。La-7 爬升率和機動性都比 Fw-190 更好，而 Yak-3 可說是戰爭中最靈活的戰鬥機。

Yak-3，各方面性能大部分都要比德軍主力戰鬥機更爲優越。

此一潮流中的例外，是少數德國空軍費盡方法投入前線服役的 Me-262 噴射戰鬥機，但即使這些戰機不容易被擊落，蘇軍頭號王牌飛行員伊凡・柯茲賀杜布（Ivan Kozhedub）還是在二月十九日宣稱，於法蘭克福（Frankfurt）上空的戰鬥中擊落一架這款後掠翼戰機；他最後的紀錄爲擊墜六十二架敵機。紅軍勝券在握，柏林市最後也就在五月時被蘇聯的鐵蹄踏平。

第五章
二次大戰：
太平洋，一九四一至一九四五年

日本把所有的一切都賭在一系列意圖制壓遠東和太平洋戰區中英美海空軍戰力的行動，以建立「大東亞共榮圈」。

西元一九四一年十二月七日至八日，日軍下令對夏威夷群島的歐胡島（Oahu）、菲律賓群島、香港和馬來亞，同時發動數場作戰的時機點，有很大的程度是基於美軍太平洋艦隊在星期日早晨一般來說都是停泊於珍珠港（Pearl Harbor）內的事實。日本把所有的一切都賭在一系列意圖制壓遠東和太平洋戰區中英美海空軍戰力的行動，以建立「大東亞共榮圈」（Greater East Asia Co-Prosperity Sphere）；在成立大東亞共榮圈，並沿著周圍組成防禦圈之後，日本人希望能夠以現狀爲基礎，根據此一局勢來取得和平。駐紮在中南半島（Indochina）南部基地的日本帝國陸軍航空隊（Imperial Japanese Army Air Force, JAAF）第 3 飛行集團（Hikoshudan），和日本帝國海軍航空隊（Imperial Japanese Navy Air Force, JNAF）第 22 航空艦隊，將會提供支援。以臺灣爲基地的陸軍第 5 飛行集團和海軍第 21 與第 23 航空艦隊，將會攻擊駐守在呂宋島（Luzon）上的美國遠東航空隊（US Far East Air Force）。

日軍南雲忠一海軍中將（Chuichi Nagumo）麾下第 1 航空艦隊（Koku-Kantai）的艦船，於西元一九四一年十一月二十六日啓程離開日本，以六艘兩兩互爲姊妹艦的航空母艦爲基礎——即加賀號（Kaga）和赤城號（Akagi）、飛龍號（Hiryu）和蒼龍號（Soryu）以及瑞鶴號（Zuikaku）和翔鶴號（Shokaku），共計有一百三十五架零式戰鬥機（譯註：即 A6M2 戰鬥機）、一百三十五架九九式艦上爆擊機（譯註：即 D3A1 艦上爆擊機俯衝轟炸機），與一百四十四架九七式艦上攻擊機（譯註：即 B5N2 魚雷轟炸機）。

十二月七日凌晨三時，第 1 航空艦隊抵達歐胡島北方三百二十公里（二〇〇哩）處的機隊起飛位置，第一攻擊波由一百八十九架飛機組成，從清晨六時開始起飛，而第二攻擊波的一百七十架飛機，則於七時十五分離開航空母艦。

日軍最重要的目標是在珍珠

←←由於日軍對夏威夷群島珍珠港發動毀滅性攻擊，使美國突然陷入二次大戰的旋渦中。日軍集中航空兵力打擊珍珠港內的戰鬥艦和歐胡島上的美軍航空設施。

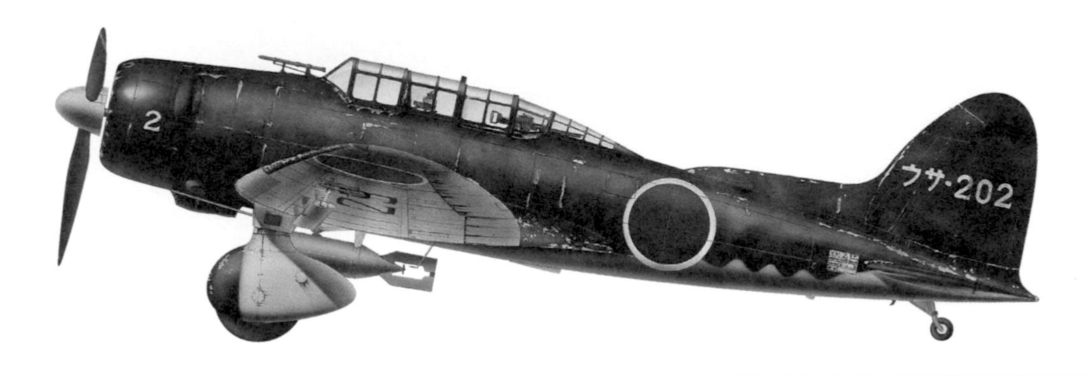

愛知 D5A2

一般資訊

型式：雙座艦載俯衝轟炸機

動力來源：1 具 969 仟瓦（1300 匹馬力）三菱（Mitsubishi）金星（Kinsei）54十四汽缸氣冷式輻射引擎

最高速度：每小時430 公里（267 哩）

作戰高度：10500 公尺（34500 呎）

重量：空機重：2570 公斤（5654 磅）
最大起飛重量：3800 公斤（8360 磅）

武裝：3 挺 7.7 公釐（0.303 吋）機槍，兩挺為固定式前射，另一挺為活動式，裝在駕駛艙後方；載彈量為370 公斤（814 磅）。

尺寸

翼展：14.37 公尺（47 呎 2 吋）

長度：10.02公尺（33 呎 6 吋）

高度：3.85 公尺（12 呎 8 吋）

翼面積：34.90 平方公尺（373 平方呎）

港內錨泊或繫留的船艦，而零式戰鬥機和九九式艦上爆擊機將掩護攻擊行動，並襲擊惠勒（Wheeler）、希肯（Hickam）、卡內歐西（Kaneohe）及福特（Ford）等機場。日軍的攻擊於七時五十分展開，美軍頓時陷入毀滅當中。日軍的魚雷擊中戰鬥艦西維吉尼亞號（West Virginina）、亞利桑納號（Arizona）、奧克拉荷馬號（Oklahoma）、內華達號（Nevada）和猶他號（Utah），還有巡洋艦海倫娜號（Helena）和洛利號（Raleigh），以上各艦加上戰鬥艦加利福尼亞號（California）、馬里蘭號（Maryland）和田納西號（Tennessee），以及修理船維絲托號（Vestal）均被九九式艦上爆擊機和九七式艦上攻擊機投彈命中，至於戰鬥艦賓夕法尼亞號（Pennsylvania）、巡洋艦火奴魯魯號（Honolulu）和驅逐艦凱辛號（Cassin）、道尼司號（Downes）

和蕭號（Shaw）的損傷則較輕微。到了八時三十分，日軍完成了他們的任務，在三百五十三架參戰的飛機當中，日軍只損失了九架零式戰鬥機、十五架九九式艦上爆擊機和五架九七式艦上攻擊機；在空中和地面上，美國陸軍航空隊損失了七十一架飛機，美國海軍陸戰隊損失了三十架，美國海軍則損失了六十六架，人員損失方面則為二千四百零三人死亡和一千一百七十六人受傷。

航空母艦在哪裡？

由海軍大將山本五十六擬訂的日軍攻擊計劃裡有一項失算，那就是太平洋艦隊的航空母艦都不在珍珠港內，因此不會遭受到攻擊：企業號正在運送飛機至威克島後返回途中，薩拉托加號正在聖地牙哥整修，而列克星頓號正運送飛機至中途島。

有限的抵抗

美軍第 4 航空艦隊集結在加羅林群島（Caroline Islands）的土魯克（Truk），負責掩護佔領威克島（Wake）、關島（Guam）和吉爾伯特群島（Gilbert Islands）的任務，日軍只有在威克島遭遇堅強的抵抗。但即便如此，早在十二月八日，千歲航空隊（Chitose Kokutai）的三十六架九六式陸上攻擊機（譯註：即 G3M2 轟炸機），從約一千一百六十公里（七二〇哩）遠的第 24 航空艦隊在馬紹爾群島（Marshall Islands）羅納慕（Roi-Namur）基地起飛，轟炸威克島上的飛機疏散區，摧毀了十二架 F4F-3 野貓式（Wildcat）戰

↓日軍官兵正在檢查被摧毀的英軍飛機。在戰爭開始的前六個月內，日軍以無比的活力於東亞和東南亞多處地點，在堅決的空中武力掩護下發動攻擊，盟軍飛機時常來不及起飛，就在地面上被摧毀。

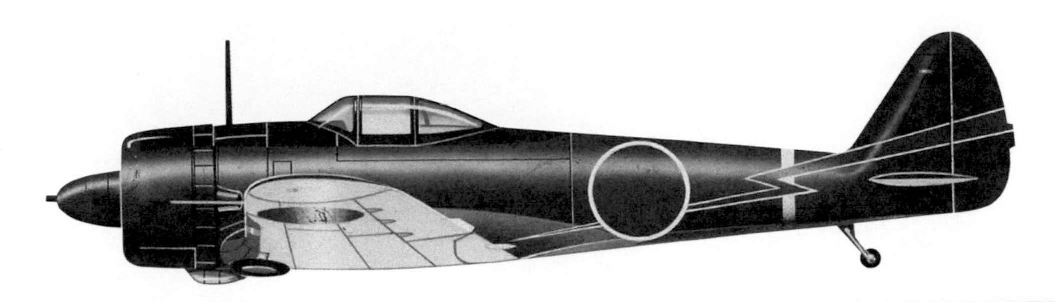

中島 KI-43 隼

一般資訊

型式：單座陸基攔截機

動力來源：1 具 858 仟瓦（1150 匹馬力）中島 HA-115 輻射活塞引擎

最高速度：每小時 530 公里（329 哩）

作戰高度：11200 公尺（36750 呎）

重量：空機重：1910 公斤（4202 磅）
最大起飛重量：2925 公斤（6435 磅）

武裝：2 挺12.7 公釐（0.5 吋）機槍；載彈量最多可達 2 枚 250 公斤（550 磅）炸彈。

尺寸

翼展：10.84 公尺（35 呎 6 吋）

長度：8.92 公尺（29 呎 3 吋）

高度：3.27 公尺（10 呎 9 吋）

翼面積：21.40 平方公尺（230 平方呎）

鬥機當中的七架；到了第二天，九六式陸上攻擊機再度返回，以殺傷彈進行攻擊，但損失了兩架飛機。日軍的首波登陸行動於十二月十日展開，但美軍在殘存的三架 F4F 戰鬥機的支援下擊退日軍，因此日軍將正在返回日本途中的飛龍號和蒼龍號調回，由九九式和九七式進行猛烈轟炸，以掩護最終的入侵行動，最後美軍衛戍部隊於十二月二十三日投降。

在馬來亞，遠東英軍總司令空軍上將羅伯特．布魯克－波浦漢爵士（Sir Robert Brooke-Popham），負責指揮英國皇家空軍和皇家澳大利亞空軍下轄各單位，他們的飛機大多是老舊機種。剛開始，日軍入侵部隊於十二月六日被皇家澳大利亞空軍的一架哈德森式機（Hudson），在中南半島南端東南東方一百三十三公里（八十二哩）處被發現。盟軍部隊隨即發佈警報，不過日軍佔領泰國南部宋卡（Singora）的計劃已經就緒，第 3 飛行集團的（3rd Hikoshudan）九七式重爆擊機（譯註：即 Ki-21）和九九式雙發輕爆擊機（譯註：即 Ki-48），也已經在空中橫行，轟炸了多處目標。到了十二月六日晚間，日軍已經在宋卡和北大年（Patani）登陸；十二月八日，由戰鬥艦威爾斯親王號（HMS Prince

→→圖為 1941 年 12 月 7 日日軍發動攻擊時，正在珍珠港內戰鬥艦泊地錨泊的美國海軍戰鬥艦。日軍並未攻擊至關重要的油庫區和修理設施，而對美國海軍來說更幸運的是，航空母艦全都不在港內。

菲律賓的戰火

在菲律賓，麥克阿瑟將軍麾下的美國遠東軍（US Force Far East, USFFE），由劉易斯・布列里頓（Lewis H. Brereton）少將的美國遠東航空軍支援，其下包括第 19 轟炸大隊的 B-17D 和第 24 驅逐大隊的 P-40B 戰鬥機，另外還有一些海軍飛機，但數量非常少。1941 年 12 月 8 日清晨，對日軍的第一波攻擊展開時，盟軍方面共有約一百六十架美軍和二十九架菲律賓飛機可用。第一場戰鬥在達沃爆發，航空母艦龍驤號的十三架九七式艦上攻擊機和九架 A5M4 戰鬥機完全奇襲了盟軍。日軍第 5 飛行集團第 8 戰隊（Sentai）的中島重爆擊機和第 14 戰隊的九七式轟炸機，接著對呂宋島北部碧瑤（Baguio）和株威亞佬（Tuguegarao）發動空襲。主要的攻擊由也是以臺灣爲基地的日本帝國海軍航空隊第 21 和第 23 航空艦隊進行，但他們的行動因機場起霧而推遲，不過有一百零八架九六式和一式轟炸機，在八十七架來自第 1、第 3、高雄和臺南航空隊的零式戰鬥機戰鬥機護航下，還是在十二時四十五分飛抵目標上空，一舉摧毀了馬尼拉周圍的機場設施。日軍在 12 月 8 日的攻擊，炸毀了一百零八架飛機，盟軍方面只剩下十七架 B-17 和不到四十架 P-40。在接下來幾週，日軍登陸並攻擊美國遠東軍的過程裡，這支弱小的部隊在敵衆我寡的狀況下奮戰不休。到了 12 月 25 日，美國遠東航空隊的殘部已經撤至澳大利亞，而美軍地面部隊於1942 年 5 月 6 日投降。在馬尼拉於 1942 年 1 月 2 日陷落後，第 5 飛行集團便向西移防，以參與緬甸戰役。

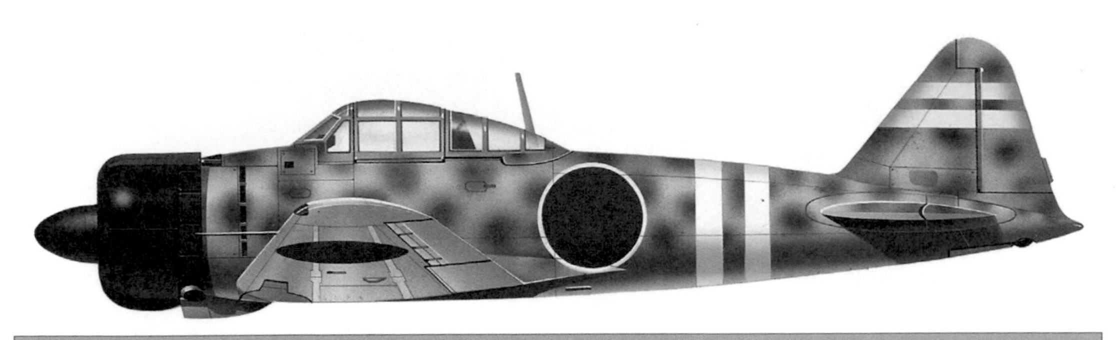

三菱零式戰鬥機	
一般資訊 **型式**：單座艦載／陸基戰鬥機／戰鬥轟炸機 **動力來源**：1 具 708 仟瓦（950 匹馬力）中島十四汽缸雙排輻射引擎 **最高速度**：每小時 534 公里（332 哩） **作戰高度**：10000 公尺（32810 呎） **重量**：空機重：1680 公斤（3704 磅） 最大起飛重量：2796 公斤（6164 磅） **武裝**：2 門 20 公釐（0.79 吋）機砲，位於機翼；2 挺7.7 公釐（0.303 吋）機槍位於機身前段；外掛彈量為 120 公斤（265 磅）。	**尺寸** **翼展**：12 公尺（39 呎 4.5 吋） **長度**：7.06 公尺（29 呎 8.75 吋） **高度**：30.5 公尺（10 呎） **翼面積**：20 平方公尺（199 平方呎）

of Wales）、戰鬥巡洋艦反擊號（HMS Repulse）和四艘驅逐艦組成的 Z 部隊，離開新加坡以搜尋並摧毀日軍入侵艦隊，但卻沒有任何空中掩護。十二月十日，Z 部隊在關丹（Kuantan）正東方約一百二十八公里（八〇哩）處，遭到從西貢起飛的第 22 航空艦隊（22nd Air Flotilla）飛機攻擊，在這場經過仔細策劃的攻擊中，九六式陸上攻擊機從中高度的空中進行轟炸，而一式陸上攻擊機（譯註：即 G4M1）則負責低空魚雷攻擊，結果日軍只損失四架飛機，就把威爾斯親王號和反擊號一舉擊沈。

到了十二月底，當日軍在第 3 飛行集團的一式戰鬥機「隼」（譯註：即 Ki-43）與九七式戰鬥機（譯註：即 Ki-27b）戰鬥機的掩護下向南推進時，英軍在馬來亞的局勢已經急轉直下。英國皇家空軍和皇家澳大利亞空軍的損失相當慘重，而到了一月底，英軍就被困在新加坡島上，直到一九四二年二月十五日才投降。日軍在這場戰役中損失了九十二架飛機，而英軍和澳軍則損失了三百九十架。

一九四二年一月十日，美

英荷澳聯軍司令部（Amerocan, British, Dutch, Australian, ABDA）成立，負責協調盟軍在該戰區中的各項防禦，但只能集結大約三百一十架老舊飛機，當中一百六十架隸屬荷蘭，用來防衛荷屬東印度群島（Dutch East Indies）。在一月初從臺灣移防至菲律賓達沃（Davao）的日本帝國海軍航空隊第 21 和 23 航空艦隊支援下，日軍進攻荷屬東印度群島的戰役在第 22 航空艦隊與日本帝國陸軍航空隊第 3 飛行集團的協助下，於一月十一日正式展開。第 21 航空艦隊支援從達沃經霍洛島（Jolo）、打拉根（Tarakan）、巴厘巴板（Balipapan）和馬辰（Bandjermasin）至峇厘島（Bali）的中央突進，在過程中也得到輕型航空母艦龍驤號（Ryujo）的協助；日軍在東邊的推進先是攻下蘇拉威西（Sulawesi），然後一路向南前進攻打萬鴉佬（Manado）、肯達里（Kendari）、安汶（Ambon）、錫江（Makassar）和帝汶（Timor），此路則是由水上機母艦千歲號（Chitose）和輕型航空母艦瑞鳳號（Zuiho）增援，另外還有第 23 航空艦隊的協助。而航空母艦加賀號、赤城號、飛龍號與蒼龍號也扮演了重要角色。最後，日軍橫掃荷屬東印度群島，於三月八日獲得作戰勝利。

↓像是三菱九七式重爆擊機之類的陸基轟炸機，被日軍歸類為重轟炸機，然而他們頂多算是中型轟炸機。這些轟炸機的航程相當長，但在戰爭中大部分時間裡卻缺乏一些基本設備，像是防彈裝甲和自封油箱等。

拉包爾的陷落

當馬來亞、緬甸、菲律賓和荷屬東印度群島的戰鬥還在進行的時候，日軍同時也向東南方進擊，以佔領俾斯麥群島（Bismarck Islands），並奪取新幾內亞島（New Guinea）上的陣地，因此正處於一個可攻擊美澳之間海空交通線的位置。經過幾次預備性空中攻擊後，新不列顛島（New Britian）上的拉包爾（Rabaul），於一月二十日遭到從瑞鶴號、翔鶴號、加賀號與赤城號上起飛的一百二十架零式戰鬥機、九九式艦上爆擊機與九七式艦上攻擊機的空襲。一月二十三日，一支日軍特遣部隊在新不列顛島上登陸，中午時分便拿下拉包爾；新愛爾蘭島（New Ireland）上卡維恩（Kavieng）的重要港口和機場，也被同一支特遣部隊佔領。

在日軍軍力經由新幾內亞伸向澳洲、並進入新赫布里群島（New Hebrides）、斐濟（Fiji）和薩摩亞（Samoa）等島群的計劃中，拉包爾是關鍵要地。以拉包爾爲基地的話，九六式陸上攻擊機加上之後調來的一式陸上攻擊機，其航程就可以將巴布亞（Papua）南岸的盟軍基地摩斯比港（Port Moresby）納入打擊範圍內，而日軍就在二月三日對摩斯比港進行首度攻擊。在三月七日至八日夜間，日軍部隊在新幾內亞北海岸的萊城（Lae）和薩拉毛亞（Salamaua）登陸，準備行軍越過歐文史坦利山脈（Owen Stanley）進攻摩斯比港。在此期間，萊城將成爲駐拉包爾各航空作戰單位的前進基地，這些單位在四月初時編成全新的第 25 航空艦隊。

↓日軍部隊準備登陸一座已遭友軍航空部隊炸射的盟國港口。日軍在太平洋戰爭前六個月如閃電般的迅速作戰中橫掃千軍。

航空母艦戰力

到了一九四二年一月，航空母艦翔鳳號（Shoho）的服役，使得日本海軍的航空母艦數量增至六艘艦隊航空母艦和三艘輕型航空母艦。另一方面，切斯特．尼米茲海軍上將（Chester W. Nimitz）的美軍太平洋艦隊（Pacific Fleet），只有四艘航空母艦，分別是大型

杜立特入侵者（Doolittle Raider）

1942 年 4 月 1 日，十八架經過改裝的北美佬公司 B-25B 米契爾雙引擎轟炸機，被裝載到黃蜂號上，接著在 4 月 18 日，他們就對日本本州的東京、神戶、橫濱（Yokohama）和名古屋進行了一次大膽且創意獨具的空襲。這艘航空母艦於 4 月 2 日自美國啓航，並和企業號會合，兩艘航空母艦之後便一同前往東京東方約 725 公里（450 哩）的預定起飛點。4 月18 日七時三十八分，美軍發現一艘日軍的哨戒船，海軍中將海爾賽（William F. Halsey）害怕他的動向已經曝光，因而於八時左右下令機隊起飛，此時黃蜂號離日本仍有1290 公里（800 哩）遠。所有的 B-25 都設法起飛，而惡劣的天氣也幫助美軍在眞正展開攻擊時保有完全的奇襲優勢。絕大多數的機組員都在中國大陸上空安全跳傘，兩架飛機迫降在浙江省，一架降落在蘇聯西伯利亞的海參崴，還有兩架降落在日本領土上，結果他們的機組員被斬首。這些轟炸機造成的損害可說是微乎其微，但這場空襲行動卻大幅提高了美國軍民的士氣，並促使日軍立即對浙江發動攻勢，因爲他們相信攻擊機群是從該地出發，此外日本帝國陸軍航空隊還編成了兩個戰鬥機飛行團，以從事本土防衛的任務。

←1942 年 4 月，美軍以陸軍航空隊的北美佬（North American）公司 B-25 米契爾（Mitchell）雙引擎轟炸機，從海軍的航空母艦黃蜂號起飛攻擊東京。

珊瑚海海戰

1942 年 5 月 7 日中午十二時，瑞鶴號和翔鶴號的艦載機發動的攻擊，只命中油輪尼歐秀號（Neosho）和驅逐艦辛斯號（Sims）。之後 B-17E 轟炸機跟蹤翔鳳號，再加上她的艦載戰鬥機正在從事其他任務，約克鎮號的飛機便攻擊翔鳳號，並迅速擊沈。5 月 8 日，約克鎮號和列克星頓號的飛機擊中了翔鶴號，迫使她必須返回土魯克。期間，由日軍航空母艦上起飛的九七式艦上攻擊機和九九式艦上爆擊機等戰機，攻擊了第 17 特遣艦隊。列克星頓號遭一枚魚雷命中，但仍設法回收其艦載機，不過艦上的濃煙不斷擴散，最後在十二時四十七分，一陣巨大的爆炸撕裂她的艦身，列克星頓號上的官兵在當晚棄船，之後再由美軍驅逐艦將她擊沈。在這場太平洋戰區第一場大規模航空母艦的會戰當中，日軍損失了約八十架飛機，美軍則損失約六十六架，而這也是世界上第一場參戰雙方艦隻都沒有目視到敵軍船艦的海戰。

↓一開始，美國海軍航空飛行員缺乏像日軍一般，不斷擊沈船艦的經驗和技巧，但他們隨即集中一切潛力，在更現代化飛機的幫助下，從 1942 年中開始扭轉局面。

的列克星頓號（Lexington）和薩拉托加號（Saratoga），以及中型的約克鎮號（Yorktown）和企業號（Enterprise），而黃蜂號（Hornet）此刻正在進行試航當中，並預定前往聖地牙哥（San Diego）參與美國陸軍航空隊空襲東京的訓練；當薩拉托加號在一月十一日遭一枚魚雷擊中受創後，航空母艦的數量就只剩下三艘。

在珍珠港和威克島的作戰後，加賀號、赤城號、瑞鶴號和翔鶴號

返回九州（Kyushu）進行整補，但飛龍號和蒼龍號卻前往土魯克，一月十四日她們在當地與另外四艘航空母艦會合，然後就被用來支援征服荷屬東印度群島的作戰。在準備入侵帝汶的時候，加賀號、赤城號、飛龍號與蒼龍號，加入了位於帛琉群島（Palau）的貝里琉島（Peleliu）外集結的部隊。在二月十九日的清晨，航空母艦進抵達爾文（Darwin）東北方三百二十公里（二百哩）處的位置，參與和以肯達里爲基地的第 1 航空攻擊隊（1st Air Attack Force）的九六式陸上攻擊機和一式陸上攻擊機協同進行的攻擊。大約八十一架九七式艦上攻擊機、九九式艦上爆擊機與零式戰鬥機於九時五十分飛抵達爾文上空，九七式艦上攻擊機在中高度的空中進行轟炸，九九式艦上爆擊機對港口和機場設施進行俯衝攻擊，零式戰鬥機則掃射船隻及地面上的飛機，他們抵擋住美國陸軍航空隊第 33 驅逐機中隊的攔截企圖，所屬十架 P-40E 戰鬥機沒有任何一架被擊落。到了十一時四十五分，第 1 航空攻擊隊大約五十三架的雙引擎轟炸機轟炸了市區和港口，結果大約有十五架美國陸軍航空隊和皇家澳大利亞空軍的飛機被摧毀，另有五艘商船、一艘澳軍驅逐艦和兩艘其他船隻被擊沈。之後，達爾文經常遭到從肯達里和帝汶－彭非（Penfui）的基地起飛的第 23 航空艦隊飛機攻擊。

第 1 航空艦隊的下一站是印度洋（Indian Ocean）以及孟加拉灣（Bay of Bengal），赤城號、蒼龍號、飛龍號、瑞鶴號及翔鶴號的任務是空襲錫蘭（Ceylon），希望能

↓在太平洋戰役的初期，美國海軍分階段汰除較老舊的飛機，像是TBD 破壞者式魚雷轟炸機，並更加依賴更現代化的機型，像是圖中這些 SBD 無畏式俯衝轟炸機。

列克星頓號

一般資訊

型式：航空母艦
動力來源：四推進器渦輪電力驅動
最高航速：33.2 節
續航力：十節時達 1890 公里（10500 海浬）
排水量：48463 公噸（47700 噸）
乘員：2327 人
武裝：八門 203 公釐（8 吋）、十二門 127 公釐（5 吋）火砲，80 架飛機。

尺寸

長度：270.6 公尺（880 呎）
寬度：32.2 公尺（105 呎 8 吋）
高度：9.9 公尺（32 呎 6 吋）

↓中途島會戰前，企業號上 T-6 魚雷機中隊的機組員，正在登上他們的道格拉斯 TBD-1 破壞者式魚雷轟炸機。

夠誘出英國皇家海軍的東方艦隊（Eastern Fleet）進行決戰，而龍驤號則負責進入孟加拉灣進行反航運任務。這些航空母艦總計擁有三百七十七架飛機，而爲了支援他們，第 22 航空艦隊已將轄下九

六式陸上攻擊機和一式陸上攻擊機，從戈羅恩邦（Gloembang）調至蘇門答臘（Sumatra）北部的沙璜（Sabang）。英軍透過巡邏飛艇（patrol flying-boats）的偵察而獲得警告，預期到接下來可能發生的事；四月五日，一百二十七架日軍戰機飛抵可倫坡（Colombo）港上空，但該地的防務措施大多未完成準備。約有二十六架颶風式 Mk IIA 和六架暴風式（Fulmar）Mk II 緊急升空應戰，但他們不是零式戰鬥機的對手，零式戰鬥機一舉擊落兩架卡塔利納式、十架颶風式（另有五架損毀）與六架海軍的飛機，本身只損失七架；在港中則有一艘商船和一艘驅逐艦沉沒。在南邊，五十三架九七式艦上攻擊機和九九式艦上爆擊機發現一支英軍巡洋艦部隊，俯衝轟炸機擊便炸沉了多塞特郡號（HMS Dorsetshire）和康瓦爾號（HMS Cornwall）。龍驤號的飛機於四月六日襲擊了維沙加帕坦（Vizagapatam）和可可康達（Coconada），但沒有獲得多少戰果。日軍航空母艦於四月九日回過頭來攻擊亭可馬里（Trincomalee）和中國灣（China Bay），擊沈了航空母艦赫姆斯號（HMS Hermes），還擊墜八架英軍戰鬥機和五架布倫亨式 Mk IV 輕轟炸機。

↓對美軍部隊來說，夏威夷群島以西的島嶼基地，是具備關鍵重要性的航空前哨站，也是吸引日軍攻擊的磁鐵。日軍突擊中途島引發了決定性的中途島會戰，結果日軍在這一役折損了四艘航空母艦，也喪失了太平洋戰場的戰略主動權。

日軍在一九四一年十二月八日至十日佔領泰國後，日本帝國陸軍航空隊第 5 飛行集團的第 10 飛行團（Hikodan），就移防到該國的機場，之後第 3 飛行集團的第 7 飛行團就從沒有敵軍實際空中威脅的馬來亞，被派來強化日軍在泰國的航空戰力。一九四一年十二月二十三日，爲了準備入侵緬甸，第 7 和第 10 飛行團就對仰光（Rangoon）進行首波空襲，該地的防禦由第 60 和第 67 中隊組成的英國皇家空軍第 221 聯隊負責，裝備過時的水牛式戰機。一九四一年初，於東烏（Toungoo）編成的中華民國空軍美籍志願大隊（American Volunteer Group, AVG）下轄三個中隊，裝備鷹 81A 戰鬥機，已經在防守滇緬公路（Burma Road），這是中國唯一的聯外陸上通道，第三中隊這時正以仰光城外的明加拉東（Mingaladon）爲基地。盟軍的戰鬥機實力約爲三十七架飛機。

日軍對仰光的第一波空襲，由六十架九七式重爆擊機和護航的戰鬥機進行，遭到英軍兩個中隊和美軍一個中隊的攔截，其飛行員宣稱擊落九架轟炸機和一架九七式戰鬥機，本身的損失爲兩架鷹 81A 戰

↓儘管道格拉斯的 SBD 無畏式俯衝轟炸機機體較小，炸彈攜帶量中等，但卻是 1942 和 1943 年時美國海軍的重要機種。在穩重且技巧高超的飛行員手中，無畏式能夠以極高的精準度投下掛載的炸彈。

索羅門的海戰

在瓜達康納爾島上，一開始，美軍陣地的空防依賴韓德森機場上一個配備 F4F-4 的陸戰隊中隊，而在瓜達康納爾島的周邊海域也爆發了一連串海戰。在 8 月 23 日的東索羅門海戰（Battle of the Eastern Solomons）中，日軍損失了龍驤號，而在 10 月 26 日的聖塔克魯茲海戰（Battle of the Santa Cruz）中，美軍損失了黃蜂號，日軍則損失了一百零二架飛機，瑞鳳號和翔鶴號亦受損。十月，當日軍地面部隊透過海路增援而擴大規模後，雙方的地面戰鬥依然持續著。

鬥機（Hawk 81 Afighters）。十二月二十五日，在至少二百架日軍飛機進行的第二次空襲中，英國皇家空軍和美籍志願大隊共有八架戰鬥機被擊落，但日軍有鑒於遭受到的損失，便從一月四日起至一月二十三日改爲夜間空襲。一月二十三日之後，整個第 5 飛行集團已經從菲律賓移防至泰國，在激烈的作戰中重新展開日間空襲至一月二十九日；但即使如此，日軍在一月二十三日至二十九日間損失了超過五十

↓在太平洋戰場上，戰局並非呈現一面倒的狀態，這張中途島戰役期間約克鎮號甲板傾斜的照片，證明日軍還是有能力憑藉炸彈和魚雷反擊。

↑太平洋戰爭中，一個決定性要素就是美國可以建造出比日本多得多的軍艦，而這些船艦在品質上也比那些進入日本海軍服役的更優越。

架飛機。儘管第221聯隊因爲獲得颶風式 Mk IIB 戰鬥機而增強，但僅能維持守勢，而不久之後緬甸的防禦就土崩瓦解了。

緬甸之役

到了一九四二年三月中，第5飛行師團（Hikoshidan）——在這段時期內，日本帝國陸軍航空隊所有的飛行集團（flight division）都改編爲飛行師團——移防至仰光，掌控緬甸戰區所有的日本帝國陸軍航空隊單位，隨即壓倒了殘存的英軍空中武力。日軍向北方節節進逼，到了四月二十九日便在臘戌（Lashio）切斷滇緬公路，接著於一九四二年五月攻克曼德勒（Mandalay），就在一個星期之後，日軍先鋒部隊因季風雨而結束進軍前已抵達更的宛江（Chindwin）。

一九四二年五月，日軍大本營（imperial headquarters）已將野心擴張到一九四一年十二月時構想的範圍以外，包括東邊的中途島（Midway）、北邊的阿留申群島（Aleutian Islands），和以巴布亞的摩斯比港爲墊腳石至南邊的澳大利亞，並藉由佔領索羅門群島（Solomon Islands）的吐拉吉（Tulagi）來屏障東邊。奪取以上這些目標的任務被分配給以拉包爾

魯賽爾群島和新喬治亞

有愈來愈多的美軍航空單位在瓜達康納爾島（Guadalcanal）服役，他們全都隸屬於索羅門航空指揮部；該部在新幾內亞上空獲得美國陸軍第 5 陸軍航空軍的補充，從 1942 年 12 月起，則是由新組建的第 13 航空軍負責。美軍部隊於 2 月 21 日登陸魯賽爾群島（Russell Islands），這是沿著索羅門群島島鏈向北推進的第一步；美軍從該地可以輕易地飛抵日軍在新喬治亞（New Georgia）的機場。而對日本帝國海軍航空隊而言，他們旋即無法支撐新喬治亞的戰況。

爲根據地的第 4 艦隊，並協同必要的運輸部隊、機動部隊〔由第 5 航空艦隊（5th Carrier Division）的瑞鶴號和翔鶴號組成〕支援部隊〔以水上機母艦神川丸（Kamikawa-Maru）爲中心編成〕，以及由輕型航空母艦翔鳳號（十二架零式戰鬥機與九架九七式艦上攻擊機）和四艘重巡洋艦組成的掩護部隊。這些艦隻將橫掃索羅門群島，從東南方逼近摩斯比港，而瑞鶴號和翔鶴號（一百二十五架飛機）將對抗美

↓ 儘管復仇者式（Avenger）被認為是艦載轟炸機，但在南太平洋和中太平洋戰爭的典型島嶼戰役裡，它也是一款極有效的攻擊機。

軍的任何行動。陸基飛機的航空支援將由駐守在拉包爾的第 25 航空艦隊提供，來自臺灣臺南和元山航空隊（Genzan Kokutai）的四十五架戰鬥機和四十五架轟炸機，預計在五月四日抵達拉包爾。美軍獲得的情報警告了日軍的此一計劃，尼米茲隨即準備抵抗行動，導致了珊瑚海海戰（Battle of the Coral Sea）爆發。五月一日在努美阿（Noumea），海軍少將法蘭克．佛萊徹（Frank J. Fletcher）接手指揮全新的第 17 特遣部隊（TF-17），包括約克鎮號和列克星頓號，共有一百四十三架 F4F-3、TBD-1 破壞者式（Devastator）和 SBD-3 無畏式機（Dauntless）。日軍的作戰於五月三日展開，吐拉吉的登陸行動沒有受到任何抵抗，之後翔鳳號在早晨就被指派加入摩斯比港的進攻部隊。第二天清晨，約克鎮號的飛機空襲了吐拉吉，之後這兩艘美軍航空母艦就在五月五日上午會合，珊瑚海海戰於兩日後展開。

決戰中途島

從一九四二年五月起，日本在太平洋上的海軍作戰，意圖將日本的影響力沿著三條路線延伸，直至西阿留申群島（Western Aleutians）、離夏威夷西北方不遠的中途島和摩斯比港，再以此處為墊腳石朝向東南方和新喀里多尼亞

↓聖塔克魯茲海戰當中，高射砲彈一枚接著一枚在一艘美軍航空母艦上空爆炸開來，形成一道彈幕，為了擊退日軍抱著必死決心的空襲，美國海軍船艦上的高射砲火力愈來愈強。

↑在美軍攻佔馬里亞納群島中的一座島嶼後不久，這些美國陸軍航空隊的共和公司（Republic）P-47 雷霆式正在起飛，準備進行例行巡邏任務。

（New Caledonia）、薩摩亞和斐濟深入。山本大將（Yamamoto）的中途島作戰，是日軍在夏季最重要的任務，也被認爲是攻佔中途島、並引出美軍太平洋艦隊進行日軍所期待的「決定性會戰」。

在展開佔領中途島的作戰之前，日軍將對阿留申群島上的美軍基地，先進行牽制攻擊。一九四二年六月五日，日軍部隊將登陸阿留申島鏈中的基斯卡島（Kiska）和阿圖島（Attu），並建立防禦基地，而入侵中途島的行動也會在輕型航空母艦龍驤號，和全新艦隊航空母艦隼老鷹號（Junyo）的飛機猛烈轟炸後進行，輕型航空母艦瑞鳳號則提供支援。

於五月二十五日至二十八日啓航朝中途島前進的日軍，其運輸和打擊部隊規模極爲龐大，組織也相當複雜，包括南雲忠一的第 1 航空艦隊，下轄加賀號、赤城號、飛龍號與蒼龍號，共計有七十二架零式戰鬥機、七十二架九九式艦上爆擊機、八十一架九七式艦上攻擊機和兩架 D4Y1-C 彗星（Suisei）俯衝轟炸機（譯註：即二式艦上偵察機一一型），另外還有老舊的輕型航空母艦鳳翔號（Hosho），艦上搭載八架九七式艦上攻擊機，以及水上機母艦日進號（Nisshin）和千代田號（Chiyoda），但藉由破解

地獄貓

一般資訊
型式：單座艦載戰鬥機
動力來源：1 具1492 仟瓦（2000 匹馬力）普惠公司（Pratt & Whitney）雙胡蜂（Double Wasp）十八汽缸輻射引擎
最高速度：每小時 620 公里（380 哩）
作戰高度：11500 公尺（37500 呎）
重量：空機重：4191 公斤（9200 磅）
最大起飛重量：6991 公斤（15400 磅）
武裝：6 挺12.7 公釐（0.5 吋）M2 白朗寧機槍機槍；載彈量最高可達907 公斤（2000 磅）；6 枚 127 公釐（5吋）火箭

尺寸
翼展：13.08 公尺（42 呎 10 吋）
長度：10.23 公尺（33 呎 7 吋）
高度：3.99 公尺（13 呎 1 吋）
翼面積：31.03 平方公尺（334 平方呎）

日本海軍的密碼，美國海軍瞭解了日軍的計劃，並準備伏擊山本五十六的艦隊。

約克鎮號已經在極短的時間之內修復完畢並準備好出海，組成佛萊徹（Fletcher's）TF-17 特遣部隊的核心，而企業號和黃蜂號則是海軍少將雷蒙．史普魯恩斯（Raymound A. Spruance）第 16 特遣部隊的中心。美軍的航空母艦大約搭載了二百三十二架飛機，另外在岸上的基地，還有一百一十九架海軍和陸戰隊操作的飛機可投入作戰。美國陸軍第 7 航空軍也提供了十九架 B-17E 空中堡壘和四架 B-26A 掠奪者式機（Marauder），同樣以中途島爲基地。

日軍航向中途島的特遣部隊，首先於六月三日在中途島以西約一千一百二十五公里（七百哩）處，

雹塊作戰（Operation Hailstone）：進攻土魯克

1944 年 2 月 17 日，駐防土魯克環礁各機場上的第 24 和第 26 航空艦隊，共計有約一百五十五架可用飛機，以及浮筒式水上飛機和運輸機，另有一百八十架飛機正在維修中。在土魯克東北方約 145 公里（90 哩）的海域，七十二架 F6F-3 從馬克．米契爾（Marc A. Mitscher）將軍指揮的航空母艦企業號、約克鎮號、貝洛伍德號（Belleau Wood）、埃塞克斯號、勇敢號（Intrepid）、卡伯特號（Cabot）、邦克山號（Bunker Hill）、蒙特雷號（Monterey）和考彭斯號（Cowpens）起飛。日軍方面派出第 204 航空隊的四十五架 A6M5 和 902 航空隊的十八架零式戰鬥機 N 型迎戰，在接下來的戰鬥中，日方損失了約三十架戰鬥機，而美軍只損失了四架。接下來美軍對地面目標進行了一連串毀滅性打擊，而到了第二天傍晚時，日軍已損失了超過二十萬噸的船隻和二百五十二架飛機。

被 PBY-5 飛艇發現並標定位置。

沒有掩護的入侵者

在六月四日早晨，日軍派出一百零八架飛機發動第一波空襲，但卻被一架 PBY-5 發現，而另一架 PBY-5 則在中途島西北方二百五十七公里（一六○哩）處標定日軍航空母艦部隊的位置。當日軍機群靠近中途島時，島上所有的陸基飛機均升空作戰，但卻蒙受慘重損失而沒有獲得實質戰果。當日軍進行第一波空襲的機群返回後，他們就加油掛彈，準備進行第二波空襲；就在此時，南雲獲報美軍航空母艦正在這片海域出沒，便下令飛機改掛

↓在美軍領導下，沿著新幾內亞北海岸向西推進的戰役中，可以見到盟軍運用空降部隊佔領日軍戰線後方的關鍵地區，像是機場等，而兩棲部隊就從海上在附近地區登陸。

↑日軍依賴海上航運以支撐他們在東南亞和太平洋上的各據點，因此美軍艦載機經常深入日軍佔領的地區，摧毀其運輸船隻和經常造訪的港口。

魚雷，準備進行反艦任務。在這段延遲的空檔內，老舊的 TBD-1 魚雷轟炸機群進行了一波攻擊，但慘遭屠殺，四十一架之中被擊落了三十五架，護航的 F4F-3 也被擊落三架。

當日軍航空母艦正在收回戰鬥機時，約克鎮號和企業號上的俯衝轟炸機標定了她們的位置，接著 SBD-3 在突襲中，投彈命中了赤城號、加賀號和蒼龍號，這三艘航空母艦都起火燃燒，但飛龍號毫髮未傷並發動反擊，她的艦載機擊中了約克鎮號，結果艦上美軍棄船，稍後將她鑿沉。最後在十七時五分，黃蜂號和企業號的 SBD-3 發現飛龍號並將她擊沈。這場會戰實質上到此結束，成爲美軍的戰略大勝利，日軍除了四艘航空母艦之外，還損失了一艘重巡洋艦、三百三十二架飛機以及二百一十六名經驗豐富且無可取代的飛行員，美軍的損失則爲一艘航空母艦、一艘驅逐艦和一百五十架飛機。

這時戰鬥的焦點又向西南方移動至索羅門群島區域。當日軍從北海岸經由陸路朝摩斯比港方向推進受阻時，猛烈的戰鬥就持續沿著跨越歐文史坦利山脈的「柯柯達小徑」（Kokoda Trail）爆發開來。

戰區的整體局勢，之後因為美軍陸戰隊第 1 師於八月七日登陸吐拉吉和瓜達康納爾島，而全面逆轉。

美軍部隊迅速粉碎小群日軍衛戍部隊的抵抗，並著手完成日軍已經在瓜達康納爾島韓德森平原（Henderson Field）上興建當中的飛機跑道。

突擊瓜島

日軍決定必須奪回美軍位於瓜達康納爾島上隆加角（Lunga Point）的據點，因為從韓德森機場起飛的美軍飛機，可以打擊索羅門群島和新幾內亞的日軍部隊，還能夠襲擊遠在拉包爾和卡維恩的基地。日軍可說是幾乎立刻發動空中攻擊，而馳援的飛機也匆匆趕往位於俾斯麥群島的基地。

在接下來的五個月，日本海軍費盡千方百計，希望把美軍逐出瓜達康納爾島，從第 21、22、23 及 24 航空艦隊抽調愈來愈多的單位，前往拉包爾和卡維恩，並早在九月時就把第 11 航空艦隊的總部從提尼安（Tinian）遷至拉包爾，以監督海軍的航空作戰。日軍部隊搭乘驅逐艦、巡洋艦和運輸船登陸瓜達康納爾島，並與陸戰隊第 1 師交手，當中部分戰事堪稱是二次大戰期間最慘烈的戰鬥。當美軍部署在瓜達康納爾島上的空中武力，因為美國海軍和陸戰隊不斷投入 P-38F 與 P-39D、還有美國陸軍航空隊的 P-40 進駐而日益增強後，

↓美國海軍飛行員在一架格魯曼（Grumman）F6F 地獄貓式的水平尾翼前歡慶勝利。自 1943 年起，美軍戰機在性能上大幅超越那些日軍仍在操作的老舊機種，且數量更多，駕駛他們的飛行員也更有經驗。

第25和第26航空艦隊的損失就急遽上升。

飆升的損失

一九四三年一月三日，日軍決定拱手讓出瓜達康納爾島，其第17軍的殘部就在二月九日撤退；同一時間，日軍也已經被逐出巴布亞的布納（Buna），並退回萊城和薩拉毛亞，結束對摩斯比港的威脅。在瓜達康納爾島戰役中，日本海軍損失了一艘航空母艦、兩艘戰鬥艦、四巡洋艦、十一艘驅逐艦、六艘潛艇和大約三百五十架飛機，還有飛機上的精銳飛行員和機組員。

一九四二年十一月九日，日本帝國海軍航空隊的第一線作戰飛機實力爲一千七百二十一架，當中四百六十五架是艦載機，而日本帝國陸軍航空隊的第一線作戰飛機此時已在日本、中國、滿州、緬甸、蘇門答臘和馬來亞被編成航空軍（Kokugun），數量達一千六百四十二架。

一九四三年，美軍在太平洋和西南太平洋戰區（Southwest Pacific Area, SWPA）等地的發展，眞正形成對日軍的挑戰，雖然日本拒絕考慮局勢的現實狀況，但到目前爲止日本可說是已經輸掉這場戰爭。美軍空勤人員這時的訓練較佳，並擁有可怕的嶄新艦載機，當中包括F4U-1海盜式（Corsair）和F6F-3地獄貓式（Hellcat）戰鬥機，還有SB2C地獄俯衝者式（Helldiver）轟炸機。更重要的是，美國造船廠新造戰力強大的埃塞克斯級（Essex）艦隊航空母艦的第一艘已經開始完工，並從一九

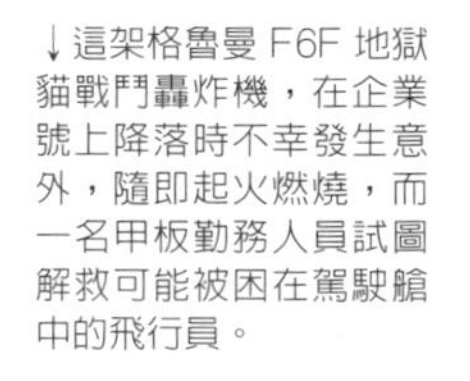

↓這架格魯曼F6F地獄貓戰鬥轟炸機，在企業號上降落時不幸發生意外，隨即起火燃燒，而一名甲板勤務人員試圖解救可能被困在駕駛艙中的飛行員。

↑這張照片是在 1944 年於馬里亞納塞班島外海的作戰中，從美軍珊瑚海號（Coral Sea）的甲板上拍攝，可以看到一架日軍戰機陷入一團火燄當中，其飛行員可能試圖進行神風特攻，駕機衝撞下方的美軍航空母艦。這是二次大戰太平洋戰場後期階段的經典景象。

四三年六月起開始服役，可搭載高達一百一十架飛機。

盟軍空中優勢日益強化的戰力在三月三日顯露出來，由喬治·肯尼少將（George C. Kenney）指揮的美國陸軍第 5 航空軍的飛機，攔截了一支從拉包爾航向萊城的運輸船團，其上載有日軍第 51 師大部分部隊。在俾斯麥海海戰（Battle of the Bismarck Sea）中，皇家澳大利亞空軍的標緻戰士 Mk VIC 戰鬥機、第 43 轟炸大隊（Bombardment Group, BG）的 B-17、第 3 轟炸大隊的 B-25 和第 38 轟炸大隊的 A-20，聯手攻擊了這支運輸船團，結果十六艘船中，只有四艘驅逐艦僥倖逃過一劫，這一戰終結了日軍藉由海路增援新幾內亞島上部隊的企圖。

山本於一九四三年四月三日搭機飛往拉包爾，準備指導日軍放手奮力一搏，以殲滅盟軍在索羅門群島區域的航空戰力，但卻誤信他們已經擊沈了一艘巡洋艦、兩艘驅逐艦和二十五艘運輸船，並擊墜一百三十四架盟軍飛機（損失數量只有三艘船和不到二十架飛機），所以日軍於四月十二日過早地結束了作戰。

美軍情報機構破解了日軍的密碼，得知山本的行程，因此山本大將的座機在四月十八日遭美國陸軍航空隊的 P-38 戰鬥機攔截並擊落。日本的戰爭努力，隨即因爲山

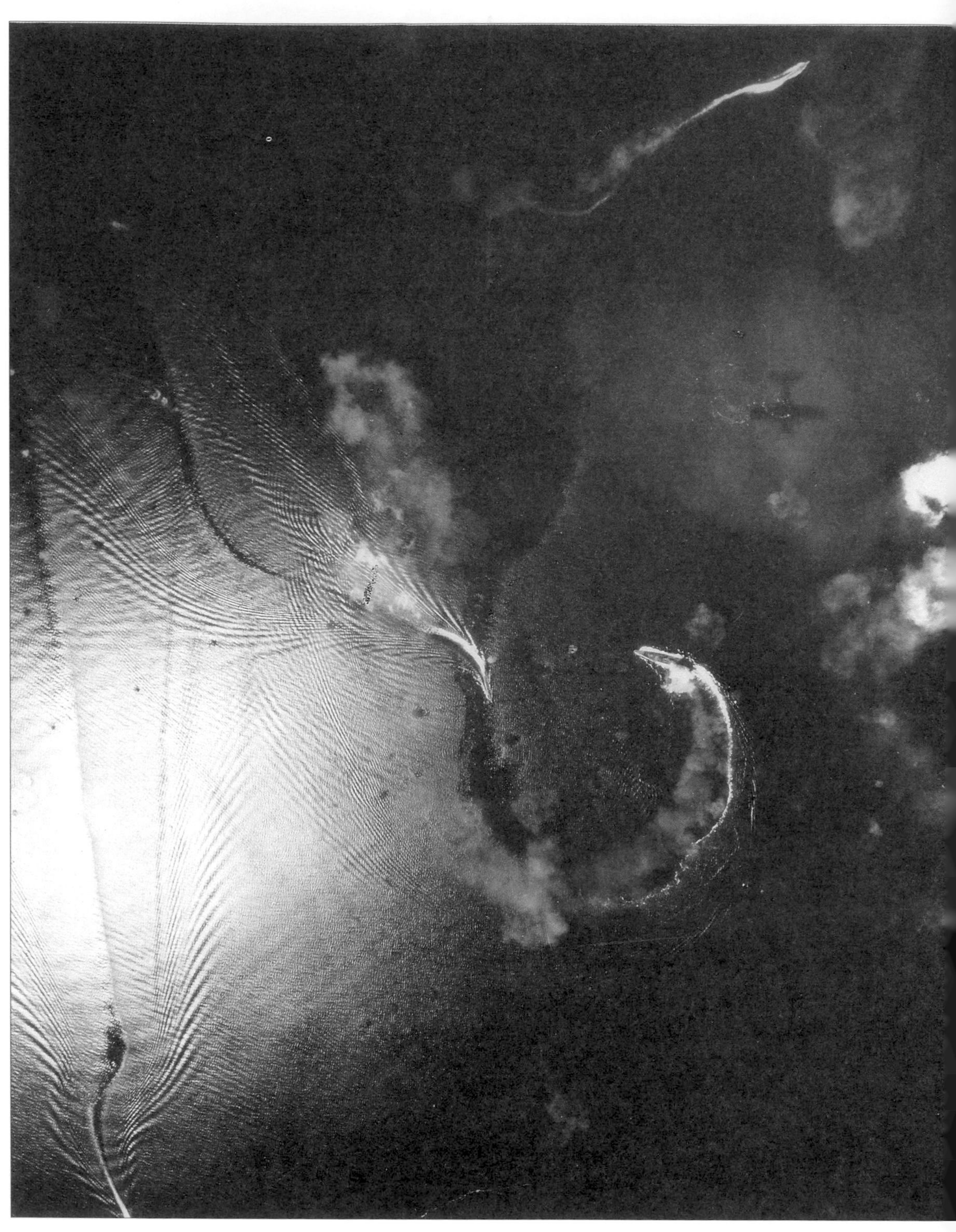

中國大陸、滿州和緬甸

當美日雙方在菲律賓的海面上鏖戰時，日本陸軍的關切重點則放在中國、滿州和緬甸。到了 1942 年 6 月，日本帝國陸軍航空隊的第一線飛機約有一千五百六十架部署在這個區域，分屬三個航空軍。第 1 航空軍以日本為基地，當中戰鬥機的數量最少；儘管有互不侵犯協定，但由於害怕與蘇聯爆發戰爭，日本帝國陸軍航空隊的第 2 航空軍在滿州擁有五百五十架飛機。第 3 航空軍負責南方戰區（泰國、緬甸、馬來亞、蘇門答臘和東印度群島）和中國大陸，其下屬的第 5 飛行師團掌管四個飛行團（第 4、7、第 3 和第 12 飛行團，分別駐防在緬甸、馬來亞和泰國、爪哇和蘇門答臘），而第 21 獨立飛行隊（Dokuritsu Hikotai）則駐防在中南半島。1942 年 8 月時，第 3 航空軍的第 3 飛行師團返回中國大陸，駐留在南京，自 1943 年 3 月起成為新編的第 5 航空軍核心。

本大將之死而受到嚴重危害。

在一九四三年一月攻佔布納之後，道格拉斯．麥克阿瑟（Douglas MacArthur）命令麾下西南太平洋區域的部隊，在空中武力支援下發動一連串兩棲登陸行動，沿著新幾內亞的北海岸向西推進，整個作戰在一九四四年七月三十日於最西端的桑撒坡（Sansapor）圓滿完成。隨著一九四四年二月三日紐西蘭部隊在綠島（Green Island）登陸（譯註：非臺灣外海的綠島），太平洋區域的部隊也抵達了索羅門群島島鏈的西北端。

在這兩場戰役當中，盟軍的空中武力可說是主宰了天空，而愈挫愈勇的日軍空防，則因為缺乏現代化飛機、重要裝備、零件和燃料短缺，再加上日軍訓練體系負擔過重且裝備不足，培訓出的飛行員和空勤人員素質日益低落，因而每況愈下。在一九四二年八月七日至一九四四年二月二十日的索羅門群島和拉包爾戰役中，日本海軍的航空部隊被擊敗，折損了二千九百三十五架飛機。到了此時，日軍方面已經決定不再突擊新不列顛和新愛爾蘭島，因為此舉這時早被認為無關緊要了，但卻任憑弱小的衛戍部隊被孤立，並在這場戰爭剩下來的時間當中逐漸凋零。

跳島戰役 (Island-hopping Campaign)

當南太平洋區域的部隊穿越索羅門群島推進，而麥克阿瑟的西南太平洋戰區部隊正沿著新幾內亞的北海岸前進時，尼米茲將軍的中太平洋戰區轄下各單位正向西長驅直入，穿越吉爾伯特群島（一九四三年十一月二十至二十三日）和馬紹爾群島（一九四四年二月一日至二十三日），以尋求可做為能更向西邊深入攻擊、像是土魯克之類的日軍海空軍基地。

在攻擊土魯克並登陸馬紹爾群島後，第 58 特遣艦隊的三艘艦隊航空母艦和三艘輕型航空母艦

←←照片中，炸彈在水中爆炸，而軍艦則以高速進行機動，以試圖不引起攻擊飛機的注意，或至少不淪為他們的攻擊目標，令人即刻聯想到二次大戰時的太平洋戰場。

（也就是所謂的快速航空母艦特遣部隊），就啓程前往打擊日軍在馬里亞納群島（Marianas Islands）的勢力，第22和第26航空艦隊的殘部，於一連串慘重損失之後緩慢復原，就駐防在提尼安和塞班島（Saipan）。一九四四年二月二十一日，也就是美軍進攻的前一天，新編成的第1航空艦隊才從日本的鹿屋（Kanoya），將一百二十架飛機派往關島、提尼安和塞班島，但美軍艦載戰鬥機在第二天的拂曉發動一次掃蕩任務，將這些飛機全部摧毀。第58特遣艦隊的飛機，之後攻擊帛琉群島上第26航空艦隊的殘部，在三月三十至三十一日派出宣稱比實際數量多出一百餘架的飛機，並爲西南太平洋戰區部隊於四月二十一日至二十四日在愛塔佩（Aitape）和荷蘭第亞（Hollandia）的登陸行動提供空中支援，還在四月二十九至三十日，趁重新裝備的第22航空艦隊飛經土魯克時加以攻擊。

↓在太平洋戰爭中，一些英製飛機，像是圖中這些超級馬林的噴火式戰鬥機曾在東南亞地區服役，大部分是由澳大利亞和紐西蘭飛行員駕駛。

美軍對馬里亞納群島的突擊，從六月十五日一直進行到八月十日，當中包括征服塞班島、提尼安島和關島的艱苦戰鬥。日軍發動了一次投注一切資源的作戰，意圖在馬里亞納群島之外一舉殲

滅美軍海軍部隊，此一作戰結果導致了菲律賓海海戰（Battle of the Philippine）的爆發。

在菲律賓的決策

日軍的作戰計劃是以重新編成的航空母艦部隊，加上陸基空中武力的支援爲基礎。第1機動部隊已經於一九四四年三月一日編成，下轄九艘航空母艦，共載有四百五十二架飛機，並分爲三支航空母艦戰隊，每支都分別擁有機隊。第1航空戰隊（Kokusentai），以全新的艦隊航空母艦大鳳號（Taiho）和身經百戰的瑞鶴號與翔鶴號爲中心，第601航空隊（Kokutai）擁有七十一架零式戰鬥機五二型（譯註：即A6M5）、十架零式戰鬥機、八十一架彗星艦上爆擊機（譯註：即D4Y2）、九架D4Y1-C偵察機和五十六架天山一二型艦上攻擊機（譯註：即B6N2）。飛老鷹號（Hiyo）、隼老鷹號和龍鳳號（Ryuho）組成第2航空戰隊，下轄第652航空隊，擁有一百零八架飛機，加上二十七架愛知俯衝轟炸機。由三艘較小的航空母艦瑞鳳號、千歲號與千代田號組成的第3航空戰隊（Kokusentai），則搭載了九十飛機。

到了一九四四年六月時，太平洋上的日本帝國海軍航空隊陸基航空部隊，總計有四百八十四架飛機，由位於馬里亞納群島的

↓在二次大戰末期，美國海軍航空母艦所面臨的最大威脅是神風特攻隊飛機的直接衝撞，就像圖中這艘被攻擊的邦克山號一樣：美軍的航空母艦沒有裝甲飛行甲板，和英軍的航空母艦相反。

第 1 航空艦隊直轄，第 61 航空艦隊的一百一十四架飛機則位於雅蒲島（Yap）和帛琉，還要加上第 22 航空艦隊在土魯克，新幾內亞西部梭隆（Sorong）的第 23 航空艦隊，最後還有民答那峨島（Mindanao）上達沃的第 26 航空艦隊。

自六月十二日起，第 58 特遣艦隊的戰鬥機開始對關島、塞班島和提尼安島上第 1 航空艦隊的各座機場，進行掃蕩任務，在第一天的早晨就擊落八十一架飛機，同時摧毀地面上的二十九架；第 58 特遣艦隊之後轉向北方，攻擊父島（Chichi Jima）和硫磺島（Iwo Jima）的機場。第 1 機動部隊在六月十三日從塔威塔威（Tawi Tawi）啓航，向菲律賓海靠近，而日軍的第一波機隊就在六月十九日起飛進攻，共有四十三架零式戰鬥機，每架都掛上一枚二百五十公斤（五五〇磅）半穿甲彈，還有七架天山一二型艦上攻擊機和第 1 特別攻擊隊的十四架零式戰機護航。

獵火雞

這波機隊遭到一百九十七架 F6F-3 戰鬥機攔截，結果日軍只擊中了一艘戰鬥艦，但戰鬥機和艦上的四〇公釐高射砲，卻擊墜了四十二架日軍飛機，而美軍潛艇也在此時擊沈大鳳號和翔鶴號。

日軍小澤治三郎將軍（Jisaburo Ozawa）在六月十九日發動四次攻擊，總計達三百七十三架次飛機，但在太平洋戰爭中規模最大的空戰裡，損失了二百四十三架飛機，另有三十三架嚴重受損。在向西邊退卻後，第 1 機動部隊就被第 58 特遣艦隊的攻擊飛機逮到（包含七十七架俯衝轟炸機、當中大部分爲 SB2C-1，還有五十四架 TBF/TBM-1 魚雷轟炸機，由八十五架 F6F-3 護航），結果航空母艦飛老鷹號被擊沈，龍鳳號和千代田號也遭到重創。

美軍飛機在天黑之後才返回，由於缺乏燃料，共有八十架迫降在水面或是墜毀，但大部分機組員都被救起。日軍第 1 機動部隊的航空兵力已經被消滅了，而對艦載機提供支援的陸基第 1 航空艦隊的組成單位也是一樣。

日軍第 1 航空艦隊接下來被調往菲律賓的馬尼拉（Manila），加入駐守在達沃的第 26 航空艦隊，到了九月初，日本帝國海軍航空隊在菲律賓的實力已升至約五百架飛機。然而九月九日至十四日，在第 38 特遣艦隊進行入侵前空襲的過程中，日本帝國海軍航空隊的實力受到嚴重打擊，到了九月三十日，第 5 基地航空隊（也就是第 1 航空艦隊）的戰力，降至只有不到一百架可作戰的飛機。

隨著美軍按照預定計劃於一九四四年十月二十日登陸菲律賓的雷伊泰島（Leyte），第 38 特遣艦隊攻擊了琉球群島（Ryukyu Islands）上的日軍基地，包括琉球（Okinawa）在內，於十月十日派出了一千三百九十二架次飛機出擊。十月十二日，第 58 特遣艦隊

↑在二次大戰末期，美國海軍和海軍陸戰隊所使用最優異的戰鬥轟炸機是沃特（Vought）的F4U 海盜式。海盜式是性能良好的戰鬥機，它能夠攜帶炸彈、凝固汽油彈和火箭，以扮演對地攻擊的角色。

攻擊了臺灣的航空基地，當時日軍在臺灣約有六百三十架飛機，分別隸屬第 6 基地航空隊（第 2 航空艦隊）以及日本帝國陸軍航空隊的第 8 飛行師團，結果日軍由二百架飛機組成的部隊，被美軍 F6F-3 擊落了超過一百架，而 F6F-3 本身只損失三十架。美軍持續對臺灣和呂宋進行攻擊，而在長達一星期的空戰中，日本帝國海軍航空隊損失四百九十二架飛機，日本帝國陸軍航空隊則損失了一百五十架。

美軍入侵雷伊泰島的作戰，由第 77.4 特遣支隊十七艘護航航空母艦的大約五百架飛機支援，更遠距離的掩護則由第 38 特遣艦隊（快速航空母艦特遣部隊）、九艘艦隊航空母艦和八艘輕型航空母艦的一千零七十四架飛機提供。在美軍攻佔或修築雷伊泰島上的機場後，盟軍的陸基航空兵力就接著加入戰局，並在此時擴大部署，包括肯尼指揮下的遠東航空軍（Far East Air Force，FEAF）。遠東航空軍於一九四四年七月成立，下轄美軍第 5 和第 13 陸軍航空軍的二千五百架飛機，以及皇家澳大利亞空軍的四百二十架飛機。

壯烈的對抗

日本海軍試圖在四階段的雷伊泰灣會戰（Battle of Leyte Gulf）中，殲滅最初的登陸部隊，這場會戰於十月二十三至二十六日進行，至今仍爲世界上規模最大的海戰。參戰的四支日軍艦隊當中，有三支是攻擊的艦隊，剩下一支則爲誘餌艦隊，後者是以殘存的航空母艦爲基礎編成，只有一百一十六架飛機。這場會戰可再進一步分成錫布延海（Sibuyan Sea）海戰、蘇里高海峽（Surigao Strait）海戰、薩馬島（Samar）海戰和恩加諾角（Cape Engano）海戰。

日軍的損失包括四艘航空母艦和五百架飛機，而美軍則只損失一艘輕型航空母艦、兩艘護航航空母艦〔包括被日軍飛行員以目前採用的神風特攻隊（Kamikaze）戰術擊沈的聖洛號（St Lo）〕，以及超過二百架飛機。

在錫布延海海戰中，日軍

對琉球的突擊

在美軍第 58 特遣艦隊和英軍第 57 特遣艦隊，以空中攻擊削弱琉球的防務後，美軍於 4 月 1 日展開入侵行動，而和美軍部隊在琉球上空遭遇的神風特攻隊攻擊比起來，他們在菲律賓和硫磺島上空遭遇的簡直就是小兒科。戰鬥持續到 6 月 23 日，在這一段期間之內，盟軍船艦一直遭到以臺灣和九州爲基地的神風特攻隊襲擊。在三十六艘被擊沉船艦和三百六十八艘不同程度受損的船艦中，神風特攻隊的戰果就分別佔了二十六艘和一百六十四艘。琉球之役可說是格外艱辛，對雙方均造成重大損失，例如在盟軍方面包括七百六十三架飛機，當中四百五十八架是在戰鬥中被擊落，而三百零五架是因操作意外而損失。日本海軍方面爲了進行這最後一戰，派出超級戰艦大和號（Yamato）至琉球進行單程任務，結果四月七日在海面上被發現，接著被第 58 特遣艦隊的飛機擊沈。

A 部隊從南海進入巴拉望航道（Palawan Passage）時，被美軍潛艇標定，接著便通知海爾賽，然後發動攻擊，擊沈了兩艘重巡洋艦，並重創另一艘。日軍艦隊繼續前進，卻在之後遭到美軍艦載機的襲擊，結果在超過兩天的激戰中，超級戰艦武藏號（Musashi）被擊沉，另有數艘軍艦受創，之後日軍調頭撤離。

同一時間，日軍的陸基飛機不斷騷擾第 38 特遣艦隊的一師（division），雖然當中大部分飛機均被擊落，不過輕型航空母艦普林斯頓號（Princeton）被擊沈，另有一艘巡洋艦受到重創；天黑之後，日軍艦隊再度調頭前往聖貝納第諾海峽（San Bernardino）。在蘇里高海峽海戰中，剛開始時只有船艦參與其中，但飛機卻參與了之後幾個階段的大混戰。

在此期間，A 部隊已經通過聖貝納第諾海峽，試圖在薩馬島以北與企圖經由蘇里高海峽抵達此區域的 C 部隊會師。當海爾賽的第 3 艦隊向北前進追擊日軍誘餌艦隊的航空母艦時，A 部隊又調頭南下，捲土重來。

在薩馬島海戰中，A 部隊以四艘戰鬥艦、六艘重巡洋艦、兩艘輕巡洋艦和十一艘驅逐艦的兵力，襲擊第 77.4.3 特遣隊的六艘護航航空母艦和七艘護航艦。美軍飛機只有裝備支援地面作戰的殺傷彈，但還是升空騷擾日艦，而驅逐艦則發動魚雷攻擊。

不可思議的逃脫

美國海軍在薩馬島海戰中奮戰不懈，避免了大災難的降臨，只損失了一艘護航航空母艦和三艘護航艦，但來自其他護航航空母艦群的飛機發起攻擊，而栗田號（Kurita）就在猛烈的美軍空襲中後退。

在恩加諾角海戰中，海爾賽封鎖了麾下第 3 艦隊和正在退卻且基本上完好無缺的誘餌艦隊間的缺

口，而在三波的空襲中，擊沈了日軍四艘航空母艦和另外五艘船。

在一九四二年中至一九四三年底之間，盟軍在東南亞的航空部隊實力和作戰能量，隨著更多單位和性能更佳的飛機抵達而穩定成長。一九四二年三月時，美軍第 10 航空軍抵達印度，當中包括第 7 轟炸大隊的六個中隊，以及第 23 與第 51 戰鬥機大隊（Fighter Group, FG），而在一九四二年八月前第 23 戰鬥機大隊、第 51 戰鬥機大隊的第 16 中隊和第 7 轟炸大隊的第 11 轟炸中隊就被重新分配給陳納德准將（Claire L. Chennault）指揮的中國空軍特遣隊（China Air Task Force, CATF）。

隨著日軍在一九四二年四月切斷滇緬公路，中國陷入被圍攻的狀態，極度依賴 C-47 和 LB-30 經由飛越危險的「駝峰」（Hump）航線，將物資運抵昆明。到了一九四二年底，第 10 陸軍航空軍已擁有二百五十九架飛機，在中國上空的空中作戰強度，也在一九四二和一九四三年間逐步增強，而中國空軍特遣隊也投入東南亞地區的空戰中。

↑贏得戰爭之道：除了戰鬥人員的數量、技巧和戰鬥決心之外，美軍部隊之所以能贏得戰爭，是依靠美國海軍的船艦，特別是航空母艦和潛艇，以及美國海軍、海軍陸戰隊和美國陸軍航空隊的飛機才能夠克敵致勝。

空軍重組

一九四三年三月，中國空軍特遣隊成爲全新的美軍第 14 航空軍，隨即投入作戰並獲得增援。到了一九四四年一月時，第 14 航空軍擁有一百九十四架戰鬥機、三十八架中型轟炸機和五十架重型轟炸機。

這與緬甸上空的情況有所不同，該地的盟軍航空單位主要是以英軍爲主力，對日本帝國陸軍航空隊漸漸獲得顯著的優勢。面對盟軍更先進的戰機，日軍的飛機顯得老舊、缺乏燃料和其他基本物資，更因爲當經驗豐富且技巧純熟的飛行員陣亡後，所造成空勤人員素質穩定下降而陷入困境，所以盟軍能夠在緬甸上空取得明顯的空中優勢。在當地，英軍第 14 軍團最終於一九四四年三月至六月間取得英帕爾（Imphal）和科希馬（Kohima）等會戰的勝利。到了此時，盟軍面對日軍第 3 航空軍（3rd Kokugun）的殘部已取得全面性的制空權，其實力到一九四四年十一月底時，已降至只有一百五十九架飛機分散在緬甸、泰國、蘇門答臘和爪哇（Java）等地。一九四五年四月時的曼德勒會戰，打通了盟軍向仰光進軍的大門，該城於一九四五年五月三日攻佔，實際上結束了緬甸境內的戰爭。

與此同時，日本帝國陸軍航空隊在菲律賓上空的表現卻比預期中的要好，在呂宋島、描戈律島（Bacolod）和內格羅島（Negros）基地內，第 4 航空軍的實力已增至約四百架飛機，在美軍登陸雷伊泰之後，日本帝國陸軍航空隊盡了一切的努力，但美國陸軍在十月二十七日將獨魯萬（Tacloban）的飛機跑道修復完成，使得陸基飛機可以在立足地區的範圍內作戰。但即使如此，一九四四年十月和十一月時的空戰仍相當激烈。

菲律賓的立足點

一九四五年一月九日，美軍第 6 軍團在第 3 和第 7 艦隊支援下登陸呂宋島，但此時日軍在菲律賓的飛機數量總計只有約一百五十架飛機，當中有許多都消耗在神風特攻隊的自殺攻擊中。美軍空中優勢在菲律賓戰役中的其他島嶼作戰期間也相當明顯。

作戰於二月十九日展開，在經歷艱辛猛烈的戰鬥後於三月二十六日結束。拿下硫磺島的目標，是爲從馬里亞納群島起飛對日本進行轟炸的陸軍第 20 航空軍建立前進基地。削弱硫磺島防務的作戰，早在一九四四年八月便開始進行，以塞班島爲基地的第 7 陸軍航空軍 B-24J 轟炸機，定期對該島進行攻擊。在硫磺島戰役期間，駐防在日本本州（Honshu）的第 3 航空艦隊，派出轄下四百架飛機當中的大部分，對美軍第 5 艦隊進行自殺和傳統攻擊，擊沉了護航航空母艦俾斯麥海號（Bismarck Sea）並重創薩拉托加號。在作戰之前，第 58 特遣艦隊於一九四五年二月十六至

←伊諾拉·蓋號（Enolay Gay）由保羅·提貝茲上校（Paul Tibbets）駕駛。這架美國陸軍航空隊波音 B-29 超級堡壘式四引擎轟炸機，於 1945 年 8 月 6 日從馬里亞納群島起飛，在日本廣島上空投下世界上第一枚原子彈。

十七日，對日本進行首次大規模艦載機空襲，F6F-5 與 F4U-1 在第一波攻擊中，與大約一百架日軍戰鬥機交戰，並擊落約四十架戰機，而其他美軍飛機則隨機攻擊各式目標。第 58 特遣艦隊共派出二千七百六十一架次，宣稱擊墜三百四十一架敵機，並在地面上摧毀另外一百九十架，而自身的損失則爲六十架飛機被擊落，二十八架意外墜毀。

當美國陸軍航空隊的 B-29 轟炸機，在八月六日和九日投擲原子彈轟炸廣島和長崎之後，盟軍飛機持續在日本上空肆虐至八月十五日，而裕仁天皇（Hirohito）也在當天同意日本投降。

第六章
二次大戰：
戰略轟炸，一九三九至一九四五年

在戰間期，英國皇家空軍的計劃人員已經深信在未來的衝突中，轟炸機將會成為贏得戰爭的武器。

在戰間期裡，英國皇家空軍的計劃人員已經深信在未來的衝突中，轟炸機將會成爲贏得戰爭的武器，因此英國軍方就進行大規模投資，建立了一支爲數將近五百架轟炸機的部隊，由英國轟炸機司令部指揮。但即使是在西元一九三九年九月戰爭爆發前，這些轟炸機比起德國空軍的同型機性能顯然較差，在某些案例中甚至已經變得十分落伍。

在這些轟炸機當中，威靈頓式中型轟炸機（Wellington）很可能是性能最好的，而惠特利式（Whitley）重轟炸機幾乎不能在作戰表現的任何一方面達到理想狀況，漢普頓式（Hampden）武裝太薄弱而難以存活，而會戰式輕型轟炸機更像是把年輕人送往戰場的冒牌飛機；最後，身爲轟炸機隊基礎的布倫亨式式輕型轟炸機因爲大量投入軍事作戰而負荷日漸沉重，其表現已經到達臨界點。英國轟炸機司令部的機隊中，沒有哪一款轟炸機擁有自封油箱（self-sealing tanks），因此他們在面對敵火時非常容易受到傷害，並且都只能依賴原始的投彈瞄準器進行日間作戰，而所有的導航手段都是使用地圖、碼表和羅盤，透過推測航法進行。

就準則上而言，英國轟炸機司令部和德國空軍的轟炸機部隊截然不同，因爲德軍發展轟炸機是用來進行中短程任務以支援前進中的陸軍部隊，前線後方的交通設施、燃料和彈藥堆棧是關鍵性目標；而英國轟炸機司令部主要是訓練轟炸機隊攻擊深入敵方領土境內的戰略性目標，而情況馬上證明其裝備惡劣，無法進行此類任務。

剛開始時，英國轟炸機司令部被限制只能攻擊航運類目標。威靈頓式和布倫亨式式於一九三九年九月四日進行首次空襲，在前往轟炸布倫斯比托（Brunsbüttel）的十四架威靈頓式轟炸機中，有兩架被擊落，而襲擊許黎希航道（Schillig Roads）的布倫亨式式運氣較佳。英國轟炸機司令部就這樣竭盡全力地進行對敵軍的首次攻擊。而當在挪威、低地國和法國支援英軍部隊

←從 1940 年 8 月至 1942 年 7 月，雪菲爾市（Sheffield）不時遭受德軍轟炸，當中最猛烈的攻擊發生在 1940 年 12 月 12 日和 15 日夜間。

第一批「大傢伙」

英國皇家空軍亟需新型飛機，而第一款眞正的重轟炸機斯特林式於 1940 年 8 月時開始服役，這架龐大飛機的動力來源是四具布里斯托力士型發動機，之後四引擎的哈利法克斯也在該年年底服役，而曼徹斯特式雙引擎轟炸機則在 12 月開始進行軍用測試。這三款轟炸機全都在 1941 年投入作戰，他們更有能力執行深入德國的長程空襲，但在轟炸方面仍不準確。

→→雖然英國皇家空軍導入斯特林式重轟炸機，使得轟炸任務可以確實執行，但斯特林式卻有升限不足的問題，且其細長如莖的起落架也容易斷裂。

的作戰展開時，反航運作戰持續進行至一九四〇年，這些作戰的結果令人失望：此外二十四架威靈頓式在一九三九年十二月十四日空襲許黎希航道，結果一口氣被德軍擊落十架，此一事件導致英國皇家空軍將轟炸作戰，由白晝攻擊轉爲夜間轟炸。這些轟炸機輸給素質低落的 Bf-109E 和 Bf-110 戰鬥機，與英國轟炸機司令部此時正處於黑暗中戰鬥其裝備低劣的導航員可以首先發現目標卻無法準確轟炸的事實，幾乎是同樣大的打擊。

報復攻擊

英國轟炸機司令部因此沒有什麼眞正的機會可以攻擊戰略性目標，但此一狀況在一九四〇年五月十五至十六日改變了。德國空軍在五月十四日對鹿特丹的毀滅性空襲，導致英軍派出九十九架飛機，對魯爾地區的煉油和煉鋼設施進行報復性攻擊。漢普頓式、威靈頓式和惠特利式，主要是空襲杜易斯堡（Duisburg）一帶的目標，爲一系列針對類似目標、之後加上交通設

↓艾弗羅的曼徹斯特式在服役後期，採用了雙垂直尾翼佈局。由於鷲式發動機可靠性甚差，曼徹斯特式無法發揮太大作用，否則應該會是一款優秀的轟炸機。

MG B
MG Z
MG Y
MG A
MG M

德國空軍的夜間戰鬥機部隊

從 1941 年秋季開始，戰略轟炸戰役開始在夜間進行，使英國皇家空軍懊惱的是，德國空軍從一開始就承認英國轟炸機司令部帶來的夜間威脅。德軍從單純依靠高射砲和探照燈對抗夜間轟炸機，到 1939 年底以 Bf-109D 組成一支夜間戰鬥機部隊。1940 年春季，德軍在丹麥上空開始以 Bf-110C-1 進行實驗性質的夜間戰鬥，而隨著盟軍愈來愈常攻擊魯爾，因此德軍於 6 月時正式組織了一支夜間戰鬥部隊。德軍的機載雷達相當原始，但夜間戰鬥機聯隊（Nachtjagdgeschwader）卻能夠依賴絕佳的早期預警雷達系統和日益專業化的戰術應戰，Bf-110、Ju-88C-2 和 D-17Z-10 等夜間戰鬥機，隨即開始讓英軍的夜間作戰變得更困難。不只是夜間戰鬥機的肆虐加深了高射砲的危險，且從九月起疲憊的轟炸機機組員還發現到，長程的 Ju-88C-2 和 D-17Z-10 在他們的基地上空徘徊，以便趁他們返航時下手攻擊。對英國皇家空軍來說幸運的是，德國空軍指揮高層內並非人人都瞭解這些作戰的價值，因此便有人開始起而反對。希特勒最後於 1941 年 10 月 10 日下令終止這些作戰。英國轟炸機司令部在政治上也受到打擊，即便有了新飛機，作戰的準確度依然很低；耗費了大量資源、精力和人員性命後，成就卻微不足道。在 1941 年 7 月至 12 月間，英國轟炸機司令部的紀錄顯示六百零五架飛機未能返回基地，此外還有二百二十二架飛機在作戰中被摧毀。英軍無法承受這樣的損失，而英國軍方內部也因而出現解散英國轟炸機司令部的呼聲。

施和飛機製造廠的攻擊創下先例。此次作戰也象徵大規模戰略轟炸戰役的展開，其後將毫不鬆懈地持續進行，直到歐戰勝利紀念日（VE-Day）爲止；這也正好證明了要將炸彈投擲在魯爾地區並造成任何顯著影響，有多麼困難。

英國轟炸機司令部在不列顛之役中扮演了重要角色。儘管對煉油和飛機生產設施的持續攻擊相當重要，但英國轟炸機司令部攻擊集結在法國和比利時港口中的敵軍入侵艦隊，卻是使希特勒決定暫緩入侵英國的重要關鍵因素。更重要的是，出自於好運，英軍於一九四〇年八月二十五至二十六日，首度夜間空襲柏林，結果激怒了希特勒，他因此命令麾下轟炸機對倫敦進行報復攻擊。英國戰鬥機司令部已接近崩潰，然而德軍轟炸倫敦的決定，有效解除了英軍的壓力，扭轉了戰役的走向——德軍入侵英國的機會就這麼消逝了。

由於當時轟炸技術不佳——英國皇家空軍並未投資發展像德國空軍擁有的那種無線電定向輔助系統，因此根本不可能將足夠的炸彈，投擲在像是工廠那樣的單一目標上，以將其徹底炸毀。英軍在一九四〇年九月二十三至二十四日對柏林的大規模空襲沒有達成多少戰果，這已經讓英國轟炸機司令部的領導階層相當失望，更別提英國政府在德國空軍對考文垂進行毀滅性攻擊之後感到的憤怒了。無疑地，對包含軍事設施或具備戰略重要性的區域目標的攻擊，是一條必須走下去的路，因而無法顧及平民損失。在德軍對考文垂的襲擊後，此一戰術更加受到政治人物的歡迎，因此將德國城市「考文垂化」的命令便出現了。

英國轟炸機司令部的首次區域攻擊，於一九四〇年十二月十六至十七日對曼漢（Mannheim）進行，但執行得相當拙劣，只對當地房屋造成實質損害。

英國轟炸機司令部司令空軍中

←即使是最仔細地調校阿姆斯壯懷特渥斯的惠特利式轟炸機的轟炸瞄準器，還是無法改善轟炸準確度，只有新戰術和新科技才是改善英國皇家空軍轟炸效率的唯一手段。

阿姆斯壯·懷特渥斯　惠特利式 Mk. V

一般資訊
型式：重轟炸機
動力來源：2 具853 仟瓦（1145 匹馬力）勞斯萊斯梅林 X 型 V12 活塞引擎
最高速度：每小時 370 公里（230 哩）
作戰高度：7925 公尺（26001 呎）
重量：空機重：8777 公斤（19350 磅）
最大起飛重量：15196 公斤（33501 磅）
武裝：機鼻槍塔裝有 1 挺 7.7 公釐口徑機槍，機尾槍塔裝有 4 挺 7.7 公釐口徑機槍；內載彈量最高可達 3175 公斤（7000 千磅）。

尺寸
翼展：25.6 公尺（84 呎）
長度：21.1 公尺（69 呎 3 吋）
高度：4.57 公尺（15 呎）
翼面積：106 平方公尺（1137 平方呎）

將理察·派爾斯爵士（Sir Richard Peirse）認爲：資源應該集中用來對付第三帝國。英國進入一九四一年時的局勢排除了此種野心，因爲海軍部呼籲持續對航運目標和 U 艇船塢進行攻擊，以緩和英軍在大西洋苦戰的壓力，而戰鬥機司令部也需要轟炸機，在德軍佔領下的法國進行精心策劃的攻勢作戰中，扮演誘餌角色。

斯特林式（Stirling，二月十日至十一日）、曼徹斯特式（Manchester，二月二十四日至二十五日）和哈利法克斯（Halifax，三月十至十一日）都針對海軍目標進行了首次出擊，而眞正把戰爭帶給德國人的唯一一款轟炸機，是在馬戲團空襲期間的布倫亨式式。

四月二十七日，英國轟炸機司令部再度展開對德國目標的日間空襲，斯特林式在惡劣天氣中攻擊恩登（Emden）。新式的空中堡壘轟炸機，一款具備性能表現和先進的投彈瞄準器的重要武器，，也在非常高的高度進行此類空襲。英國皇家空軍認爲此款轟炸機用起來非常不順手，而它在英軍手中也沒有達成多少戰果。

日間作戰繼續進行至一九四一年八月，當中包括七月二十四日對

↑英國皇家空軍會定期使用比美軍和德軍轟炸機所使用的炸彈重上許多的武器。如圖，這枚重達 1814 公斤（4000 磅）的「餅乾」（Cookie），是典型的英國皇家空軍用炸彈，正等著被掛進一架威靈頓式。

←如圖，英國轟炸機司令部司令「轟炸機」亞瑟．哈里斯將軍（中央者），正在研究地圖和偵照相片，策劃英國皇家空軍的戰略轟炸作戰。

奧格斯堡空襲

蘭開斯特式轟炸機最早的空襲依然是該型機最值得注意的一次行動。中隊長尼托頓（Nettleton）領導第 44 和第 97 中隊在 1942 年 4 月 17 日白天，以大膽的低空飛行襲擊奧格斯堡（Augsburg）的 MAN 柴油引擎工廠。由於牽制攻擊失誤，造成英軍損失慘重卻幾乎一無所獲，但這場空襲證明了蘭開斯特式轟炸機的特性和英國轟炸機司令部精確打擊目標的能力，也讓尼托頓得到了一枚維多利亞十字勳章。在轟炸作戰的宏大方案中，奧格斯堡只不過是牛刀小試，因為哈里斯已經把眼光放在更遠大的軍事和宣傳行動上，他想要出動一千架轟炸機對單一目標進行攻擊。

↓福克．沃爾夫公司（Focke Wulf）一推出 Fw-190A，立即壓過其他英國皇家空軍的飛機。A-1 從 1941 年開始對抗盟軍，而 A-4 也隨即現身和重轟炸機群交手。

位於布勒斯特的沙恩霍斯特號、格耐森瑙號和尤金親王號，以及八月十二日對科隆的大規模攻擊。由於德國空軍傾全力投入東線戰場，因此可以合理地預期，這些空襲只會受到戰鬥機輕微的抵抗。但敵軍戰鬥機和高射砲火造成的損失相當慘重，即使對布勒斯特的攻擊有噴火式 Mk II 護航也一樣。更令人擔憂的是，投入作戰的哈利法克斯轟炸機，看起來就像威靈頓式一樣脆弱，英國皇家空軍因此再度相信，

需要集中資源進行夜間作戰。

英國轟炸機司令部死而復生

對英國轟炸機司令部來說，一九四二年的發展不但對其本身、最終也對盟軍的戰爭努力，具有高度重要性；而最關鍵的，是要解決準確度的問題。英軍已經發展出一套型號爲 Gee Mk I 的無線電定向輔助系統，在超過五百六十三公里（三五〇哩）的範圍可達到大約三．二公里（二哩）的導航準確度，雖然可能相對較快地被德軍偵測並加以干擾，但還是爲英國皇家空軍打開了希望之窗。

二月十二日，沙恩霍斯特號、格耐森瑙號與尤金親王號從布勒斯特啓航，穿過英吉利海峽，一路上迴避了所有攔阻她們的企圖，但至少她們不再成爲英國轟炸機司令部的例行目標。她們的逃脫，與英國轟炸機司令部指揮階層的改組同時發生，空軍中將亞瑟．哈里斯（Arthur Harris）在二月底成爲英國轟炸機司令部司令，他是一位老練的戰術專家，也是一位不擇手段追求目標的領導者。他就如同前任司令一般，他被賦予對付相同戰略目標的任務，使用同樣有效的區域轟炸策略，但哈里斯下定決心爲了確保成功對付戰略目標，在必要的時候他會摧毀第三帝國的每一棟建

↓這些 Do-17Z 在暮光中出發，準備空襲英國，他們是組成德國空軍轟炸機部隊主力的典型機種。都尼爾轟炸機經常參與對英國的攻擊行動。

築。在哈里斯的領導下，英國轟炸機司令部成爲一支眞正有效的戰鬥部隊。

新轟炸機登場

最後，英國轟炸機司令部終於接收了迫切需要的裝備。威靈頓式轟炸機仍然在第一線服役，而斯特林式在飛行高度方面有缺陷，哈利法克斯 Mk I 與 Mk IA 的表現只能說是勉強合格，曼徹斯特式則根本是一團糟，大部分都要歸咎於其複雜且不可靠的勞斯萊斯（Rolls-Royce）鷲式（Vulture）發動機。

然而從曼徹斯特式開始，一款到目前爲止最優異的轟炸機即將出現。這型轟炸機已經在颶風式和噴火式上經過驗證，可以延長飛機的翼展以安裝勞斯萊斯的梅林發動機，徹頭徹尾地改造了曼徹斯特式——將曼徹斯特式從僅僅具備潛力，轉身一變成爲擁有毀滅性效能的重轟炸機。在一九四二年初，首批全新的艾弗羅蘭開斯特式（Lancaster）轟炸機，正進行試飛工作，準備在春季時開始服役。

夜間戰鬥機已經開始在德國上空造成英軍顯著的損失，但藉由使用 Gee 系統，英國轟炸機司令部能夠以集中隊形派遣轟炸機滲透敵

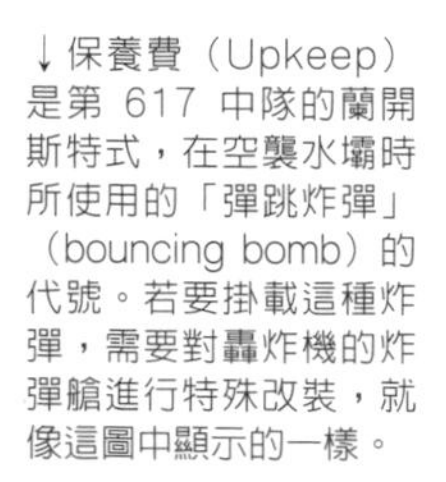

↓保養費（Upkeep）是第 617 中隊的蘭開斯特式，在空襲水壩時所使用的「彈跳炸彈」（bouncing bomb）的代號。若要掛載這種炸彈，需要對轟炸機的炸彈艙進行特殊改裝，就像這圖中顯示的一樣。

「水壩剋星」空襲

當英國轟炸機司令部的優先重點依然是主力部隊行動時，他們也進行了一些針對關鍵目標的單一精準空襲行動。懲戒行動（Operation Chastise）就是一次這樣的大膽作戰，計劃是炸毀爲魯爾工業區進行水力發電的艾得爾（Eder）、索爾波（Sorpe）和莫那（Möhne）水壩。英軍認爲切斷電力可以嚴重影響魯爾工業區的生產能量，因此便爲了這次攻擊投入極高心力，發展被稱爲「保養費」的「彈跳炸彈」。第617中隊是爲了進行懲戒行動而編成，十九架蘭開斯特式於1943年5月16至17日夜間升空。保養費已經有準確的作戰參數，該中隊在炸毀艾得爾和莫那水壩時一共損失了八架蘭開斯特，而領導這次行動的蓋·吉布森中校（Guy Gibson）也獲頒了維多利亞十字勳章。雖然這次攻擊行動造成洪水氾濫，但對水電輸出的影響卻微乎其微，德國人也迅速修復損害。就戰略的角度而言，懲戒行動幾乎沒有達成多少成就，但在宣傳方面卻是一次重大成功：對英國人民而言，英國轟炸機司令部看起來想打哪裡就可以打哪裡，就算是最困難的目標也一樣。

軍空防，並在盡可能短的時間內將他們置於目標上空。這樣的攻擊首次於一九四二年三月三日至四日進行，目標是巴黎－畢朗顧赫（Billancourt）的雷諾（Renault）工廠，雖然這次空襲的執行過程比前幾次要好上許多，但這座工廠隨即恢復運作。

在一次對埃森（Essen）的類似攻擊中，英軍動用裝載 Gee 設備的轟炸機，投擲照明彈和燃燒彈做爲目標標定機，此舉是模仿德國空軍在英國上空使用的戰術，但結果證明 Gee 的準確度不如預期。然而 Gee 設備仍是重要的系統，但最好是用在應付海岸目標方面，因此基爾港在三月十二至十三日的空襲中，多少受了點創傷。

輕鬆的目標

呂北克市（Lübeck）在 Gee 系統的有效範圍以外，但儘管如此，哈里斯還是將挑選呂北克市，做爲展現英國轟炸機司令部嶄新能力和意志的理想目標。呂北克的港口薄弱的防禦和大多爲木造的建築使它成爲相對容易的目標。大約有一百九十一架飛機參與空襲，投下的大部分是燃燒彈，對該市超過一百二十一公頃（三百英畝）的面積造成了大範圍破壞，並同時向德國領導階層和人民證明，英國轟炸機司令部正採取一項全新的殘酷策略。

英軍隨後就對其他城市進行類似的空襲，導致希特勒下令對英國具有歷史重要性的城市進行報復性空襲。以貝德克（Baedeker）旅遊指南命名，所謂的貝德克空襲打擊了幾座歷史悠久的城市，包括埃克塞特（Exeter）、巴斯（Bath）、諾威治（Norwich）和坎特伯里

（Canterbury），造成分布廣泛的破壞。

五月三十至三十一日，七百零八架漢普頓式、威靈頓式和惠特利式，加上三百八十八架哈利法克斯、蘭開斯特式、曼徹斯特式與斯特林式轟炸機空襲科隆。這些飛機當中有許多由教官和受訓機員駕駛，但他們善加利用了Gee 系統以達到準確且集中的轟炸。具有重要意義的是，四架性能優異的嶄新蚊式 B.Mk IV 輕型轟炸機，於次日稍早時飛越該市上空，以確認大規模火災和巨大的破壞狀況。事實上，該市有廣達二百四十三公頃（六〇〇英畝）的面積遭到摧毀，二百五十間工廠遭到重創，共有四百八十六人死亡，五萬九千一百人無家可歸。英國轟炸機司令部可以承受這樣的損失，所以就在六月一日至二日對埃森進行類似的空襲，但克魯伯（Krupp）的廠房卻逃過一劫，不來梅（Bremen）也在六月二十五至二十六日遭到空襲，不過夜間戰鬥機卻在這場空襲中取得可觀戰果。雖然之後英軍就再也沒有進行千機大空襲，但英國轟炸機司令部的能力，卻再一次以極佳的成效獲得證明。

儘管野心不再，但破壞性的空襲還是繼續進行，不過德軍此時已經開始干擾 Gee 系統，因此英軍

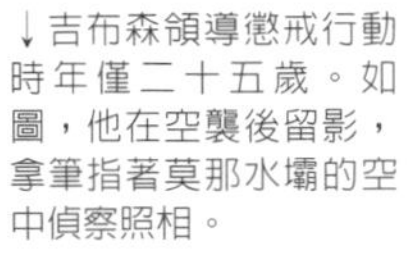
↓吉布森領導懲戒行動時年僅二十五歲。如圖，他在空襲後留影，拿筆指著莫那水壩的空中偵察照相。

韓德利．佩基．哈利法克斯轟炸機

一般資訊
型式：重轟炸機
動力來源：4 具 1205 仟瓦（1615 匹馬力）布里斯托力士型 XVI 活塞引擎
最高速度：每小時 454 公里（282 哩）
作戰高度：7315 公尺（2400 呎）
重量：最大起飛重量：24675 公斤（54400 磅）
武裝：機背和機尾槍塔分別裝有 4 挺 7.7 公釐（0.303 吋）口徑白朗寧機槍機槍，機鼻裝有 1 挺7.7 公釐（0.303 吋）口徑維克斯 K 機槍；載彈量為5897 公斤（13000 磅）。

尺寸
翼展：31.75 五公尺（104 呎 2 吋）
長度：21.82 公尺（77 呎 7 吋）
高度：6.32 公尺（20 呎 9 吋）
翼面積：110.6平方公尺（1190 平方呎）

加更注重在有月光的夜間進行準確的推測導航。被夜間戰鬥機擊落的德機數量因而開始上升，但準確度仍有待改善，因此英軍便成立了一支探路機部隊（Pathfinder Force, PFF）；在唐．班奈特上校（Don Bennett）的領導下，探路機部隊由經驗豐富的斯特林式和蘭開斯特式機組員組成，他們的任務是爲緊跟其後的轟炸機主力部隊定位並標示出目標。剛開始時他們依賴 Gee Mk I，探路機部隊的成效可說是微不足道，不過當新科技迅速引進後，再加上機組員的傑出表現，探路機部隊的價值獲得了證明。

德軍在其他地方，有愈來愈多的資源消耗在北非和史達林格勒周邊地區的苦戰中，而美軍也在此時開始加入歐戰，就此埋下了未來美軍與威力強大的第 8 航空軍聯合進行轟炸攻勢的種子。

一九四三年一月間，盟國的政軍領導階層在卡薩布蘭加（Casablanca）集會，以詳細規劃接下來的戰爭指導方式。在衆多得出的結論當中，有一道在一月二十一日共同頒布給英國轟炸機司令部和第 8 轟炸指揮部的卡薩布蘭加訓

共和公司 P-47C 雷霆式

一般資訊
型式：戰鬥轟炸機
動力來源：1 具 1715 仟瓦（2300 馬力）普惠公司 R-2800-59 增壓活塞引擎
最高速度：每小時 696 公里（433 哩）
作戰高度：12800 公尺（42000 呎）
重量：空機重：4490 公斤（9900 磅）
最大起飛重量：6769 公斤（14925 磅）
武裝：8 挺 12.7 公釐（0.5 吋）M2 白朗寧機槍機槍；載彈量可達 907 公斤（2000 磅）；10 枚 127 公釐（5 吋）火箭

尺寸
翼展：12.43 公尺（40 呎 9 吋）
長度：11.03 公尺（36 呎 2 吋）
高度：4.44 公尺（14 呎 6 吋）
翼面積：27.87 平方公尺（300 平方呎）

→→波音 B-17 空中堡壘在不犧牲航程的狀況下，只能維持相對有限的載彈量。從這張照片可以清楚看到 B-17G 加裝了機鼻下方的機槍塔，以對抗德國空軍的迎面攻擊。

令指出：「你們的主要目標將會是逐步造成德國軍事、工業和經濟體系的混亂，並侵蝕德國人民的士氣，直到他們進行武裝抵抗的能量遭到致命削弱爲止。」同時也列出了一份目標清單，當中的目標按照優先順序爲：U 艇工廠、飛機製造廠、交通設施、石油工業設施和「有關敵軍戰爭工業的其他目標」。對哈里斯而言，這份指令的頒布等於是讓他繼續進行早已展開的戰役的執照；對第 8 轟炸指揮部來說，其麾下的第 8 航空軍自一九四二年八月起，已經投入歐洲戰場作戰，這代表著一個新時代的開始。

美國陸軍航空隊開始空襲

美國陸軍航空隊的轟炸機，首先於一九四二年二月抵達英國，但一直要到八月十七日才進行他們的首次空襲任務，目標是侯恩（Roen）－索特維勒（Sotteville）。美國陸軍航空隊 B-17 和 B-24 的任務，是打擊法國北部的目標，並在馬戲團空襲中作戰並攻擊 U 艇基地。美軍的戰術是在日間進攻，編成緊密的編隊飛

魔術師行動

魔術師行動（Operation Juggler）的計劃內容，是由第 8 航空軍在 1943 年10 月 14 日，對雷根斯堡（Regensburg）的梅塞希密特工廠和施韋因福特（Schweinfurt）的滾珠軸承工廠進行協調的攻擊。轟炸機部隊將同時飛往這兩個目標，進而使得防衛的戰鬥機應接不暇，但英格蘭上空的惡劣氣候導致盟軍錯過了至關重要的時間安排，結果空襲雷根斯堡的機群確認了大批德國空軍戰機已經升空，準備迎擊空襲施韋因福特的機群。最後空襲雷根斯堡的機群損失了二十四架 B-17，而空襲施韋因福特的機群則損失了三十六架。這些損失相當龐大，但美軍方面認為有必要再對施韋因福特進行一次空襲，結果美軍在 10 月 21 日又損失了另外六十架 B-17。隨後幾次對德國空襲也同樣損失慘重，因此盟軍方面不再考慮進行無護航的日間空襲。

行，使轟炸機可以運用強大自衛火力相互支援。這種戰術在某種程度上生效了，直到德軍第 2 戰鬥機聯隊第 3 大隊於一九四二年底展開面對面的攻擊為止。

此刻轟炸機的弱點已經曝露了，而當深入德國境內的空襲行動展開時，轟炸機的機組員就會蒙受慘重傷亡。但儘管如此，對德國的第一次空襲任務依然在一九四三年一月二十七日進行，儘管缺乏戰鬥機護航，但仍獲得相對成功。德國空軍的 Fw-190A-4 和 Bf-109G-1 打得異常辛苦，但轟炸機的損失十

分輕微，還擊落了幾架戰鬥機。雖然轟炸行動並沒有完全依照計劃進行，高射砲火帶來了一點小麻煩，而未來看起來一片光明。

日間轟炸持續進行，而當德國空軍戰鬥機的抵抗能力增強後，轟炸機部隊的損失就緩慢上升，德國的戰鬥機日夜毫不間斷地守護著第三帝國。英國轟炸機司令部的作戰能力，於一九四三年二月提升至新水準，在五十個中隊中，大約有三十五個裝備了最新的蘭開斯特B.Mk I、哈里法克斯 B. Mk II 或是斯特林B.Mk III 等重轟炸機。

技術發展

除了性能更優秀的武器、還有已經發展成熟的目標標定系統之外，比較不受干擾影響的 Gee Mk II 系統也在此時導入了。格外重要的是，探路機部隊裝備了兩款全新設備。自一九四二年十二月起，蚊式機開始操作雙簧管（Oboe）無線電定位系統，而 H2S 雷達則可以提供地面上的影像，以協助導航和目標搜尋。這兩種系統都未臻完美，雙簧管系統的有效範圍就只能涵蓋魯爾區域的目標，而 H2S 雷達提供的畫面則令人難以看懂，只有對付海岸目標時最有用，但這兩套設備都代表著導向能力的躍進。

在擁有這些裝備後，哈里斯針對魯爾工業區展開一系列新攻擊，被稱為魯爾之役（Battle of the

←←大約三百一十六架蘭開斯特式和四架蚊式，於 1943 年 9 月 3 日至 4 日夜間空襲柏林，結果有二十二架蘭開斯特式被擊落，而柏林市內共有四百二十二人死亡，一百七十人失蹤。

↓在一場盟軍對科隆的空襲過後，德國的消防隊人員在瓦礫堆中和烈火搏鬥著。除了正規消防人員和防空部隊人員之外，當局為了應付空襲還利用所謂的「罪犯輔助人員」，他們的刑罰就是要負責處理未爆彈。

↑儘管 V-1 飛行炸彈在軍事方面沒什麼重要性，但用它對付平民卻特別有效，這都要歸咎其噪音、爆炸威力和不加區別且無法預測的瞄準目標模式。

Ruhr）。當中第一次空襲，是以埃森的克魯伯工廠爲目標，由四百四十二架飛機和執行目標標定任務的探路機部隊轟炸機進行。盟軍總計被戰鬥機和高射砲火擊落了十四架，但這次的轟炸效果卻比以前對付同一艱難目標來得更有效。魯爾之役持續進行到六月，總共包括二十六次大規模空襲，英國轟炸機司令部在當中付出了六百二十八架轟炸機的代價，雖然轟炸準確度戲劇性地提高了，但卻必須採取措施以對抗夜間戰鬥機和雷達導引系統的威脅。

另一場在軍事上更具重要性的空襲，於六月二十八至二十九日進行，裝備雙簧管的蚊式機，在雲的底端使用附降落傘的照明彈標定出科隆，接著由五百四十架全都配備 Gee Mk II 的轟炸機編成的主力部隊，就在這些照明彈上方投彈轟炸，首次驗證了大規模盲目轟炸的效果。雖然轟炸行動的結果極具毀滅性，但戰鬥機造成的損失依然十分駭人，而當英國皇家空軍尋求與夜間戰鬥機作戰的方法時，美國陸軍航空隊則力求藉由在白天出任務以保護轟炸機。以英國爲基地的噴火式戰鬥機，只能在轟炸機出發或返回時進行護航，而即使是 P-47 裝備新式的可拋棄式油箱，航程也不足以伴隨轟炸機飛至目標上空並返航。期間，德國空軍開始將大量戰鬥機從東線調回，以提升帝國本土的防禦能力。

閃電週與蛾摩拉

面對激烈的敵軍戰鬥機防衛和歐陸的天氣，美國陸軍航空隊竭力地持續精準轟炸作戰， B-17 和 B-24 裝備了公認準確度相當高的諾登（Norden）轟炸瞄準器，然而在穿過歐洲典型的烏雲進行轟炸時，投彈手們奮力瞄準的戰果，還是比在美軍訓練場無雲的天空中可能獲得的差了一點。

德國空軍戰鬥機造成的破壞愈來愈成爲關切的話題，而伊拉．艾克少將（Ira Eaker）則認爲對航空工廠進行轟炸攻擊，是擊敗敵軍空中威脅的唯一手段，因此盟軍於七月二十四日開始集中兵力進行空襲，被稱爲閃電週（Blitz Week）。盟軍除了空襲戰鬥機生產設施以外，其強度也將消耗敵方的機組員和飛機。事實上，作戰的結果對雙方來說是兩敗俱傷，第 8 航空軍無法承受戰損的比率，特別是因爲轄下單位被調派至地中海戰區以支援即將展開的入侵西西里作戰以及義大利戰役的任務，所以閃電週並不成功。

英國皇家空軍制壓夜間戰鬥機威脅的方案，顯然運氣較佳。戰鬥機成功的訣竅在於，他們接受地面管制員的緊密控制，此舉依賴三座雷達控制每一架戰鬥機，當中一座雷達持續掃瞄目標，第二座雷達負

↓圖中這架飛機是 P-51B，其駕駛艙玻璃屬於早期型式。很少飛機能夠像 P-51 那樣，逆轉盟軍對德國的戰略轟炸作戰 ─從根本上改變一場戰役。

↑1944年10月14日對杜易斯堡的空襲中，這架蘭開斯特轟炸機正投下一捆又一捆的「窗戶」，該機也配備ABC系統（注意機身上的天線），以干擾敵軍的無線電訊號。

責鎖定並追蹤個別的轟炸機，而第三座雷達則要追蹤夜間戰鬥機，並讓地面管制員可以引導戰鬥機至轟炸機的所在位置，到了預定位置後再由戰鬥機的機載雷達接手，以完成攔截動作。

英國科學家瞭解到，將切至準確長度的金屬細條以整捆的方式大規模投擲，可以將雷達波直接反射回地面雷達，使其充斥大量回波，進而隱匿轟炸機編隊。蛾摩拉行動（Operation Gomorrah）是第一次運用此所謂「窗戶」（Window）裝備的作戰，盟軍在這場作戰中對漢堡進行了一系列空襲。第一波襲擊於一九四三年七月二十四日至二十五日進行，而結果證明這方法極為有效，不只夜間戰鬥機看不到目標，連由雷達指揮的探照燈和高射砲營都失去指揮。

盟軍轟炸機群於七月二十七日至二十八日夜間捲土重來，對這座陷入熊熊大火的城市造成更深層的破壞，結果就導致了火風暴現象，引發了龍捲風和超過攝氏一千度（華氏一八三二度）的高溫；但盟軍再接再勵，轟炸機於七月三十至三十一日和八月二日至三日再度蟲轟炸漢堡。總計德國至少有四萬一千八百人喪命，德國宣傳部長約瑟夫．戈培爾（Josef Göbbels）將漢堡的毀滅形容為「一場悲劇性的災難，程度根本完全超乎想像。」

為了回應盟軍，帝國本土的防

北美佬 P-51B 野馬式

一般資訊

型式：單座戰鬥機

動力來源：1 具 1029 仟瓦（1380 匹馬力）佩卡德 V-1650-3（勞斯萊斯梅林 68）活塞引擎

最高速度：每小時 692 公里（430 哩）

作戰高度：12649 公尺（41500 呎）

重量：空機重：3102 公斤（6840 磅）
最大起飛重量：5085 公斤（11200 磅）

武裝：4 挺 12.7 公釐（0.5 吋）機槍；載彈量可達 907 公斤（2000 磅）

尺寸

翼展：11.3 公尺（37 呎 1 吋）

長度：9.82 公尺（32 呎 3 吋）

高度：4.16 公尺（13 呎 8 吋）

翼面積：21.64 平方公尺（233 平方呎）

禦進一步增強，而德軍也迅速發展出對抗「窗戶」的手段。在此期間，德軍精進了無導引的夜間戰鬥機戰術，但在其他戰場上，局勢對德軍來說每下愈況，盟軍入侵了西西里，德軍在俄國也節節失利。

在一九四三年十一月初時，哈里斯向邱吉爾宣佈，英美飛機以柏林為首要目標聯合作戰，希特勒在猛烈的轟炸戰役下必敗無疑。

柏林之役（Battle of Berlin）的第一場空襲，於十一月十八至十九日的夜間進行，接下來就是整個冬季期間一系列的轟炸機主力部隊空襲。最後一場則於一九四四年三月二十四日至二十五日進行，英國轟炸機司令部的蚊式機執行的騷擾性任務，更加深了這些攻擊的恐怖程度。結果盟軍一共損失了四百九十二架飛機，而戰爭仍然繼續進行，柏林並沒有因此土崩瓦解。英國轟炸機司令部也在其他空襲行動中遭遇同樣慘重的損失，襲擊的重點也已經開始轉向運輸設施和其他目標，以準備進行入侵法國的作戰。

石油之戰

1943 年 6 月，美軍首度從北非派出 B-24 解放者式，對軸心國石油工業設施進行了一次成效不彰的空襲，他們的目標是羅馬尼亞境內普洛什提（Ploesti）龐大的石油精煉設施。B-24 在 8 月 1 日又再度對同一目標出擊，參與這次攻擊行動的有第 15 和第 8 航空軍的所屬單位，他們全都由利比亞起飛，採低空飛行方式進行空襲，但結果再一次令盟軍方面感到失望。盟軍對工業和軍事目標的大規模攻擊持續到 1944 年初，而新一輪對石油設施的攻擊也在 4 月 5 日重新展開。普洛什提再度淪爲盟軍目標，由第 15 航空軍執行攻擊任務。盟軍這時集中力量打擊德國境內的石油生產設施，成果是使燃油產量從五月時的十九萬五千噸降至九月時僅七千噸。此刻德國空軍眞正開始嘗到苦果，只有最至關緊要的單位，也就是那些在法國境內和防衛帝國本土的單位才能執行飛行任務，但甚至連他們都縮減了作戰行動；雪上加霜的是，盟軍轟炸作戰到此時爲止的幾場最激烈戰鬥，已經使德國空軍戰鬥機部隊喪失大部分經驗最老道的飛行員。英國皇家空軍開始能夠恢復對法國的日間轟炸，而對德國境內目標的作戰也絲毫不減弱地持續著，儘管德國空軍數量有限，但依然會升空對抗轟炸機，只是飛行員缺乏技巧，導致戰損的比率上升。盟軍已經確保了空中優勢，轟炸機群這時幾乎能夠隨心所欲地攻擊。

從南方進攻

即使當第 8 航空軍在承受十月間的失敗後重整旗鼓，以義大利南部爲基地的第 15 航空軍，正準備展開對奧地利境內、法國與德國南部目標的攻擊，其任務還包括支援穿越義大利推進的盟軍部隊。第 15 航空軍於一九四三年十一月二日，以對維也納新城（Weiner-Neustadt）的空襲展開這些作戰，但由於他們在執行任務時沒有戰鬥機護航，因此損失也相對地高。

也許這些從南邊發動的空襲最重要的結果，是德國空軍必須將資源進一步延伸，以對抗這些威脅。

野馬登場

一九四三年十二月五日，P-51B 野馬式執行了牛仔任務（Rodeo Mission）。以梅林引擎爲動力的野馬式終於抵達，其長航程和優異的戰鬥能力徹底改變了美軍的轟炸作戰，但這是艾克少將本人親自介入，防止這些寶貴的戰鬥機被派往海外和偵察單位的結果。

在 P-47 和 P-38 的支援下，第 8 航空軍在一九四四年一月十一日，再次開始深入穿透以打擊德國境內目標，而二月二十五日是轉捩點，野馬式在當天首度執行護航任務。雖然轟炸機仍持續損失，但此時護航機可以一路和防衛的戰鬥機纏鬥，直抵目標並返航。

熱鬧週

野馬式的第一次作戰與「熱鬧週」（Big Week）同時進行，這是第 8、第 15航空軍以及英國轟炸機司令部，針對德國的飛機工業和法國的 V-1 發射台所進行的協同作戰。盟軍在這場作戰中執行了許多大規模任務，第一個是在二月十九至二十日，最後一次則是在二十五日。盟軍轟炸機的損失相當重，但在可承受的範圍內，而德軍戰鬥機的損失數字則更爲顯著。德軍方面認爲，必須想辦法對付新式護航戰鬥機，而他們也首度關切這對戰鬥機生產作業可能會有相當不利的影響。隨著空襲在四月間持續進行，美軍戰鬥機飛行員變得愈來愈具攻擊性，德軍資深飛行員的損失，也開始成爲一道愈來愈嚴重的傷口。

英國皇家空軍在三月三十至三十一日，於紐倫堡（Nuremberg）上空遭受到目前爲止最爲慘重的損失，但此時戰役的走向有利於盟軍這一邊。爲了準備反攻，盟軍高層下達開始「粉碎」歐洲的命令，多少分散了打擊第三帝國的轟炸機戰力，但一個新目標隨即吸引盟軍的注意力：石油設施。

太平洋的戰略轟炸

一般而言，太平洋的空戰屬於戰術性的海軍作戰，但在戰爭快要結束的時候，戰略轟炸機及時出現

↓1943 年 4 月間，這架美國陸軍航空隊名為「射手路克」（Shoot Luke）的 B-24D 解放者式，正在諾福克（Norfolk）的哈得韋（Hardwick）裝載炸彈，準備進行第二十八次任務。

↑有了 B-29 之後，美國陸軍航空隊就可以把戰爭直接帶到日本本土。這款轟炸機造成了駭人的破壞，特別是在投擲燃燒彈的時候。

→→1945 年 8 月 9 日，一朵蕈狀雲在長崎上空升起；日本再也無法繼續戰鬥，但使用原子彈卻讓世界進入嶄新的冷戰時代。

在戰場上，協助盟軍令讓日本屈服。

一旦能夠在馬里亞納群島上建築適合的機場時，美國陸軍航空隊就開始把 B-29 超級空中堡壘（Superfortress）轟炸機調來。B-29 是一款嶄新的戰機，擁有極大的載彈量，加壓的座艙讓空勤組員可以在高空作戰，並可以在高速下飛越長距離攻擊。儘管日軍發展出許多不擇一切的手段抵擋 B-29，但到最後通常每場都由盟軍超過三百架飛機進行的持續空襲，對日本守軍來說威力過於強大而無法抵擋。

B-29 的第一次攻擊於一九四四年十一月二十四日進行，結果並不成功，但美國陸軍航空隊使用高比例的燃燒彈，在房舍大部分爲木造的日本城市中引發火風暴，隨即讓空襲行動充滿毀滅性。

東京、名古屋、大阪和神戶都遭到嚴重破壞，但由於日軍繼續作戰的意志不變，盟軍因此決定動用終極武器。面對著用燃燒彈將日本城市炸到從地表上消失，以及一九四六年入侵日本本土的計劃估計可能會付出一百萬盟軍性命爲代價的選項，盟國領袖批准對廣島和長崎使用原子彈。

一九四五年八月六日，伊諾拉．蓋（Enola Gay）投下小男孩（Little Boy）原子彈，摧毀了廣島市廣達十二．七平方公里（四．七平方哩）的面積，一口氣炸死七萬人，第二架 B-29 布克座車號（Bock's Car）則在三天後對長崎投下大胖子（Fat Man）原子彈，結果日本就在八月十五日投降。

戰略轟炸結束了太平洋戰區的戰爭，它對於結束歐洲的戰爭的貢獻無可度量。

FU-236
FU-261
FU-251
91276
FU-276
91158
FU-158
USAF

第七章

獨立的年代：

一九四八至一九八八年

一九五〇年六月二十五日，北韓入侵南韓，意欲將兩個國家統一在共產主義的旗幟下。

在柏林以及歐洲其他地方，正當先前齊心協力擊敗納粹德國的西方盟國全神貫注在已經分裂的柏林，以及美蘇關係日益惡化，冷戰在世界的另一邊卻突然變熱。西元一九五〇年六月二十五日，北韓以七個步兵師和一個裝甲師的兵力侵略南韓，其目標是將兩個國家重新統一在共產主義的旗幟下。北韓的推進由蘇聯供應的 La-9 和 Yak-7 活塞發動機式戰鬥機掩護，而在最初的入侵期間，Il-10 對地攻擊機（從戰時的 Il-2 發展出來的型號），則主要用來對南韓的機場進行炸射。

美蘇之間的緊繃僵局是二十世紀後半期世界政軍事務背景，對於全球各個危機和爆發點所產生各種不同的反應方式，實際狀況要依據當時美蘇超級強權之間關係的確切本質，以及屬於任何已知戰區的特殊戰略價值而定。在韓戰（the Korean War）的例子裡，這種回應是由聯合國（United Nation, UN）處理，並在美國的帶領下提升到軍事層次。隨著北韓部隊接受蘇聯的武裝和訓練，還有中國（自一九四九年起被中國共產黨統治）在背後支持，局勢大有升級至全球衝突的風險，但其這依然是一場「有限的戰爭」，而空權在當中扮演主要角色。

聯合國對朝鮮戰略的第一步是協助南韓，在提供的軍事物資當中包括 F-51（也就是先前的 P-51）野馬式（Mustang）。美國空軍的 F-82 雙生野馬式（Twin Mustang）夜間戰鬥機接著於入侵之後，在來自十七個國家的武裝部隊和協同的海空武力部署之前，掩護平民疏散。

聯合國部隊一開始的目標，是將北韓部隊逐出南韓，並使其退回三十八度線後方。第一批投入戰鬥的聯合國飛機，包括從日本基地起飛的美國空軍 F-80 流星式（Shooting Star），而一架由威廉·哈德森（William G. Hudson）和卡爾·佛瑞瑟（Carl Fraser）駕駛的 F-82，於六月二十七日擊落一架北韓的 Yak-9，及時宣稱獲得這場戰爭中的首次空戰勝利。

←←1951 年 6 月時，照片中這些 F-86A 軍刀機隸屬於第 4 戰鬥攔截機大隊，是美國空軍第一個部署到朝鮮的軍刀機單位。1950 年 12 月中時，第336戰鬥攔截機中隊從 K14 空軍基地出發，執行此型戰機在朝鮮的首次任務。

↑1951 年 5 月，南韓空軍的 F-51 野馬式正要起飛準備執行任務。在韓戰期間，南韓空軍唯一的一個中隊（稍後擴充至聯隊），操作美國供應的野馬式，從江陵（Kangnung）的空軍基地起飛，執行戰鬥轟炸任務。

K
25
K
K

↑1948 年，這些 C-47 運輸機正位於柏林的坦普霍夫（Tempelhof）機場上。在韓戰突然爆發之前，西方國家的注意力全集中在另一個冷戰初期一觸即發的危機上：柏林封鎖以及隨之而來的空運補給。

→→戰區中的第一支陸戰隊噴射機中隊是 VMF-331，其配備了 F9F 豹式噴射機，從韓國的陸上基地出發進行對地攻擊任務。注意這些飛機在機翼下掛載的火箭，以及鋪設在地面上做為簡易跑道的穿孔鋼板（Pierced Steel Planking, PSP）。

當北韓部隊向南韓首都漢城逼近時，美軍的航空部隊採取行動，在六月二十七日時日首度從琉球出動 B-29 進行空襲，轟炸鐵路線和橋樑。到了次日，B-26 入侵者式（Intruder）轟炸機也投入戰場，再度從位於日本的基地起飛攻擊漢城附近的目標。在最初幾週的行動中，美國空軍的 B-26 和 B-29 單位，主要是被用來打擊敵軍部隊的集結點和裝甲部隊。

北韓共黨攻勢

到了六月二十九日，漢城已經落入北韓共黨部隊手中，而美軍部隊從七月初起開始投入地面作戰。一開始，空中支援是由美國空軍 F-80 戰鬥轟炸機和美國海軍陸戰隊 F7F 虎貓式（Tigercat）夜間戰鬥機所提供。F-80 最初是從位於日本的基地起飛作戰，並裝備長程油箱，而 F-51 則是以南韓為基地，盡可能貼近戰線。第一批前進部署的 F-51 於七月中旬抵達南韓，他們至少在沒有遭遇敵軍的時候能夠勝任密接空中支援（Close Air Support, CAS）的任務，在打擊北韓軍隊、裝甲部隊和阻絕補給方面，令人留下深刻印象。

在整場戰爭中，密接空中支

援作戰的重點在於與地面部隊間的密切合作，而爲了達成此一目的，就得廣泛地運用搭乘飛機的前進空中管制員（Forward Air Controller, FAC）。這些人員是由美國空軍、美國海軍、美國海軍陸戰隊、英國陸軍和南韓空軍（Republic of Korea Air Force, ROKAF），分別主動提供，但全都共同使用飛行速度緩慢的「觀測機」（spotters），像是 T-6 德州佬（Texan）和 L-19 捕鳥犬式（Bird Dog）。除了美國空軍操作 F-51 進行密接空中支援作戰之外，皇家澳大利亞空軍（Royal Australian Air Force，RAAF）和

朝鮮上空的海軍航空武力

幾乎從一開戰起，美國海軍和英國皇家海軍的航空母艦就積極參與朝鮮的空戰。雖然航空母艦的編組和數量會定期更動，但來自第 77 特遣艦隊〔剛開始由美軍的佛吉谷號（Valley Forge）和英軍的提修斯號（HMS Theseus）編成〕的飛機，將持續執行密接空中支援、防空和偵察工作，直到戰爭結束。

當海軍飛機在 1950 年 7 月 3 日攻擊北韓目標時，海軍噴射機首度在戰爭中登場，執行這次攻擊的噴射機是 F9F 豹式（Panthers）。1950 年 7 月中，聯合國部隊爲了突破釜山口袋，就在航空母艦的支援下，於浦項（Pohang）進行兩棲登陸。

「米格走廊」之戰

1950 年 11 月，共黨的 MiG-15 噴射戰鬥機首度投入戰鬥，挑戰聯合國部隊先前的空中優勢。雖然由魯賽爾．布朗（Russell Brown）駕駛的 F-80，在 11 月 8 日宣稱擊落一架 MiG-15，成爲歷史上第一次噴射機對噴射機的擊殺紀錄，但 MiG-15 在這場衝突接下來的時間裡，都是聯合國部隊的威脅（根據蘇聯的紀錄，第一起「眞正的」噴射機對噴射機擊殺事件，發生在布朗擊落敵機一個星期之前，蘇聯的 MiG-15 擊落了一架 F-80）。

在中共、北韓和蘇聯飛行員的操作下，這款後掠翼的蘇製戰鬥機最初領先了戰場上的聯合國部隊噴射機一個世代：美國空軍的 F-80 和 F-84 雷霆噴射式，還有皇家澳大利亞空軍的流星式，在面對米格機時相當脆弱，因此馬上被降級去執行對地攻擊任務。美國空軍的 RB-54 龍捲風式照相偵察噴射機，在越過邊界確認中國大陸境內的共黨部隊兵力規模時，也會遭遇米格機。隨著聯合國對鴨綠江進行海軍封鎖，航空母艦的下一個目標就是在 11 月摧毀橫跨江面的大橋，而在這些空襲之中，美國海軍的 F9F 和共黨的 MiG-15 戰鬥機因此爆發首波衝突。美國空軍的轟炸機——此時使用原始的導引炸彈以摧毀高價值「硬性」目標——也在白晝空襲中同樣受到米格機攻擊的危險。

在米格機現身之前，聯合國的飛機享有空中優勢，可以隨心所欲地進行阻絕和密接空中支援任務，但從米格機現身開始，當他們在鴨綠江上空作戰時就會持續受到威脅，因此該處馬上就被取了「米格走廊」（MiG Alley）的綽號。解決米格機肆虐問題的方案就是 F-86 軍刀機，這款飛機至少同樣先進，最後將扭轉局面，使空戰變得對聯合國一方有利。面對 MiG-15 製造出令人稱羨的擊殺率，兩者在其他方面可說是勢均力敵，但美國空軍較紮實的訓練是主要優勢。首批 F-86 在 11 月 11 日趕抵戰場，而軍刀機的第一次擊殺發生在 12 月 17 日，布魯斯．欣頓（Bruce H. Hinton）擊落了一架由蘇聯飛行員駕駛的 MiG-15。

南非空軍（South African Air Force, SAAF），也派出他們的野馬式戰機到戰區。

自從八月以後，美國空軍的轟炸機就把作戰重點從戰場轉移到北方的戰略性工業目標，大批飛機的轟炸對該地造成嚴重破壞。當 B-29 無情地打擊工業和基礎設施時，B-26 則主要被用來進行夜間阻絕工作，攻擊軍事補給線和鐵路。一九五〇年八月時，美國海軍陸戰隊的飛機首度投入作戰。一開始 F4U 海盜式（Corsair）和 F7F 負責支援釜山地區的聯合國部隊；美國海軍陸戰隊也在戰爭期間成爲直昇機戰鬥救援的先鋒，一架 HO3S 蜻蜓式（Dragonfly）於八月十日負責首次進行這類空勤人員的救援任務。

隨著聯合國部隊在八月時被北韓部隊逼退至釜山周圍地區時，道格拉斯．麥克阿瑟將軍

（MacArthur）策劃了一場野心勃勃的兩棲登陸作戰，地點是在北韓戰線後方的仁川，離漢城只有三十二公里（十九・八哩），可以切斷共黨部隊的補給線。在艦載機大量使用空投凝固汽油彈和空射火箭的支援下，轟炸機再度重挑戰術支援角色的大樑。九月十五日進行之的仁川登陸是一場巨大勝利；到了九月二十一日時日，聯合國部隊已經抵達漢城，而再次突破釜山口袋的作戰也已發動。

陸戰隊支援

美國海軍陸戰隊在仁川和漢城上空的空戰中扮演關鍵角色，特別是在入侵前「削弱」地面目標，隨著他們的飛機現在從美國海軍的航空母艦甲板上出擊，他們也掩護第一批陸戰隊進入南韓首都。第 77 特遣艦隊（TF-77）的飛機從航空母艦上起飛掩護登陸和緊接著的挺進行動，他們也如同海軍艦砲的直接火力一樣，支援地面部隊。

↓韓戰初期聯合國部隊的司令官麥克阿瑟正在視察鉻鐵作戰鉻鐵行動（Operation Chromite），也就是 1950 年 9 月在仁川進行的兩棲登陸。美國海軍和英國皇家海軍的航空母艦，對此行動提供空中支援。

↑1951 年，B-26 入侵者式進行毀滅性的轟炸。美國空軍的 B-26 從衝突一開始就參與其中，他們剛開始時是從日本的基地起飛，接著在1951 年夏季時，兩個聯隊移防至釜山和鼓山（Kunsan）從事阻絕任務，主要在夜間進行此一任務。

到了十月初時，美軍將領將目標改爲在他們的條件下重新統一兩個韓國。這對中國而言是參戰的信號，因爲中國已承諾：如果美軍部隊越過三十八度線的話，中國將會進行反擊。因此，到了美軍與南韓（Republic of Korea, ROK）部隊正爲爭奪北韓首都平壤而戰的時候，儘管受到負有摧毀鴨綠江上大橋任務的 B-29 注意，中國部隊還是越過了北方的邊界。聯合國部隊的航空母艦試圖對鴨綠江入口進行海軍封鎖，而此舉也牽涉到對該地區北韓機場的攻擊；皇家英國皇家海軍的海狂怒式（Sea Fury）在這段期間內特別活躍。

當聯合國部隊於十月十九日攻佔平壤後，該月底他們就和中國部隊於該月底在邊界上的鴨綠江區域爆發衝突。在此期間，聯合國部隊又發動了另一場登陸戰，這一次是在元山，由美國海軍陸戰隊的單位進行大部分空中支援任務，之後在中國部隊激烈的人海戰術逆襲時也是一樣。然而，中國部隊已經逼迫聯合國部隊向半島南部後撤，到了十二月五日，北韓共黨部隊已經奪回平壤，而聯合國部隊再次退回三十八度線以南，十一月時聯合國部隊在麥克阿瑟主導下重新展開的攻勢已經被共黨部隊瓦解了。

共黨部隊取得了領土，對聯合國部隊來說意味著失去機場，F-86短期內只得撤回日本，而F-84必須承擔攻勢任務。F-84戰鬥轟炸機已在十二月時投入戰場，載彈量比F-80更大，因爲它的設計原本不是被設計用來進行攻勢任務。其

↓1950年10月，美國海軍VA-55中隊的道格拉斯（Douglas）天襲者式，在北韓境內對目標進行空對地火箭攻擊。VA-55中隊操作戰功彪炳的「萬能小狗」（Able Dog）AD-2型，是美國海軍首批駐防南韓的中隊之一，此型機的原型機於1945年3月進行首次試飛。

一九五一年：從談判到僵局

早在 1950 年夏季，聯合國就已開始爲朝鮮半島衝突尋求解決方案，但雙方還要經過兩年的時間才會在聯合國斡旋下簽署休戰協定。在此期間，空中武力被用來逼迫共黨部隊上談判桌。

聯合國部隊在 1951 年 6 月攻佔平壤，使得停火談判可以在 7 月開始進行。聯合國部隊的對地攻擊機持續打擊中共部隊的補給線，並在 1951 下半年進行協調的攻擊，以破壞鐵路網，但對戰爭的進程並沒有造成顯著衝擊，而當他們在鴨綠江一帶作戰時，也愈來愈常被米格機騷擾。

儘管如此，聯合國部隊在進入第二年後，仍繼續進行空中阻絕作戰，B-26 從 1951 年 8 月起開始駐防南韓而不是日本，並持續在夜間進行打擊運輸車隊的任務。1951 年 9 月，抵達戰場的 HRS-1，使美國海軍陸戰隊可以開始運用直昇機，進行有史以來第一次持續的部隊運輸作業。10 月 23 日，雙方在北韓機場上空爆發一場大規模空戰，一支由 B-29 和護航戰鬥機組成的部隊遭遇了大批米格機，結果聯合國方面損失慘重，導致日後 B-29 都只在夜間進行空襲。這個月裡另一次卓越的作戰是 10 月 20 日在平壤以北進行，在這次作戰中，C-47 空中列車式和 C-119 飛行貨車式（Flying Boxcar）空投傘兵部隊，成功地切斷共黨部隊通往這座城市的補給線，是戰爭中首次大規模空中突擊。

間，活塞式發動機的攻擊機，實際上已經因爲米格 15（MiG-15）出現在戰場上，而顯得過於脆弱，至少是在日間飛行的時候。

爲了報復，聯合國軍將持續進行的轟炸摧毀了共黨部隊在北韓境內的機場，而米格機就得躲在鴨綠江以北的基地以保障安全。改良型的 MiG-15bis 在戰場上空現身，促使美國空軍投入最新型的 F-86E 至戰區內，此舉立即獲得成功。在此期間，一個使軍刀式（Sabre）具備偵察能力的應急方案便是 RF-86A，而這些飛機證明比先前用來擔任此一角色的 RF-51A、RF-80 和 RB-26 26，更容易存活下來。

另一項投入這場戰爭的新武器，是海軍的 F2H 女妖式（Banshee）噴射戰鬥機，它從一九五〇年秋季開始抵達戰場，以補 F9F 的不足；從一九五〇年十二月開始，美國海軍陸戰隊也開始在戰區中操作 F9F 噴射戰機。

十二月底，中國部隊越過三十八度線，大有於一九五一年一月展開一波新攻勢的意味，並準備充分利用壓倒性的數量優勢。在作戰過程中，中共部隊於一月四日再度攻佔漢城，之後沿著水原至原州一線，對抗聯合國部隊。然而中共部隊的收獲只是曇花一現，到了三月聯合國部隊就收復漢城，並在該月月底前再次越過三十八度線。

四月時，由於聯合國方面在這場衝突中的行動進度緩慢，在美國國內一片挫敗的氣氛中，馬修·李奇威將軍（Matthew Ridgway）取代了麥克阿瑟。

窒息行動

共黨部隊的春季攻勢再度扭轉了戰爭的潮流，聯合國部隊又被迫退回漢城北方的陣地。差不多在同一時間，聯合國部隊展開窒息行動（Operation Strangle），由美國空軍、海軍陸戰隊和海軍的飛機，聯手擾亂從中國境內出發的共黨部隊補給線。在美國海軍方面，F9F 和天襲者式（AD Skyraider）在阻絕作戰中特別活躍，後者於五月一日時日對華川的水壩進行傑出的襲擊。

比窒息行動更成功的，是 F-86 飛行員詹姆士·賈巴拉（James J. Jabara）的生涯。一九五一年五月二十一日時日，他擊落了兩架 MiG-15，這是他的第四和第五個戰果，使他成為世界上第一個噴射機王牌飛行員。儘管聯合國部隊方面的擊墜數愈來愈多，共黨部隊的 MiG-15 在某種程度上仍握有王牌——他們在中國大陸的基地，位於聯合國航空部隊作戰範圍以外，他們可以利用此一優勢越過邊界來發動「打帶跑」攻擊，並且傾向留在高空，目的是以便在攻擊 F-86 的時候，利用速度來俯衝。

共黨部隊的另一項計劃，是被稱為「晚點名查理」（Bedcheck Charlie）的夜間騷擾攻擊，由 Po-2 雙翼機和 Yak-18 教練機對美軍機場進行騷擾攻擊；反制「晚點名查理」的一種方法是 F-94 噴射夜間戰鬥機，不過從陸上基地起飛的陸戰隊配備雷達的活塞發動

↓韓戰是第一場大規模運用直昇機進行部隊運輸任務的戰爭。在可用的旋翼機（rotorcraft）當中，性能最佳的就是美國海軍陸戰隊操作之 HRS-1，該機於 1951 年 9 月首度出現在戰場上。

共和公司 F-84 雷霆噴射式

一般資訊

型式：戰鬥轟炸機

動力來源：1 具 24.7 仟牛頓（kN）（推力 5650 磅）萊特 J-65-A-29 渦輪噴射引擎

作戰高度：12353 公尺（40500 呎）

重量：最大起飛重量：12701 公斤（28000 千磅）

武裝：6 挺12.7 公釐（0.5 吋）伯朗寧 M3 機槍；外掛重量可達1814 公斤（4000 磅）

尺寸：

翼展：11.05 公尺（36 呎 4 吋）

長度：11.71 公尺（38 呎 5 吋）

高度：3.90 公尺（12 呎 10 吋）

翼面積：24 平方公尺（260 平方呎）

→→英國參與韓戰的兵力包括第 800 中隊的海火式，圖為韓戰爆發前該單位在地中海執行勤務。該單位連同第 827 中隊的費里（Fairey）螢火蟲式都以第一艘被部署至戰區的英國皇家海軍航空母艦凱旋號（HMS Triumph）為基地。

機 F4U-5N 海盜式，證明是更有效的解決方案。正因如此，一名駕駛 F4U-5N 執行此項任務的美國海軍飛行員，成爲該軍種在這場衝突中唯一的王牌飛行員。

一九五二年一月雙方政治談判破裂，聯合國在下一個二月重新展開的用 B-29 針對橋樑空襲的步調變快就是對談判破裂此的反應。聯合國部隊的海軍飛機發動月光奏鳴曲行動（Operation Moonlight Sonata），在一九五二年初進行夜間攻擊，獲得了有限的成功。

戰略空襲

到了六月時，聯合國部隊展開一場大規模空中作戰，在七月和八月對平壤的大規模轟炸前進行，目標是北韓的機場和水電設施。這次空中作戰對電力系統的襲擊非常成功，造成工業生產中斷，並摧毀了北韓大部分的高壓輸電線路網。這些經過仔細策劃的攻擊，主要是由 F-80 和 F-84 進行，而 F-86 則在上空進行掩護，以抵擋前來干擾的米格機。美國海軍也投入大量飛機參與此一行動，在航空母艦飛機承擔的攻擊任務中，天襲者式戰機可說是打擊主力，其他地面目標則由美國海軍陸戰隊的F4U、多種美國海軍飛機和空軍的F-51負責掃蕩；海軍陸戰隊的飛機，也積極參與對水壩和平壤的空襲。

到了七月時，決定性的軍刀機F-86F被部署到戰場上，此型戰機

參與戰鬥的美國海軍戰鬥機

1952年10月，美國海軍的F9F豹式在海參崴地區和蘇聯空軍的MiG-15交戰，並宣稱至少擊落一架蘇軍戰鬥機，聯合國經歷了一次重大的外交危機。在下一個月裡，美國海軍陸戰隊的F3D空中騎士（Skyknight）噴射夜間戰鬥機抵達戰場，並在一些對米格機的戰鬥中獲勝。

↑海軍的 F4U 結束朝鮮半島上空的任務後，準備在拳師號（Boxer）上降落；這艘航空母艦正在進行 F9F 豹式的起飛程序，由盤旋在艦島上方值班的 HO3S 直昇機監督，以確保作業順利。

擁有更強的動力，以及為了適應高空機動性而最終重新進行設計的機翼。同時，而共黨部隊和聯合國部隊的空軍，從一九五二年春季起，都開始在空戰中使用地面管制攔截雷達。

聯合國部隊用來對付 MiG-15 數量優勢最成功的手段當中，有一種是對鴨綠江周圍目標進行轟炸的作戰，其效果是吸引米格機降至低空進行戰鬥，果眞有許多架米格機被 F-86 擊落。

然而在這塊地區中，聯合國部隊的航空兵力持續快速地現代化，美國空軍最後一批 F-51 終於在一九五三年一月撤出，而在接下來的三月，戰區中最後一批 F-80 也被 F-86 取代。在雙方談判中，聯合國認為中國大陸在接下來的幾個月裡把空中武力拿來做為幕後操縱工具，因而維持其強硬路線。五月時，聯合國部隊對北韓的灌溉設施進行空襲，雖然這些襲擊的功勞就是加快和平談判結果的出現，但還是帶來了許多不同的結果。在此期間，B-29 對機場的攻擊幾乎是從一九五二年下半年以來最頻繁的，且為了談判的持續而不斷增強，然而對中國的攻擊，並不足以防止她在一九五三年六月時，發動最後一

←←在朝鮮半島，傘兵部隊從 C-119 運輸機上跳下。這場戰爭中的第一次空降作戰於 1950 年 10 月進行，精銳的美軍第 187 團級戰鬥群（Regimental Combat Team），成功地在平壤以北進行部署。

馬來亞的「全心全意」

「全心全意」(Hearts and Mids)作戰目標,是消滅對馬來亞當地居民間共黨份子的支援,當局廣泛使用包括奧司特式和達科塔式在內的飛機,進行空投傳單和廣播訊息的任務。爲了進行醫療後送作業,當局也迅即取得直昇機,首先是1950年時採用蜻蜓式,之後是西克莫式和旋風式。機體較大的旋風式也也能夠扮演直昇機突擊的角色,但較小的旋翼機也被用來運輸部隊,並和奧司特式一起噴灑落葉劑。短場起降(short take-off and landing, STOL)的先鋒式(Pioneer),也證明能夠在叢林的臨時機場內作業,扮演和直昇機類似的部隊運輸角色。

馬來亞綏靖作戰實際上在1954年時劃下句點,而馬來西亞接著在1957年時獲得獨立,但衝突一直要到1960年才正式結束,到了那時,勇敢式、火神式(Vulcan)還有皇家澳大利亞空軍的軍刀機,都已經被部署至戰區內以展現實力,後者是這場衝突中最先進的戰鬥機。

場地面攻勢。

七月二十七日,雙方簽署停火協議,不過北韓和南韓實際上仍處於交戰狀態,在接下來的幾年裡,雙方的飛機依然在邊界和海岸線上爆發間歇性衝突。

殖民地衝突

在第二次世界大戰結束後接下來的幾年內,英國涉入了數場殖民地的危機。這些緊急狀況有時候是緊接著在上一場戰爭之後,遺留下來之權力眞空的結果,此一狀態創造了親共組織運動在當中可以成長茁壯的條件。此外,大英帝國在壓制各地民族獨立運動或反殖民議案時,埋下了潛在的衝突點。在叛亂份子活動的地方,英國政府往往動用某種程度的空中武力,以解決問題並穩定局勢,並且在過程中建立運用空中武力反制暴動(counter-insurgency, COIN)的基礎。

→→早在1953年年初,皇家空軍可短場起降的先鋒式就已部署至戰區,在進行對馬來亞叢林中孤立據點的補給行動時相當有價値,也證明了比起進行這類任務的直昇機可靠得多。

在遠東地區,馬來亞(Malaya)自第二次世界大戰結束時,依然在英國的控制下。但到了一九四八年,引發關切的不是民族主義反殖民份子而是當地共黨活動,特別是在大批華裔人口之中已經獲得相當多支持。在第二次世界大戰期間由英軍武裝並補給的軍事組織,已經準備好要進行游擊戰。

一九四八年時,情況變得愈來愈緊急,英國當局於是發動柴架行動(Operation Firedog)加以對抗。當游擊隊將他們的戰爭擴及平民人口時,英國皇家空軍(Royal Air Force, RAF)——最後由皇家澳大利亞空軍和皇家紐西蘭空軍(Royal New Zealand Air Force, RNZAF)共同支援——攻擊共黨份子的叢林據點,剛開始時是使用噴火式(Spitfire)和標緻戰士(Beaufighter)等軍機戰機。從一九四九年起,情報工作的改善,使英國當局可以進行更大規模的襲擊,並再度使用噴火式和標緻戰士進行攻擊,加上偶爾部署桑德蘭式(Sunderland)飛艇執行攻勢任務,否則的話或便是賦予其海上巡邏的任務;在同一年,暴風式(Tempest)戰機和從凱旋號(HMS Triumph)上起飛的艦載海火式（Seafire）戰機與螢火蟲式（Firefly）戰機，提供了進一步支援，之後山賊式（Brigand）對地攻擊機抵達當地，接著在一九五一年時吸血鬼式（Vampire）戰機就登場了，這是該戰區第一款出現的噴射機。同一時間，暴風式被雙引擎的黃蜂式（Hornet）戰機取代，持續進行對地攻擊任務，一直到一九五〇年代中期，才被毒液式（Venom）噴射戰鬥轟炸機取代。

除了攻擊特定的游擊隊營地之外，皇家英國皇家空軍也從事轟炸大範圍叢林地區的任務，力求肅清共黨份子並削弱其決心。此種「地毯式轟炸」任務，首先由蘭開斯特

土耳其入侵塞浦路斯

在希臘與土耳其於塞浦路斯（Cyprus）獨立戰爭中戰鬥的十年之後，塞浦路斯的一場政變又再度使這座島嶼陷入戰火之中，土耳其部隊便於 1974 年 7 月入侵。土軍部隊發動聯合兵種作戰，由 C-47 和運輸聯盟運輸機空投傘兵，並同時派遣部隊進行兩棲登陸，土耳其空軍的 F-100 超級軍刀式和 F-104 星式（Starfighter）戰鬥機等戰鬥轟炸機，也攻擊各軍事目標，還在一場友軍誤擊事件中擊沈一艘土耳其驅逐艦。土軍部隊在集中軍力攻打尼古西亞後，便將注意力轉移至法瑪古斯塔（Famagusta），派出 F-100 空襲該地，接著等到停火協議於 8 月生效後，塞浦路斯就被分成希裔區和土裔區。

↑在對游擊隊作戰期間，一架英國皇家空軍運輸司令部第 66 中隊的觀景臺式，正從婆羅洲一處叢林空地起飛，下方為一架英國皇家海軍用來搭載突擊隊員的威塞克斯式 HU.Mk 5 直昇機，是從阿爾比恩號飛來此地的。

（Lancaster）轟炸機執行，接著是林肯式（Lincoln）從一九五〇年起接手，最後是由噴射動力的坎培拉式（Canberra）戰機自一九五五年開始承擔此類行動。至於照相偵察工作，英國皇家空軍則先指派噴火式和蚊式（Mosquito）戰機進行，稍後則是坎培拉式，而在一九五四年皇家英國皇家空軍噴火式的最後一次作戰出擊，就是執行此一任務。

除了空中轟炸和對地攻擊外——這類任務時常運用搭乘奧司特式機（Auster）機的前進空中管制員支援——飛機也被用來在叢林中進行「搜索與摧毀」任務。在這類行動中，共黨份子遭遇由婆羅洲原住民迪亞克族（Dyak）追蹤員率領的小股部隊。達科塔式（Dakota）和之後的維雷塔式（Valettas），因此被用來空投補給品給攻擊隊伍，偶爾也會空投特殊的傘兵部隊。之後從一九五〇年代末期開始，英國當局部署的運輸機還包括了黑斯廷式（Hastings）和比佛利式（Beverley）。

在馬來亞綏靖行動（Malayan Emergency）結束的兩年之後，英國注意力的焦點就轉向婆羅洲，印尼－馬來西亞爲此地對抗，這兩國在此過程中均宣稱擁有對該島的主權。印尼本身在聯合國和美國的支持下，已經於一九五〇年獲得荷蘭人承認其獨立地位。當英國希望將婆羅洲的北部省分，統一在一個範圍較大的馬來西亞聯邦底下時，印尼對此表達表示反對，尋求將該島併入其「帝國」統轄之下，並主張馬來西亞聯邦的組成，只不過是英國殖民主義在該區域的延續。

印尼的動盪

印尼邊境衝突於一九六二至一九六六年發生，這是一場由破壞和滲透人員發動的小規模的戰役，焦點在於印尼控制的加里曼丹（Kalimantan）和婆羅洲北部省份分：獨立的汶萊（Burnei），以及英國殖民地沙勞越（Sarawak）和英屬北婆羅洲間的邊界上。來自印尼加里曼丹省的游擊隊，首

↓一架隸屬於英國皇家空軍遠東空軍第 20 中隊的獵人式 FGA.Mk9 對地攻擊機，正沿著馬來亞的海岸線巡邏，從圖中可以見到其配備翼下火箭發射架。此款飛機被用來打擊島上的印尼部隊。

↑1956 年 11 月 5 日，蘇伊士運河作戰期間，法國空軍的諾哈特拉運輸機，在福阿德港（Fuad）空投了第 2 殖民地傘兵團（2nd Régiment de Parachutiste Coloniaux）的五百名官兵，而由該團另外四百五十名官兵組成的第二波兵力則緊跟在其後空降。

先在一九六二年對汶萊發動攻擊，英國從新加坡派出廓爾喀（Gurkha）部隊以恢復秩序，而這些部隊最初是搭乘比佛利式和大不列顛式（Britannia）運輸機飛入戰區。當靠近戰線的時候，部隊則改搭乘雙引擎先鋒式（Twin Pioneer）短場起降運輸機和觀景臺式（Belvedere）直昇機移動，而獵人式（Huntcr）和坎培拉式戰機，則用來進行對地攻擊和密接空中支援的工作。更多的英國和大英國協部隊則搭乘皇家英國皇家空軍、皇家澳大利亞空軍和皇家紐西蘭空軍的運輸機，以及從航空母艦阿爾比恩號（HMS Albion）起飛的旋風式（Whirlwind）和威塞克斯式（Wessex）直昇機增援。

印尼煽動的叛亂剛開始時是以汶萊爲目標，結果被成功地鎮壓，但叛亂於一九六三年再度擴散，並與同一年馬來西亞聯邦的正突然變成跨越邊界襲擊的持久戰役。這新一波的暴力衝突一開始是以印尼挑起印尼和沙勞越邊界進行攻擊的形式發生，接著便派部隊平亂，而他們就搭乘旋風式、西克莫式（Sycamore）和觀景臺式直昇機，也搭乘黑斯廷式和大船式（Argosy）運輸機投入戰鬥。

當印尼持續進行小規模攻擊時，皇家英國皇家空軍派出標槍式（Javelin）全天候戰鬥機和獵人式對地攻擊機至到這座島上，以阻止印尼 B-25 和 P-51 的襲擊。在一九六四年時一次對婆羅洲北部加拉巴干（Kalabakan）的突擊後，英國當局進一步派出援軍，由馬來西亞的運輸機協助運抵這塊區域。其間，印尼重新裝備了蘇聯供應之的 Il-28 和 Tu-16 轟炸機，以及 MiG-17 與 MiG-19 戰鬥機，導致皇家英國皇家空軍部署更多標槍式戰鬥機至此地，以擔任防禦工作。

另一個負面發展是印尼正規軍的出現，這算是一九六四年時衝突升級的一部分，在這當中甚至還包括派出 C-130 運輸機空投傘兵部隊。印尼部隊也發動了許多兩棲襲擊攻擊西馬來西亞，但全都同樣地在英國和大英國協部隊的協助下被消滅。

英國當局採取的另一種反制辦法，是由英國皇家空軍出動獵人式機，以印尼部隊爲目標進行對地攻擊。爲了強化婆羅洲北部的空防，以對抗印尼的進一步襲擊，英國皇家海軍的塘鵝式（Gannet）空中預警機被賦予監視空域的任務，且當局也派出更多的標槍式戰機。英國皇家空軍的流星式（Meteor）戰機則在新加坡警戒，皇家澳大利亞空

↓T-28 耳廓狐式是北美佬公司 T-28 特洛伊式（Trojan）的法國衍生版本，並為了符合1950年代末期在阿爾及利亞沙漠進行反叛亂作戰的要求而加以修改；從圖中可見到其在翼下加掛機槍莢艙。

霍克海鷹式

類型：單座艦載戰鬥轟炸機
動力來源：1 具 23.1 仟牛頓（推力 5200 磅）勞斯萊斯夏威夷雁（Nene）渦輪噴射引擎
最高速度：每小時 939 公里（587 哩）
作戰高度：13560 公尺（44500 呎）
重量：最大起飛重量：7355 公斤（16200 磅）
武裝：機首裝有 4 門 20 公釐口徑西斯帕諾機砲；機翼下掛點可加掛 2 枚 227公斤（500 磅）炸彈。

尺寸
翼展：11.89 公尺（39 呎）
長度：12.09 公尺（39 呎 8 吋）
高度：2.64 公尺（8 呎 8 吋）
翼面積：25.83 平方公尺（278 平方呎）

軍的軍刀機則在馬來西亞警戒，此外也部署額外的坎培拉式做爲嚇阻角色。獵人式和坎培拉式隨即投入行動，肅清了印尼滲透份子，但儘管如此，其空防還是不足以防止印尼方面派出第二次世界大戰時期的 B-25 和 B-26 轟炸機進行小規模空襲。

跨邊界襲擊

如同在馬來西亞一樣，英國皇家空軍也轉向採行取心戰策略，運用黑斯廷式和大船式運輸機，以嘗試並扭轉印尼入侵行動的走向。且英國從一九六五年起開始越過邊界進入印尼，發動自己的跨邊界襲擊，結果叛亂份子的活動頻率降低，他們被迫放棄大部分針對邊界上的英國和馬來西亞基地的攻擊，並改採守勢。一九六五年時，印尼發生政變，這是印尼對抗結束的開始，接著襲擊馬上開始減少；一九六六年時，印尼和馬來西亞簽訂和平條約，馬來西亞境內的衝突正式結束。

在賽浦路斯（Cyprus）的殖民地方面，英國當局面對大多數希裔賽浦路斯人正推動與希臘統一，並從一九五五年起開始展開武裝作戰以推行這項運動的局勢。當局的回應是宣佈進入緊急狀態，並派遣英軍進駐，配合使用西克莫式直昇機和奧司特式觀測機，之後還有先鋒式短場起降運輸機以和陸軍合作。從一九五六年起，旋風式直昇機被用來載運部隊進行機動作戰，以圍捕敵方戰鬥人員，而皇家英國皇家海軍的海毒液式（Sea Venom）戰機，也在一九五八年時執行有限度的對地攻擊任務。緊急狀態於一年後結束，但在對付恐怖份子的行動中，直昇機再一次展現出自身的價值。

一九六〇年時，賽浦路斯宣佈獨立，可想而知希臘和土耳其派系間的暴力衝突必然隨之而來。英國部隊在聯合國恢復和平的授權下相當活躍，而奧司特式和旋風式戰機又再一次證明在執行維持和平任務時相當有用。一九六四年時，土耳其空軍開始參與衝突，F-84 雷霆噴射式（Thunderjet）和 F-100 超級軍刀式（Super Sabre）戰鬥轟炸機，攻擊了塞浦路斯首都尼古西亞（Nicosia）附近的目標。

蘇伊士運河危機

一九五六年的蘇伊士運河危機（Suez Crisis），描繪出英國和法國介入全球事務，但最後卻以災難收場的過程。在這場衝突中，制空權從頭到尾都扮演了重要角色。蘇伊士運河危機的起點是阿拉伯封鎖以色列，並關閉蘇伊士運河以切斷以色列的航運。在西方國家充滿敵意的反應中，埃及領導人納瑟上校

↓法國空軍在阿爾及利亞部署的另一款高性能戰鬥機，是 F-100 超級軍刀式。自一 1959 年起，這些飛機就直接從法國境內理姆斯（Rheims）的基地起飛並攻擊目標，中途只在伊斯特埃（Istres）短暫停留。

→一架法國海軍航空隊的 F4U-7 海盜式，正在一艘法國航空母艦的甲板上，該機隸屬於第 14 小隊。1956 年時，法軍有兩艘航空母艦〔阿侯孟許號（Arromanches）和拉法葉號（La Fayette）〕被部署至蘇伊士運河，海盜式機為攻佔埃及關鍵據點的地面部隊提供密接支援。

6

葡萄牙人在非洲

葡萄牙在歐洲有幾塊殖民地，當中的兩個：安哥拉和莫三比克，都是在血腥的獨立鬥爭之後，由馬克思主義份子取得政權。

早在 1960 年時，葡萄牙在非洲的殖民地就開始起而反抗，第一個透過暴力鬥爭方式來推動獨立的是葡屬幾內亞（Guinea），時間是從 1959 年起，並且自 1963 年開始，對葡萄牙軍事設施進行協調的攻擊，因此葡萄牙在當地運用空中武力應付這些叛亂，T-6 和 F-84G 被用來打擊地面上的叛軍，獲得些許成功。

（Nasser）在七月宣佈，將會把蘇伊士運河收歸國有；由於商業利益危在旦夕，英國和法國準備與以色列聯合進行軍事行動。此一行動的中心是對塞得港（Port Said）進行海軍和空降聯合突擊，以色列部隊將事先進入西奈（Sinai），並率先抵達運河區，從而進而使英法聯軍的突然出現能夠正當化。

從十月三十一日起，英國皇家空軍開始對埃及的機場展開轟炸，坎培拉式和勇敢式（Valiant）戰機試圖在第一個晚上就把埃及空軍殲滅於地面上，接著由法軍 RF-84F 和皇家英國皇家空軍坎培拉式執行的偵察任務顯示戰果相當有限，於是法軍的 F-84F 就奉命前來炸毀停放在地面上逃過一劫的 Il-28 戰機。英國皇家空軍的獵人式和更多的 F-84F 戰機，之後便接著在十一月一日進行空襲。

英國皇家海軍的航空母艦就戰鬥位置後，使得海鷹式（Sea Hawk）和海毒液式可以在作戰焦點轉向埃及地面部隊前，繼續進行反機場攻擊。埃及部隊在十一月二日遭遇英國皇家空軍的毒液式和飛龍式（Wyvern）攻擊機攻擊。法國的航空母艦在同一天投入戰鬥，F4U 擔負海軍航空（Aéronavale）對地攻擊作戰的主力。下一個階段從十一月三日展開，聯軍空中攻擊的目標更逼近蘇伊士運河區本身，而突擊的最後準備則在十一月四日進行，由航空母艦上起飛的英國皇家海軍飛機執行了更多任務。

十一月五日，黑斯廷式和維雷塔式運輸機運載英國傘兵部隊，空投在蘇伊士運河區上，之後在空中掩護下攻佔加米爾機場（Gamil）。英國皇家海軍飛機使用「計程車招呼站」（cab rank）戰術，使飛機隨時保持在戰鬥位置上。法軍傘兵部隊則在同一時間搭乘 C-47 和諾哈特拉（Noratlas）運輸機進行跳傘，也攻佔了他們的目標，包括重要的橋樑，隨後數小群法軍傘兵部隊在 F4U 的支援下，奪得了佛得港（Port Faud）。

一九五六年十一月六日，海軍對蘇伊士運河展開突擊行動，英軍部隊登陸塞得港，而法軍部隊也抵達佛得港，兩國的軍隊都獲得更多「計程車招呼站」的空中支援。有更多部隊透過搭乘直昇機的突擊行動抵達，旋風式和西克莫式直昇機從海洋號（HMS Ocean）上起飛，這代表旋翼機首次以如此方式、或是以如此龐大的規模的進行運用，行動結果相當成功。儘管在軍事上

阿利塔里亞 G.91

一般資訊

型式：單座戰鬥轟炸機

乘員：1 人

動力來源：1 具 22.2 仟牛頓（推力每平方呎 500 磅）布里斯托－席得雷（Siddeley）奧菲斯（Orpheus）803 渦輪噴射引擎

最高速度：每小時 1075 公里（668 哩）

作戰高度：13100 公尺（43000 呎）

重量：最大起飛重量：5500 公斤（12100 磅）

武裝：4 挺 12.7 公釐（0.5 吋）口徑 M2 伯朗寧機槍；500 公斤（1100 磅）炸彈。

尺寸：

翼展：8.56 公尺（28 呎 1 吋）

長度：10.3 公尺（33 呎 9 吋）

高度：4 公尺（13 呎 1 吋）

翼面積：16.4 平方公尺（177 平方呎）

獲得成功，英軍和法軍部隊包圍了塞得港，但攻佔整條蘇伊士運河的可能性，使得此次介入招致美國和蘇聯的批評，隨即導致一個令人尷尬的讓步結果，因此停火協議於十一月七日生效。聯合國進入蘇伊士運河區，英國和法國在中東的威望因而一落千丈。

隨著國家解放陣線（Front de Libération Nationale）的武裝組織於一九五四年建立，法國殖民地阿爾及利亞（Algeria）境內的武裝團體從，從一九五〇年代初期起開始尋求獨立。法國人意圖鎮壓北非的反殖民主義叛亂，但於剛開始時在該區域只有相當有限可使用的航空武力相當有限可使用：主要是西北風（Mistral）噴射戰鬥機、法國海軍的 F4U 海盜式和各式各樣的運輸和支援機種，；但當中沒有哪一種符合反叛亂作戰的要求。法國方面的反應，是迅速發展出適用於現

有輕型機和教練機的改裝，使其適合進行反叛亂任務，在當中 T-6 德州佬／哈佛式（Havard），是第一款被推上火線的機種。

有影響力的準則

在法國的領導下，像是 T-6 和 T-28 等飛機，在鎮壓非洲和其他地方的叛亂行動過程中大出鋒頭，而法國地面部隊和航空部隊之間的通訊和密切合作的運用方式也極具影響力。然而在阿爾及利亞，較不為人所知的是一九五五年時，摩哈尼－索尼爾（Morane-Saulnier）的 MS.500〔從德國戰時的費瑟勒（Fieseler）Fi-156發展而來的機型〕以及 MS.733，是首款被反游擊隊作戰單位指定使用的飛機，到了一九五六年時則改為 T-6，接著則是西帕（Sipa）S.111/S.12〔源自於阿拉度（Arado）Ar-39 的設計〕。法軍早期的成功在於把大部分叛軍都趕入山地和城市當中，因此大部分的空中活動都把焦點放在都會區。

當毛利斯．雪勒將軍（Maurice Chelle）在一九五九年被指派擔任阿爾及利亞境內的法軍

←←在莫三比克一處部落作戰期間，葡萄牙傘兵正從搭乘的雲雀 III 型下機。由於當局在納卡拉（Nacala）設有大型基地，直昇機時常被用來載運部隊鎮壓騷亂地點的游擊隊活動。

↓在安哥拉，一名戰車車長正看著一架雲雀 III 型支援地面攻勢行動。在非洲，雲雀系列直昇機往往成為鎮壓各式各樣叛亂活動的主力機種。

安哥拉的空戰

在安哥拉，葡萄牙當局必須對抗走馬克思主義路線的安哥拉人民解放運動以及其他反殖民團體，並於 1959 年時派遣 C-47 和 PV-2 魚叉式（Harpoon）支援陸軍鎮壓叛亂。由於缺乏裝備，葡萄牙方面利用民用的畢琪（Beech）18 型和 DC-3 做爲臨時的轟炸機，而派普（Piper）的小子式（Cub） 和其他輕型飛機，則被當成簡易的對地攻擊機使用。

1961 年時，葡萄牙開始將 F-84G 投入衝突中，再加上 PV-2，全都被廣泛用於攻擊叛軍。同一年，C-47 也開始空投傘兵，但美國的封鎖限制葡萄牙當局取得攻擊性飛行器。儘管有這些限制，葡萄牙還是在 1965 年設法取得一些 B-26，以彌補 F-84G 損耗，而雲雀 II 型、DC-6、Do-27 和諾哈特拉也抵達當地，強化運輸機隊的實力。諾哈特拉隨即開始從事空投傘兵的任務，而葡軍地面部隊也試圖包圍叛軍，B-26、T-6 和 Do-27 就攻擊地面目標。雖然當局還一併進行了化學戰（Defoliation Effort）和居民重新安置作業，但到了 1972 年安哥拉人民解放運動已經有所斬獲，葡萄牙人只能維持現有空中攻擊的步調。1972 年時，當局將 G.91R 從莫三比克調來增援，並從同一時間開始更常派出直昇機載部隊前往偏遠戰區，先是用較大型的雲雀 III 型，最後則是美洲獅式。

→→1961 年時，安哥拉部隊官兵正在檢查葡萄牙空軍（FAP）投擲的凝固汽油彈殘骸。葡萄牙空軍在戰役初期的活動，包括大量使用凝固汽油彈和殺傷彈攻擊登博斯（Dembos）山區的陣地。

司令時，他確保了由在法軍中被稱爲耳廓狐（Fennec）的 T-28 取代老舊的 T-6。在雪勒的掌控下，法軍改變戰術並採取攻勢，進行較大規模的作戰，目標就是殲滅叛軍。法國在空中作戰中投入了配備 B-26 入侵者的轟炸機單位，以及天襲者式對地攻擊機，也可見到定翼機（fixed-wing aircraft）和直昇機機載部隊間的相互合作。

阿爾及利亞衝突，是首場將直昇機大量用於部隊運輸和突擊任務的衝突之一，最初的裝備包括貝爾（Bell）47G 和 H-19，於一九五五年時部署使用。S-55 和雙旋翼的 H-21 更有能力勝任突擊任務，他們在一九五七年時出現在戰場上，而前者也被改裝爲砲艇機使用。

雖然在雪勒的指揮下，很明顯地法軍的作戰相當成功，但法國再也無法持續將資源投入阿爾及利亞的戰爭中。儘管法軍在這場戰爭中導入了超音速噴射機（也就是 F-100，其從一九五九年起開始服役，從法國境內的基地起飛出擊），但法國最終還是在一九六二年時，接受關於阿爾及利亞獨立的條件。

法軍其他的行動

阿爾及利亞戰爭的結束，並不代表法國在非洲的軍事行動就此劃上句點，在接下來的幾年內，法軍的空中武力從一九六八年起，經常應要求介入查德（Chad）內戰及隨之而來的紛爭，從一九七七年起也開始支援摩洛哥（Morocco）對抗波里沙利歐陣線（Polisario Front）〔譯註：此組織全稱爲薩基亞阿姆拉和里奧德奧羅人民解放陣線（Frente Popular de Liberación de Saguía el Hamra y Río de Oro），又可稱爲西撒哈拉人民解放陣線，該組織的目標爲爭取西撒哈拉地區的獨立〕，還在一九七

灌木戰爭的背景

葡萄牙在幾內亞、安哥拉和莫三比克的武裝戰鬥一直持續進行，直到 1974年的葡萄牙革命，才使這個國家在非洲的軍事冒險實際畫下句點。幾內亞比索（Guinea-Bissau）於同年獲准獨立。1975 年時，安哥拉和莫三比克同樣獲得獨立，但獨立並未結束這些國家的衝突，而美國也開始介入安哥拉當地的局勢，以對抗古巴的影響力。

當古巴爲安哥拉執政的安哥拉人民解放運動提供軍事援助時，美國就支持安哥拉民族解放陣線（Frente Nacional de Libertação de Angola, FNLA），南非則支持安哥拉完全獨立國家聯盟。反安哥拉人民解放運動的派系首先取得的「軍機」是輕型機，包括派普的阿茲特克式（Aztec）和各式各樣的西斯納小飛機，再加上兩架 F.27 客機，這些機群還得到薩伊的 C-130 和 DC-4 的支援，被用來運輸部隊和物資。不久之後，南非空軍的 C-130 也運來軍火和部隊，美洲獅式直昇機和西斯納 185 型則用來進行連絡工作。

→→圖為超級行動結束後的血腥場景。南非為了打擊納米比亞人民解放軍位於坎貝諾（Cambeno）的基地，於 1982 年 3 月 13 日發動了一場深入納米比亞的跨邊界襲擊行動，也就是超級行動（Operation Super），據報南非部隊擊斃二百零一名游擊隊員，本身則只有三名士兵陣亡。

↓在莫三比克的戰鬥期間，葡萄牙空軍一架雲雀 III 型正在支援傷患疏散任務。這張照片很可能是在 1970 年 6 月戈爾迪烏姆結行動（Operation Gordian Knot）之後拍攝的照片，傘兵、突擊隊和非洲部隊均參與了這場大規模攻勢。

八年時投入薩伊（Zaire），以保護法國利益。

到了一九六七年，葡萄牙爲了回應幾內亞（Guinea）境內日趨不安的局勢，因此將 G.91R 戰場支援機前進部署，還有額外的 T-6 和 T-28 連絡機，而雲雀 III 型（Alouette III）也於一九六九年抵達當地。空中作戰的目標是消滅游擊隊的補給線，並爲地面上的葡萄牙部隊提供火力支援，而空中作戰也在一九七〇年代初時開始升級。同一時間，葡萄牙空軍在幾內亞被地面砲火擊落的數字開始增加——包括地對空飛彈（Surface-to-air missile, SAM），而敵軍也已經取得奈及利亞（Nigeria）的 MiG-17，以進行偵察和有限的對地攻擊任務。到了一九七三年時，地面上的情況已經陷入僵局，而前葡屬幾內亞也準備好要宣佈獨立。

莫三比克的危機

莫三比克解放陣線（Frente de Libertação de Moçambique, FRELIMO）獨立運動於一九六二年出現，且從一九六四年開始爆發一連串的暴力事件。葡萄牙可用的 C-47 和 T-6，從一九六二年起就被投入反叛亂作戰中，並隨即獲得更多地面部隊，加上 PV-2、Do-2 和雲雀 III 型，以及 C-47 與諾哈特拉運輸機增援。最後，葡萄牙在該國的部隊比在幾內亞和安哥拉

↑圖為南非空軍的美洲獅式，曾在超級行動中使用。在這場作戰中，美洲獅式運送第 32 營的四十五名官兵和一個迫擊砲小組進入納米比亞，他們不僅擊斃游擊隊員，也摧毀了幾架停放在地面上的 Mi-8 直昇機。

→除了南非空軍的海賊式之外，幻象 IIIEZ 也被用來打擊安哥拉境內的古巴部隊，主要是使用機砲火力和火箭。值得注意的是在 1978 年 5 月的馴鹿行動（Operation Reindeer）期間，南非部隊進行了大規模入侵行動。

↓在內戰期間，這架 B-26 被比亞法拉方面使用。此款飛機最大膽的一趟任務，就是攻擊封鎖哈爾科特港（Port Harcourt）的驅逐艦奈及利亞號（Nigeria）。部分 B-26 的任務是由第二次世界大戰波蘭傳奇王牌飛行員楊·祖巴賀（Jan Zumbach）所執行。

（Angola）還要多，這些飛機都在前進機場上進行日常作業，而 Do-27 負責偵察任務，T-6 則從事對地攻擊和密接空中支援工作。其間，雲雀直昇機負責搭載小群部隊，而諾哈特拉運輸機則負責較大規模傘兵部隊的空降行動。

一九六八年，葡萄牙方面開始發動協調的空中作戰，不久之後 G.91R 也開始投入對莫三比克解放陣線叛軍的戰鬥任務。一九七〇年，葡萄牙部隊在一九七〇年發動的一場大規模航空戰中，大量運用雲雀 III 型直昇機空運部隊，而定翼機接著就被用來進行密接空中支援、化學戰和心理戰等任務。

到了一九七三年時，莫三比克解放陣線的工作網絡正逐漸擴大，而游擊隊也開始取得地對空飛彈，儘管葡萄牙軍方與羅德西亞（Rhodesia）進行聯合作戰，但到一九七四年爲止，仍未達成任何決定性突破。

剛果境內的連綿戰火

聯合國人員撤出、卡坦加省重新由剛果政府控制，凡此種種皆非剛果暴力衝突的句點，該國在 1960 年代之前還會有更多衝突發生，交戰各方也會部署更多空中武力。左翼叛軍旋即在剛果活躍起來，且從 1964 年開始，傭兵駕駛美國供應的 B-26、T-28 以及之後的 T-6 協助作戰，鎮壓了叛軍。

當白人的利益受到威脅，歐洲人被當成人質時，比利時部隊便搭乘用來運輸部隊的 C-47 重返剛果。在一場大規模的作戰中，比軍傘兵搭乘美國空軍之 C-130 在史丹利市（Stanleyville）跳傘，T-6 和 T-28 也被廣泛地用來爲地面部隊提供密接支援。

當剛果當局稍後試圖驅逐傭兵部隊時，情況變得更加混亂，當中一支部隊由變節的尙．許蘭美（Jean Schramme）領導，更是拿起武器對付先前的客戶，所以剛果當局的 T-6 和 T-28 被用來對付傭兵。到了 1968 年時，前卡坦加省領導人摩依瑟．慈洪貝（Moise Tshombe）被逐出剛果，剛果接著在 1972 年時改名爲薩伊。

南非在安哥拉

跟隨著葡萄牙的腳步，南非也在安哥拉採取初步行動，但古巴部隊的抵達導致了多次的戰鬥。從一九七六年起，安哥拉部隊引進了 MiG-17 和 MiG-21 並投入戰場，他們被用來攻擊機場和其他地面目標；爲了反制，南非支持的安哥拉完全獨立國家聯盟（União Nacional para a Independência Total de Angola, UNITA）便裝備了人員攜行式地對空飛彈。

到了一九七六年時，美國和南非的公開支援實際上已經撤離了，但當地馬克思主義份子的安哥拉人民解放運動（Movimento Popular de Libertação de Angola, MPLA），持續被安哥拉完全獨立國家聯盟騷擾，安哥拉人民解放運動反過來用直昇機加以追擊。Mi-8 於一九七八年跟著共黨部隊抵達當地，而米格機也在同一年重新展開對地面目標的攻擊任務。

從一九六〇年代初開始，西南非人民組織（South West Africa People's Organization, SWAPO）對

↑ 1979 年 8 月時，南非空軍的坎培拉式機隊（圖為 T.Mk 4 教練機）曾被用來進行深入尚比亞境內的打擊任務。在這些被稱為薩夫朗作戰薩夫朗行動（Operation Safraan）的行動中，坎培拉式和南非空軍的海賊式與飛羚式（授權製造的 MB.326）協同作戰。

比亞法拉的悲劇

使前英屬奈及利亞和前比屬剛果等殖民地困擾不已的血腥內戰，可能還不算是典型的殖民地衝突，但儘管如此，西方和其他國家的空中武力以及傭兵仍參與其中。

在奈及利亞的例子裡，比亞法拉州宣佈脫離聯邦獨立，而奈及利亞當局的反應便是於 1967 年時奪取比亞法拉境內的目標。比亞法拉人也採取攻勢，並由一支弱小的航空部隊支援，當中包括一架劫持而來的 F.27 客機改裝成的轟炸機，兩架 B-26 入侵者式，和一架負責執行運輸及其他任務的迪海維蘭迪哈維蘭鴿式機（de Havilland Dove）。

爲了對抗比亞法拉人，奈及利亞當局從蘇聯取得了 MiG-17 和 Il-28 等作戰飛機，並僱用傭兵飛行員來駕駛這些飛機執行任務。隨著米格機負責進行對地攻擊，Il-28 則進行一連串引人注目的轟炸作戰，奈及利亞人立即重新取得主動權。當比亞法拉部隊於 1968 年被擊退後，外國勢力就介入戰局，帶來軍事和人道援助。人道援助任務是在危機四伏的環境下進行，至少有一架救援飛機被 MiG-17 擊落。

1969 年時，比亞法拉當局發動了一波新攻勢，在過程中奈及利亞部隊曾接受由 DC-3 空投的補給。在同一年裡，卡爾．古斯塔夫．馮．羅森伯爵（Count Carl Gustav von Rosen）開始利用他配備火箭的 MFI-9B 輕型機執行對地攻擊任務，支援比亞法拉人的作戰。MFI-9B 破壞了幾架停放在地面上的奈及利亞飛機，並攻擊石油設施，但這些飛機（再加上一架讓渡的 AT-6 德州佬式），還是無法阻止奈及利亞部隊在 1970 年初的最後攻勢後取得勝利。

那米比亞（Namibia）進行滲透，導致南非的軍事報復，並宣稱此地爲該國領土。這塊爭議地區就是一場南非大規模反叛亂作戰的背景，此行動於一九七〇年代初開始蓄積能量，當西南非人民組織發動襲擊深入西南非時，南非就派出雲雀 III 型直昇機載運部隊進行反制。在安哥拉獨立之後，西南非人民組織開始在當地建立基地，從那裡對西南非發動襲擊行動，結果造成南非自一九七八年起對安哥拉和納米比亞暴亂份了發動大規模作戰，這也就是所謂的灌木叢戰爭（Bush War）。

在安哥拉，南非空軍的航空部隊遭遇安哥拉和古巴飛行員駕駛 MiG-17、MiG-21，最後是 MiG-23 的強烈抵抗；爲了反制，南非部署了幻象（Mirage）3 型和幻象 F1 戰鬥機，以及坎培拉和海賊式（Buccaneer）攻擊機，後兩者讓南非軍方能夠對位於安哥拉內陸深處的安哥拉人民解放運動和納米比亞人民解放軍（People’s Liberation Army of Namibia, PLAN）游擊隊基地發動空襲。同一時間，在地面作戰中，南非軍方運用雲雀 III 型、美洲獅式（Puma）與超級黃蜂式（Super Frelon）直昇機運輸部隊並進行補給，並由南非空軍的 C-130 和運輸聯盟（Transall，即

艾夫洛林肯式

一般資訊

型式：轟炸機

乘員：7 人

動力來源：4 具勞斯萊斯梅林 85 V-12 縱列引擎

最高速度：每小時 513 公里（319 哩）

作戰高度：9300 公尺（30500 呎）

重量：最大起飛重量：34020 公斤（75000 磅）

武裝：機鼻和機尾槍塔各裝有雙連裝12.7 公釐（0.5 吋）口徑遙控伯朗寧機槍槍塔。

尺寸：

翼展：36.57 公尺（120 呎）

長度：23.85 公尺（78 呎 3 吋）

高度：5.25 公尺（17 呎 3 吋）

翼面積：132.01 平方公尺（1421 平方呎）

C-160）運輸機進行大規模的傘兵部署作業。

一九七九年時，對納米比亞人民解放軍的作戰擴散到尚比亞（Zambia）境內，南非空軍的坎培拉式、海賊式和飛羚式（Impalas），全都被用來攻擊當地的地面目標。

大規模襲擊

一九八〇年時，南非軍方發動懷疑論者行動（Operation Sceptic），這是對安哥拉境內納米比亞人民解放軍的多兵種聯合攻勢，在當中大量運用直昇機機載部隊和飛羚式進行作戰。到了一九八一年，南非空軍在安哥拉遭遇中程地對空飛彈的挑戰，再加上數量愈來愈多的肩射式地對空飛彈（SAMs），在整場跨邊界作戰中，這些飛彈一直是十分明顯的威脅。

一九八一年時，南非部隊在幻象機、海賊式和坎培拉式的空中支援掩護下，深入安哥拉境內搜索納米比亞人民解放軍的基地，而MiG-21 也和幻象機爆發空戰。南非在一九八二年發動另一波大規模攻勢，在過程中運用空中武力打擊安哥拉和納米比亞人民解放軍的目標，並運部隊投入戰場。一年後，南非空軍獲得了一次重大勝利，宣稱在一場戰鬥中擊落了五架 MiG-21 和四架直昇機，不過南非空軍本身也有飛機被安哥拉的地對空飛彈擊落。

一九八四年時，反共的安哥拉完全獨立國家聯盟，宣稱運用高射砲和輕型地對空飛彈，在超過六個星期的戰鬥裡摧毀了六架米格機和十二架直昇機。一九八五年時，南非空軍的幻象機和飛羚式執行支援安哥拉完全獨立國家聯盟的行動，並再度宣稱擊落一些直昇機和米格機。到了這個階段，安哥拉和古巴部隊部署了 Mi-25 戰鬥直昇機，而安哥拉在最近這段期間接收的裝備還包括 Su-22 對地攻擊機。

在一九八三至八四年的這段期間內，南非對安哥拉境內納米比亞人民解放軍的軍事行動明顯減少，並將部分兵力撤出；在此期間，反納米比亞人民解放軍的勢力仍在納米比亞境內使用直昇機、布許巴克式（Bosbok）和大羚羊式（Kudu）。

一九八五年時，戰鬥在安哥拉境內再度蔓延開來，安哥拉部隊重

↓駐防在剛果卡米那（Kamina）的傭兵排著隊，正準備登上 DC-4 機，展開協助剛果當局對抗叛軍的行動。這架特別的飛機是由聯合國包租，於 1964 年 11 月在利奧波德市（Leopoldville）的起飛事故中墜毀。

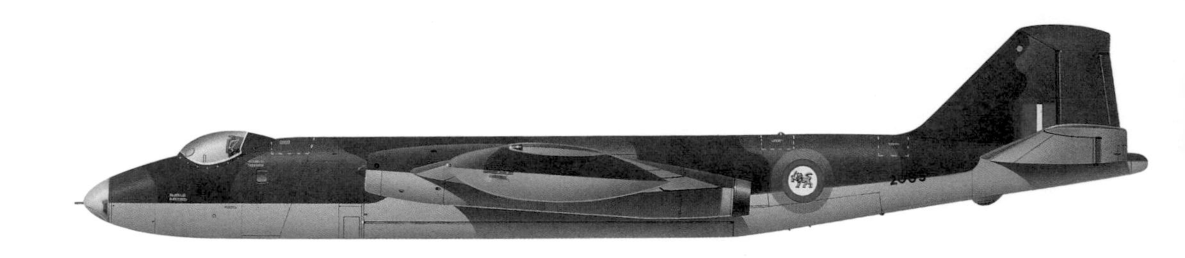

英國電氣（English Electric）坎培拉式

一般資訊
型式：轟炸機
乘員：3 人
動力來源：2 具36仟牛頓（推力7400 磅）勞斯萊斯艾風（Avon）Mk 109 渦輪噴射引擎
最高速度：每小時 917 公里（570 哩）
作戰高度：14630 公尺（48000 呎）
重量：最大起飛重量：24925 公斤（54950 磅）
武裝：內載彈量最高可達 2727 公斤（6000 磅），翼下掛架可再外掛達 907 公斤（2000 磅）。

尺寸
翼展：19.49 公尺（63 呎 11 吋）
長度：19.96 公尺（65 呎 6 吋）
高度：4.78 公尺（15 呎 8 吋）
翼面積：89.19 平方公尺（960 平方呎）

新展開攻勢，而這一次安哥拉完全獨立國家聯盟採取反擊行動，並宣稱擊落了至少二十二架飛機和直昇機；南非空軍再度爲安哥拉完全獨立國家聯盟提供支援，分別在空中和地面上擊毀若干米格機和直昇機。

一九八八年時，米格機展開新一波空襲行動，對抗安哥拉完全獨立國家聯盟，而南非空軍儘管面對愈來愈強大的安哥拉空防，還是繼續進行跨邊界襲擊行動。到了一九八〇年代末期，地面上的局勢實際上已經陷入僵持，古巴和南非部隊均同意撤離安哥拉。同一時間，納米比亞贏得獨立，而南非部隊也開始撤出。

剛果的危機

就像比亞法拉（Biafra）一樣，當剛果（Congo）於一九六〇年脫離比利時獨立之後，內戰就緊接而來。傭兵在衝突裡相當活躍，但當中也可見到最初在聯合國支持下更加協調運用的現代化空中武力。甫獲獨立不久的剛果從一開始就被暴力和不安籠罩，當比利時人員撤離當地後，比利時駐軍——包括「武裝化」的教師式（Magister）和 T-6，仍留在當地

早期的印巴衝突

1947 年，英國允許印度和巴基斯坦獨立，但有一些省分被夾在這兩國之間，例如喀什米爾就拒絕加入巴基斯坦。

當喀什米爾的回教徒發動叛亂，接著普什圖族（Pashtun，來自喀什米爾與阿富汗邊界地帶的回教徒）入侵之後，印度當局便介入，派遣達科塔運輸機運送部隊至當地，之後該機還被改裝爲應急轟炸機。印度的噴火式和暴風式不但攻擊地面上的叛亂份子，也爲印度地面部隊提供密接空中支援，而哈佛式則被用來進行偵察任務。

在聯合國主導的停火協議於 1949 年生效之前，巴基斯坦也在衝突期間用暴風式戰鬥轟炸機進行對地攻擊作戰，還用第二次世界大戰時期的哈里法克斯式，從事運輸和夜間轟炸工作。

維持秩序。

事件主要的引爆點是在卡坦加省（Katanga），比利時傘兵於一九六〇年時卡坦加省宣佈獨立之前就在此地空降。聯合國部隊隨即動員，將卡坦加省重新置於剛果統治下，而英國皇家空軍和美國空軍運輸機則將部隊運往該區。比利時駐軍留下的飛機令卡坦加省留下深刻印象，包括少量的 T-6，之後還有由傭兵駕駛的教師式；爲了對抗這些飛機，聯合國部隊隨即納入了空軍部隊，包括印度的坎培拉式、衣索匹亞的 F-86、瑞典的 J-29 和 S-29 噴射機。

到了一九六一年時，隨著剛果境內的親共部隊參與衝突，以及

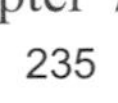

↑這些皇家空軍第 29 中隊的標槍式全天候戰鬥機，從位於塞浦路斯的基地被派至尚比亞，以戒護進入該國的空運作業，旁邊是一架尚比亞空軍的 DHC-2 海狸式機（Beaver）。標槍式的基地位於恩多拉（Ndola）和魯薩卡（Lusaka）。

←←在被用來對付毛毛人的飛機中，包括從亞丁（Aden）前往艾斯特萊（Eastleigh）的皇家空軍第 8 中隊的吸血鬼式 FB.Mk 9 戰鬥轟炸機。

南康賽省（South Kansai）也宣佈獨立，情況變得更加複雜，但聯合國的主要目標仍是重新控制卡坦加省。卡坦加省的教師式攻擊聯合國的運輸機以及地面部隊，還有剛果部隊，而聯合國部隊的飛機也還擊，目標是將卡坦加省的空軍和地面部隊摧毀在地面上（坎培拉式扮演這種角色的效果最好），甚至協助運送親共的吉森派部隊（Gizengist）。聯合國看起來是將卡坦加省部隊逼入困境，但抵抗尚未結束，卡坦加部隊取得了 T-6 以彌補先前的損失，也使用鴿式（Dove）和派普（Piper）的卡曼契式（Comanche）進行攻勢作戰。新飛機的抵達，使得卡坦加部隊能夠對剛果部隊展開新攻擊，持續不斷的攻擊一直進行到一九六二年底。

在一九六三年初時，部署在當地的聯合國部隊接收了伊朗和義大利的 F-86，聯合國部隊因此能重新展開對卡坦加省的攻勢，違反了

↑在羅得西亞的戰爭期間，士兵們正跳下一架雲雀 III 型直昇機，準備展開行動。在戰鬥中，羅得西亞的雲雀 III 型被改裝為砲艇機〔稱為 K 車（K-Car）〕，也有一部分就保持原來運輸直昇機的樣式〔稱為 G 車（G-Car）〕，當中有一些曾被高射砲火或 SA-7 飛彈擊落。

先前同意的停火協定，而新一波空中攻擊再度消滅了卡坦加省大部分的航空兵力。聯合國部隊最後在一九六三年底取得卡坦加省的控制權，接著便在一九六四年中時撤離。

對抗毛毛

冷戰期間，英國在非洲的關鍵利益所在主要爲肯亞和羅得西亞。英軍於一九五二至一九五六年間在肯亞對毛毛（Mau Mau）進行了一場猛烈的反叛亂作戰，在作戰期間英國皇家空軍有系統地運用航空武力。羅得西亞則在一九六三年時，脫離中非聯邦（Central African Federation）而獨立。

肯亞危機（Kenyan Crisis）於一九五二年爆發，毛毛人開始攻擊白人移民。英軍部隊隨即抵達，手頭上有限的飛機，英國皇家空軍的達科塔式和哈佛式戰機，也就被加以武裝，哈佛式就被用來進行轟炸任務。當危機在一九五三年深化時，英軍就派遣更多援軍前來，而英國皇家空軍的林肯式就展開對毛毛人的轟炸作戰。在衝突結束之前，英國皇家空軍已導入了適於適合進行心理戰的奧司特式和朋布魯克式（Pembroke），還有做爲救護直昇機使用的西克莫式，而在噴射機方面，流星式照相偵察機和吸血鬼式也赴當地出勤。到了一九五五年時，毛毛人宣佈戰敗，但贏得血腥戰鬥的代價包括雙方嚴重摧殘人權，犯下各種暴行。

貝拉巡邏

當由少數白人統治的羅得西亞政府在一九六五年宣佈獨立時，英國政府便介入，對該國進行封鎖，也就是貝拉巡邏（Beira Patrol）。此一行動與英國皇家空軍從莫三比克空運石油至尚比亞（避開羅得西亞）的行動共同執行，這些行動由在印度洋上就戰鬥位置的英國皇家海軍航空母艦艦載機，還有陸基的英國皇家空軍飛機，包括標槍式戰鬥機和沙克爾頓（Shackleton）海上巡邏機執行掩護。在一九六〇年代末期時，由於辛巴威民族主義團體的游擊隊活動愈來愈激烈，「羅得西亞問題」日漸惡化。

羅得西亞的航空兵，從一九六七年起開始參與大規模的反游擊隊行動，使用的飛機包括活塞發動機的院長式（Provost）、獵人式和吸血鬼式噴射戰鬥轟炸機，以及雲

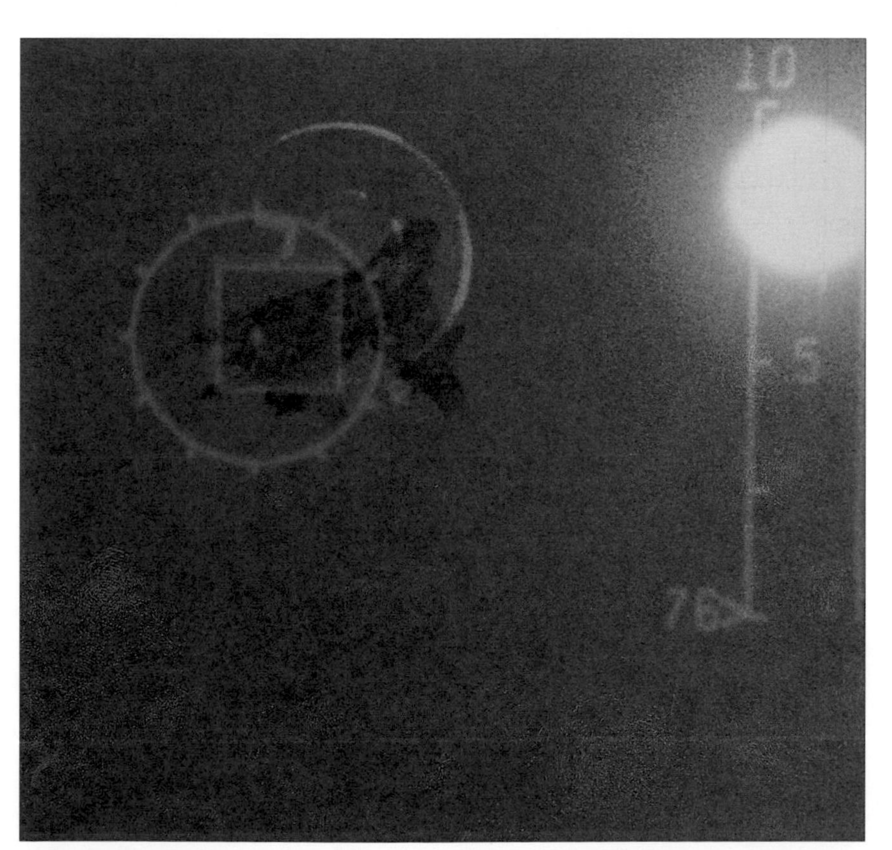

←在 1974 年的印巴戰爭期間，一架印度戰鬥機透過瞄準器捕捉到一架殲 6（F-6）。殲 6 是中國大陸生產的 MiG-19，巴基斯坦當局取得這些飛機，用來彌補 1965 年印巴戰爭中的損失，至少有三個中隊配備此型飛機。

霍克海狂怒式

一般資訊

型式：單座戰鬥機
動力來源：1 具 1850 仟瓦（2480 匹馬力）布里斯托人馬座（Centaurus）XVIIC 十八汽缸雙排輻射引擎
最高速度：每小時 740 公里（460 哩）
作戰高度：10900 公尺（35800 呎）
重量：最大起飛重量：5670 公斤（12500 磅）
武裝：4 門 20 公釐（0.79 吋）口徑西斯帕諾 Mk V機砲；12 枚 76 公釐（3吋）火箭或是 908 公斤（2000 磅）炸彈。

尺寸

翼展：11.7 公尺（38 呎 5 吋）
長度：10.6 公尺（34 呎 8 吋）
高度：4.9 公尺（16 呎 1 吋）
翼面積：26 平方公尺（280 平方呎）

雀 II/III 型。到了一九七〇年中，游擊隊的戰鬥又再度白熱化，羅得西亞當局則增強空軍戰力做爲回應，並取得西斯納（Cessna）337 通用飛機加以改裝，使其足以擔負反叛亂工作。羅得西亞之後對游擊隊基地展開攻擊，將戰爭帶到鄰國安哥拉、莫三比克與尚比亞，當中包括自一九七六年起以獵人式和坎培拉式戰機進行空襲。

封鎖的結果導致缺乏支援，羅得西亞只能從四個方面來著手對抗游擊隊活動，首先是組成「火力部隊」（Fireforce）做爲機動單位，可以在有需要的時候部署火力，一般來說武裝包括西斯納 337 和雲雀 III 型，加上 C-47 和雲雀部隊運輸機。羅得西亞持續從空中追擊游擊隊，在一九七〇年代末期最重大的行動包括由搭乘西斯納 337 的前進空中管制員引導由獵人式和坎培拉式編成的打擊部隊，直到少數白人統治的政府於一九七九年垮台。

然而戰鬥在下一個十年及之後的時間中依然持續著，新成立的辛巴威當局就使用前羅得西亞政府遺留下來的飛機，繼續進行對反政府團體的作戰。

1971 年印巴戰爭

1971 年，印度和巴基斯坦又再次爆發戰爭，這一回是在東巴基斯坦，該地宣佈獨立成爲孟加拉，因而導致內戰。印度部隊於 11 月進入東巴基斯坦，並遭遇巴基斯坦部隊，印度空軍的蚋式痛宰了巴基斯坦空軍的 F-86。巴國空軍隨即派出 B-57 和 F-86 對印度空軍基地發動一波先制攻擊，但印度空軍也立即還以顏色，派出 MiG-21 護航獵人式和 Su-7 戰鬥轟炸機以及自製的 HF-24 戰鬥轟炸機反攻。

同一時間，印度海軍也在航空母艦維克倫特號（Vikrant）上的信風式（Alizé）和海鷹式協助下，對孟加拉灣（Bay of Bengal）進行海上封鎖，這些飛機也攻擊地面上的目標。

和 1965 年的空戰一樣，這是一次機場之戰，當印度和巴基斯坦的地面部隊分別集結起來進行大規模攻勢時，雙方持續襲擊敵方的空軍基地，此外當巴基斯坦空軍從約旦接收額外的 F-104 提升實力後，更導致了無數次空中對抗。印軍在 12 月初向主要目標孟加拉首都達卡（Dhaka）進逼時，看起來佔了上風，而他們的蚋式、MiG-21、Su-7 和海鷹式，也繼續對各空軍基地進行毀滅性打擊，一些印度空軍的 An-12 運輸機也被改裝成爲轟炸機，用來轟炸敵軍物資和部隊，其間 Mi-4 直昇機在武裝的雲雀直昇機支援下，也開始運送印軍部隊。

巴基斯坦空軍不久之後轉守爲攻，派遣幻象 III、F-86 和 F-104 等戰機打擊印度空軍的設施，因此和 MiG-21 與蚋式爆發激烈空戰。到了 12 月中，印軍部隊已進抵達卡，雙方因此停火，此舉預告了孟加拉的完全獨立。但戰鬥仍持續了短暫一陣子，當中雙方發生了大規模戰車戰、對敵方機場的攻擊還有 MiG-21 和 F-104 的進一步衝突。

↑砲口攝影機（gun camera）的影片記錄了一架巴基斯坦空軍 F-86 被擊落的過程。軍刀機是 1965 年印巴戰爭時巴基斯坦空軍的主力機種，到了 1971 年衝突爆發時還有大批數量的軍刀機正在服役中。在這兩次衝突中，獵人式和蚋式擊落的軍刀機數量相當多。

蘇霍伊 Su-7B

一般資訊

型式：對地攻擊機

動力來源：1 具六十六．六仟牛頓（推力一萬四千九百八十磅）留卡（Lyulka）AL-7F渦輪噴射引擎

最高速度：每小時 1700 公里（1056 哩）

作戰高度：15150 公尺（49700 呎）

重量：最大起飛重量：13500 公斤（29750 磅）

武裝：2 門 30 公釐（1.18 吋）口徑 NR-30 機砲，備彈 70 發；4 具外掛架可掛載 2 枚 750 公斤（1653 磅）和2 枚 500 公斤（1102 磅）炸彈。

尺寸

翼展：8.93 公尺（29 呎 3.5 吋）

長度：17.37 公尺（27 呎）

高度：4.7 公尺（15 呎 5 吋）

翼面積：34 平方公尺（366 平方呎）

一九六五年印巴戰爭

一九六五年時，印度和巴基斯坦在喀什米爾（Kashmir）區域內再度爆發戰鬥。由巴基斯坦訓練的非正規部隊，在巴基斯坦眞正入侵前，於一九六五年八月進入喀什米爾，而印度部隊也迅速部署至當地以做爲回應。儘管印度空軍（Indian Air Force, IAF）吸血鬼式的主要工作，集中在騷擾裝甲縱隊上，巴基斯坦地面部隊在巴基斯坦空軍（Pakistani Air Force, PAF）F-86 和 F-104 提供的掩護下作戰，進展卻十分良好。吸血鬼式在初期的損失，導致印度空軍將此型機和暴風雨式（Ouragan）都撤出戰場，而巴基斯坦部隊這時於 F-86 被用來進行密接空中支援的情況下，取得進一步發展。當巴軍的前進速度慢下來之後，空戰的規模就擴大，巴基斯坦空軍的 F-86 和 F-104 就與印度空軍的蚋式（Gnat）和獵人式爆發空戰。當印度部隊越過巴基斯坦邊界時，雙方都部署飛機進行對地攻擊任務，打擊機場、裝甲部隊和其他目標，戰果不一。

攻擊機場

巴基斯坦空軍接著把注意力轉向地面上的印度空軍，導致了 F-86 和獵人式在印度空軍基地上空爆發纏鬥，除了一九五八年臺灣和中國之間的衝突以外，這是第一場大量使用空對空飛彈（Air-to-air Missile, AAM）的衝突，在這個例子裡，巴基斯坦空軍的 F-86 和 F-104 發射了 AIM-9 飛彈。

到了夜間，巴基斯坦空軍的 B-57 襲擊了印度空軍基地，印度空軍馬上還以顏色，派出神祕式（Mystère）、獵人式和之後在夜間起飛的坎培拉式對付巴基斯坦空軍的基地，這些飛機在那裡遭遇防守的 F-86 和 F-104。此時印軍現在更加深入巴基斯坦的領土，但卻又退回原地，並遭到 F-86 的騷擾攻擊。

巴基斯坦空軍使用 C-130 將傘兵部隊空降在印度空軍的基地上，但沒有成功。當新的戰線展開後，對地攻擊和密接空中支援任務就變得愈來愈重要，巴基斯坦空軍使用武裝的 T-33 和 F-86，甚至是攜帶炸彈的 C-130 運輸機，而印度空軍則使用獵人式對付敵軍裝甲部隊。同一時間，雙方都不分日夜持續攻擊對方的空軍基地和雷達站，而蚋式、獵人式與 F-86 間的多次空中遭遇也導致持續的空戰；當地面戰鬥日益激烈後，印軍的戰車和火砲有愈來愈多慘遭 F-86 和 T-33 的毒手，但雙方都旋即發現自己已經進退兩難。在武器禁運使戰鬥結束，以及宣佈停火之前，這場戰爭大約進行了五個星期。

USAF
USAF

第八章
越南空戰：
一九六四至一九七三年

越戰是冷戰中的「熱戰」。北越軍和南越共軍最終打敗了南越政府軍隊，攻佔了全越南。

當越南緊接著在第二次世界大戰於西元一九四五年結束之後而分裂時，中國和英國準備好接管各自分到的一半範圍，但法國要求取得英國的那部分，並及時接掌控制權。

由日本人安排的越南領導人胡志明（Ho Chi Minh），並不希望法國、也不想要中國的國民黨政府佔領他的祖國，這兩國中他最厭惡中國的國民黨政府。法國與中國談判，希望能像握有南方一樣取得北方的控制權，而法國將以放棄她在中國境內的租借地做為回報；於是雙方達成協議，這時法國終於能夠主張握有對越南全境的控制權，她試圖組織一個投其喜好的政府但卻失敗了，因此以轟炸胡志明的港口城市海防（Haiphong）告終。

胡志明飛往山區避難，而才剛在國共內戰中獲勝的中國共產黨則立即援助他。當法國被捲入一場絕對無法打贏的戰爭時，其自尊心受創；到了一九五〇年，法國差不多已經忍受到極限，四年之後她就要求停火，允許越南以及鄰近的柬埔寨和寮國獨立，最終在一九五四年奠邊府（Dien Bien Phu）戰役慘敗後，退出東南亞。

從空中戰鬥的觀點來看，越戰使美國和蘇聯這兩個世界超級強權，有機會將他們最佳的科技和系統投入航空作戰，並一決高下。

在地面上，大批美軍部隊開始抵達越南，而到了一九六四年，美國陸軍已經操作超過三百架的「休伊」（Huey）砲艇機——即武裝的 UH-1 易洛魁（Iroquois）直昇機，以護航陸軍和陸戰隊的運輸直昇機。「休伊」自一九六二年起就出現在越南戰場上，也就是美國正式參戰的兩年前，並被指派參與保守的醫療後送（medical evacuation, medevac）任務，以支援南越陸軍。

「休伊」偶像

UH-1 旋翼葉片獨樹一幟的「呼呼聲」，成了越戰的象徵，而士兵搭乘「休伊」飛進著陸區的影像變得同樣經典。美國陸軍迅速了

←B-66 毀滅者式探路機裝備了先進的導航、攻擊和防禦電戰系統，四架美國空軍 F-105 雷霆酋長式以其為編隊核心，正對一處北越目標投擲自由落下的「笨」炸彈。

美國參與越戰

1954 年的日內瓦會議（Geneva Conference）暫時將越南分割，直到 1956 年全國大選爲止。在北方，胡志明繼續進行惡名昭著的無節制殺戮，目標是那些可能會威脅到越共統治的社會階層和個別人士。在南方，南越建立了一個理論上應該要民主但卻殘暴的領導階層，並聽命美國指揮。在接下來的十年內，當中共和蘇聯爲胡志明政權撐腰時，美國在越南的利益就大幅增加。自從第一次中印戰爭起，美國軍事顧問就已經在當地活動，官方說法是顧問，但實際上卻暗地裡領導作戰。戰爭情勢看起來一直有進一步升高的可能性，就只差一個引爆點了。

引爆第二次中印戰爭的火花在 1964 年點燃，一艘美軍驅逐艦梅多克斯號（Maddox）在東京灣進行情報蒐集任務時，據報兩度遭到北越魚雷艇攻擊。美國總統詹森批准進行報復性空襲，美軍在越南的戰爭就此展開。

解到，直昇機使他們具備越過遠距離將部隊投送並撤出著陸區的能力，其速度和效能優於陸路的跋涉——這代表空中機動作戰已經誕生了。

在一九七〇年三月的高峰時期，美國軍方在越南的戰爭中操作超過三千九百架直昇機，當中有三分之二都是「休伊」。

在東京灣事件（Gulf of Tonkin Incident）後接下來的幾個月裡，美國空軍、海軍陸戰隊和海軍對胡志明統治的北越，進行持續性轟炸作戰，並意圖實施漸進式的升級，給予北越領導階層時間，在進行全面性戰爭之前回到談判桌，此一轟炸作戰也就是所謂的滾雷行動（Rolling Thunder）。

滾雷行動

滾雷行動使美國軍方有機會測試一些嶄新或尙未驗證的裝備。一九五六年時，北越空軍（North Vietnamese Air Force, NVAF）已取得大約六十架蘇製 MiG-17 噴射戰鬥機，而這些飛機由地面上的管制員運用地面管制攔截（Ground Control Intercept, GCI）雷達導引，同樣由蘇聯建造並提供。但在幾次值得注意的例外中，北越部隊對技術上的奠基幾乎沒有多少建樹，這絲毫不令人驚訝，因爲訓練並提供裝備給他們的蘇聯，一向強調數量重於質量。

對美國人來說，情況恰恰相反。當冷戰熱化時，他們就投入資源進行將電子裝置、電腦科技和生產技術微型化的工作，這些全都是價格昂貴的投資，意味著在有限的預算下只能製造出少數精密複雜的飛機和武器。然而老一代的噴射戰鬥機，像是美國海軍的 F-8 十字軍式（Crusader），就是依據蘇聯人同樣贊成的簡單原則製成，較新式的戰鬥機像是 F-4 幽靈 II 式（Phantom II）則搭載了複雜的雷達系統，基本上是一個飛彈平台。幽靈式攜帶的武器，像是雷達導引的 AIM-7 麻雀（Sparrow）中程空對空飛彈，此外還有短程的 AIM-9 響尾蛇（Sidewinder）和 AIM-4D 隼式（Falcon）空對空飛彈，這幾種都能追蹤敵機的高溫廢氣。對他們來說，越南將會是驗收成果之地。

空中衝突

雙方的第一場空中遭遇，發生在一九六五年三月初，結果讓美國空軍和美國海軍相當不悅，因為他們損失兩架 F-105F 雷霆酋長式（Thunderchief），還有一架 F-8 十字軍式受損，而且都是敗給技術層次較低的 MiG-17。米格機以其配備較強大的機砲火力參戰，在地面管制攔截的指揮下，開始顯現出一個在整場戰爭期間內延續的傾向：米格機幾乎總是在戰術狀況讓他們有最多機會成功並存活的狀況下，才會出擊。

一九六五年四月時，麻雀和響尾蛇飛彈首度被派上用場。四架美國海軍 F-4B 對四架 MiG-17 發射了八枚 AIM-7 和兩枚 AIM-9，但只有一枚命中目標，美軍方面宣稱最後一枚麻雀飛彈擊落了一架米格機。另一種也已經開始顯現的傾向，是空對空飛彈的擊殺機率（probability of kill, Pk）非常低，比起他們的製造商所宣稱的低很多。不過當美國戰鬥機飛行員對於

↓當越南士兵練習使用武器時，一名美軍顧問就在一旁觀看。在越戰的初期階段，南越士兵大部分裝備不符美方要求的老舊武器。

AH-1G 休伊眼鏡蛇

一般資訊

型式：戰鬥直昇機

乘員：2 人

動力來源：1342 仟瓦（1880 匹馬力）聯合信號公司（Allied Signal）渦輪軸引擎，傳輸極限為 962 仟瓦（1290 匹馬力）

最高速度：每小時227 公里（141 哩）

作戰高度：3720 公尺（12200 呎）

重量：最大起飛重量：2993 公斤（6598 磅）

武裝：1 門 20 公釐（0.79 吋）口徑三管機砲；外掛重量可達998 公斤（2200磅）。

尺寸

主旋翼直徑：13.41 公尺（44 呎）

長度：16.18 公尺（53 呎 1 吋）

高度：4.09 公尺（13 呎 5 吋）

翼面積：20 平方公尺（199 平方呎）

飛彈的低擊殺機率感到愈來愈挫折時，他們四周的戰場空間即將呈現出一種危險的特質。

「標線」與電子反制

一九六五年時，蘇聯開始提供北越更多早期預警雷達和由雷達指揮的高射砲（Anti-Aircraft Artillery, AAA），還不只這樣，有消息指出蘇聯已經提供了 SA-2「標線」（Guideline）地對空飛彈，而在四月初，美國海軍的一架 RF-8 十字軍式在一次戰術偵察任務中，於河內（Hanoi）東南方拍到正在建設中的 SA-2 發射陣地。

SA-2 的作業方式與 AIM-7 麻雀飛彈相似之處，在於其追蹤照射目標機的雷達波束，沿著該系統的「扇歌」（Fan Song）雷達波束，順勢飛進針對目標的擊殺範圍內。「標線」不是什麼機動性特強的飛彈，但它擁有長達二十七公里（十六哩）的射程，並可接戰低至九百一十四公尺（三千呎）、高至一萬五千二百四十公尺（五萬呎）的目標。這款飛彈已經在一九六〇年五月，被用來擊落一架飛越蘇聯領空的 U-2 間諜機，另一次則是一九六二年在古巴上空擊落一架 U-2，SA-2 即將在越南上空展示威力。

美方的反應是派出專門的電子反制機（Electronic Countermeasure, ECM），希望能夠干擾「扇歌」雷達，或是混淆飛彈的雷達近炸引信（radar proximity fuze）。一九六五年五月，美國空軍把以 B-66 輕型轟炸偵察機爲基礎發展而來的 EB-66B 毀滅者式（Destroyer）派至泰國，EB-66C 則在該年年底抵達。

EB-66B 也被用來對付北越雷達導引高射砲中的「火罐」（Fire Can）雷達，收效頗佳。EB-66C 能夠干擾這些雷達，但也可以蒐集蘇製雷達頻率參數和特性的電子情報（Electronic Intelligence, ELINT），使美國方面能夠精進干擾技術和用來對付他們的戰術。美國海軍運用艦載的 EA-3B〔以 A-3 空中戰士（Skywarrior）轟炸機爲基礎發展而來〕和 EA-1F（以 A-1 天襲者式爲基礎發展而來），前者負責蒐集電子情報，後者專門干擾敵方雷達。

最初的被害人

一九六五年七月底，「標線」宣稱締造了首次擊落紀錄：一架美國空軍的 F-4C，接著在三星期之內又宣稱擊殺另外十三架。詹森（Lyndon Johnson）政府本著其特有的天眞，堅持介入軍事事務，並

↓在東京灣事件中，北越海軍快艇被認為曾在國際水域攻擊美國海軍船艦，是美國以日益龐大的規模參與越戰的導火線。

不可靠的軍火

AIM-7 麻雀飛彈有幾項缺陷：火箭發動機十分不可靠，一旦飛行員按下發射鈕，飛彈甚至要花上超過兩秒的時間才會離開飛機。其最短發射距離也受到限制，而當目標進行激烈運動或降低高度至發射機以下時，導引飛彈飛向目標的雷達鎖定時常脫鎖，導致幽靈式的雷達組會被來自地面的雜亂雷達回波強烈干擾。響尾蛇飛彈則是太容易被其他外在熱訊號干擾，連太陽和地面都包括在內，鎖定目標也時常會轉移目標。這兩種飛彈都沒有如預期般地正常運作。

未批准摧毀北越地對空飛彈陣地，相信北越人不會膽子大到敢發射飛彈。

從戰術的觀點來看，美軍飛機被迫在低於 SA-2 九百一十四公尺（三千呎）的最低接戰高度的空中作業，但這意味著他們被迫進入高射砲火力覆蓋的中心區域，北越空軍正希望在這裡逮到他們。美軍飛機被高射砲擊落的數目，遠超過其他因素，包括地對空飛彈和米格機；到了戰爭結束時，北越空防網絡粗糙而簡單技術，克服了科技先進的美國軍方武器庫。

要求低空進場造成了導航上的挑戰，也限制了航程，因爲飛機在低空飛行時燃料的消耗率會變高很多，而這點在美國空軍的 F-105 雷霆酋長式身上顯得格外明顯，因爲雷霆酋長式是戰區中數量最多的快速噴射機，堪稱是戰鬥轟炸機的「工蟻」。然而「雷公」（Thud）是第一款裝有雷達

→在越戰期間，UH-1「休伊」直昇機開啓了戰場機動的新時代，直昇機可以把士兵和他們的武器直接運抵戰場。

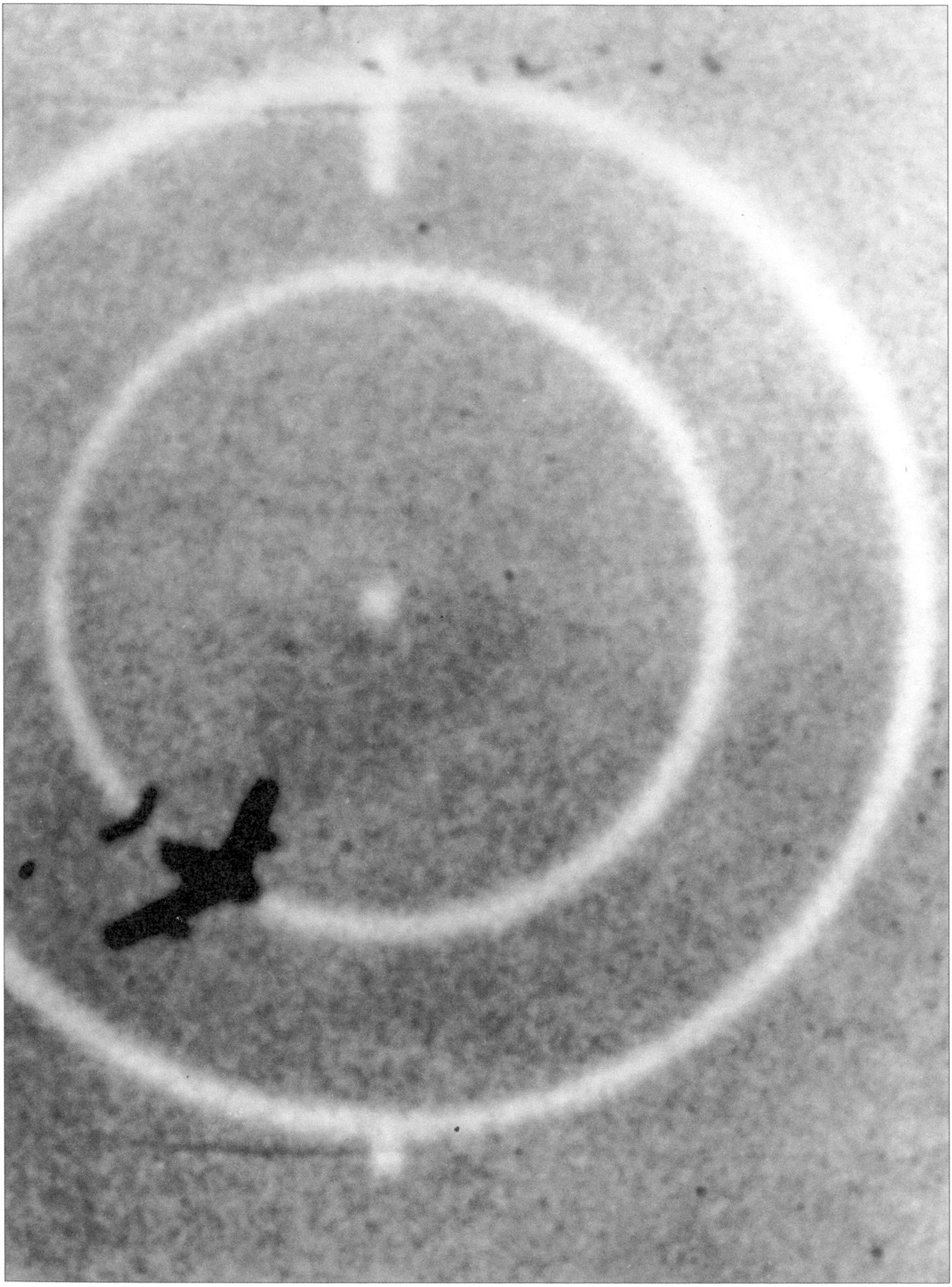

↑越戰時期美軍最佳的戰機，就是麥唐納道格拉斯（McDonnell Douglas）的 F-4 幽靈 II 式。幽靈 II 式原本是設計做為美國海軍艦隊的防空戰鬥機，卻成為一款傑出的多用途戰機，之後美國空軍也採用了幾種不同的版本。

歸向和警告（Radar Homing and Warning, RHAW）接收器的戰鬥機（譯註：雷公即 F-105 雷霆酋長式的暱稱）。雷達歸向和警告接收器告訴飛行員「扇歌」雷達什麼時候在照射他，並讓飛行員有時間迴避雷達的掃描軌跡——「扇歌」雷達需要花上大約七十五秒的時間去搜尋並鎖定一個目標，然後發射一枚「標線」飛彈，因此 F-105 的飛行員會得到充分的警告。當系統開始接收到敵軍飛彈導引信號的時候，F-105 座艙內一盞紅色「發射」燈就會穩定地發出紅光告知飛行員。

野鼬

遠端的干擾機，像是 EA-3 和 EB-66，在面對米格機和地對空飛彈時都相當脆弱，而美軍方面也承認需要擁有專門的戰術戰鬥機，以便伴隨攻擊群並搜索出「扇歌」與 SA-2 發射陣地。美國海軍選擇使用 A-4 天鷹式（Skyhawk），而美國空軍則選用雙座的 F-100F 超級軍刀式。而從一九六六年初開始則是 F-105F 雷霆酋長式，因爲這些飛機能夠在後座搭載一名專門的電戰官（Electronic Warfare Officer,

←←一架美軍戰鬥機的瞄準器捕捉到一架北越的 MiG-17。北越從無到有，建立了一支量少質精的航空兵力，當北越空軍飛行員學習利用靈活戰鬥機帶給他們的優勢時，為美國空軍帶來了相當多的問題。

EWO）。美國空軍爲其壓制地對空飛彈作戰取了個外號叫「野鼬」（Wild Weasel），正式的任務名稱實際上是鐵手（Iron Hand）。之後從一九七二年開始，單座的F-105G 也將會執行「野鼬」攻擊任務，成爲與新式的 F-4E 幽靈式合組的獵殺小組一部分。F-105F 成爲戰爭中典型的地對空飛彈打擊機，除了傳統彈藥，像是無導引通用炸彈和集束炸彈之外，還掛載 AGM-54 伯勞（Shrike）飛彈。伯勞飛彈是用 AIM-7 麻雀飛彈的彈體加裝新的尋標頭，能夠在「扇歌」和「火罐」雷達發射電波的時候進行歸向。

伯勞飛彈本質上相當簡單，射程只有二十四公里（十五哩），但至少是一款「射後不理」（Fire and Forget，在發射後完全以全自

→一幅美軍航空偵察照相的照片，透露出北越「標線」（guideline）地對空飛彈發射陣地的細節。此款飛彈在較高空造成的威脅有時會使美軍飛行員將飛機降至低空，但如此一來他們就得時常面對雷達導引高射砲的火力。

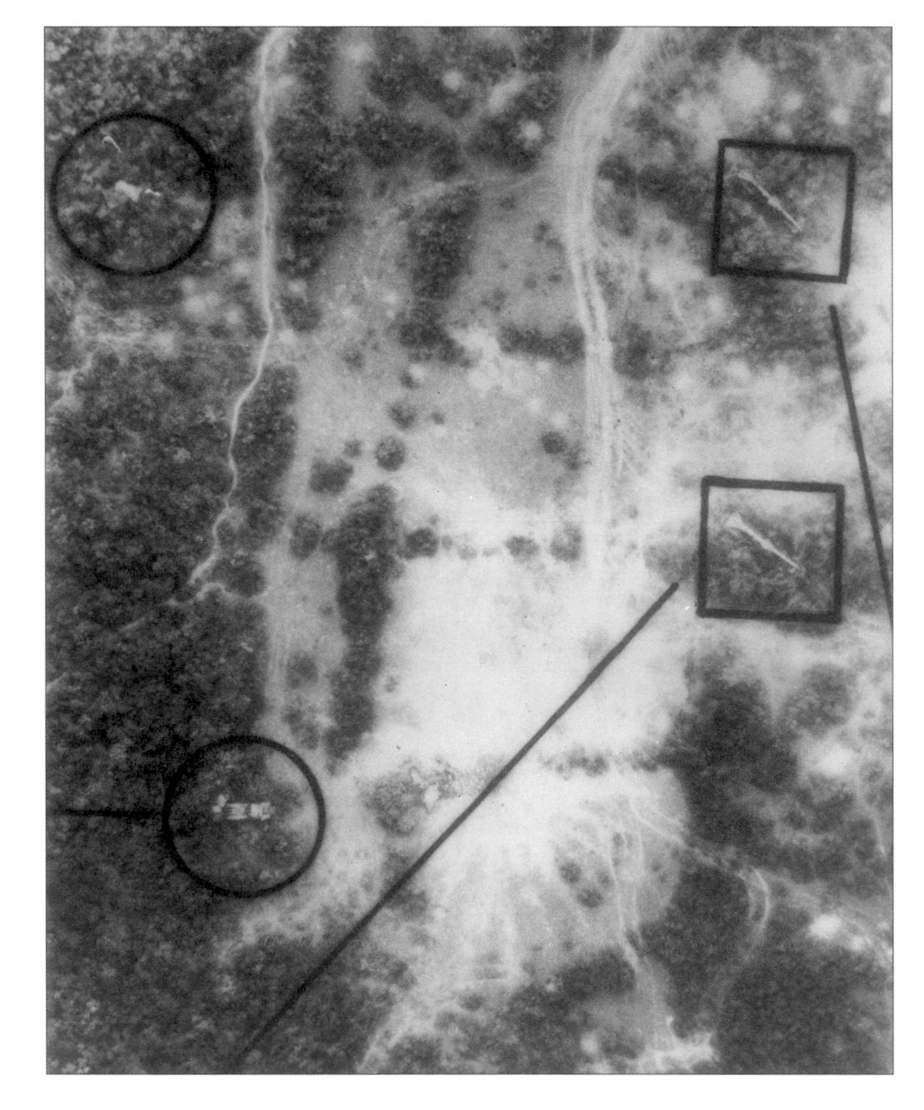

→→在進行中程空對空接戰時，美軍選擇的武器是 AIM-7 麻雀飛彈。北越飛行員試圖將他們的飛機保持在麻雀飛彈的實用戰術射程內，在短程 AIM-9 響尾蛇飛彈的射程外。

動模式執行任務）的飛彈，可以在發射之後對準發出電波的目標自動歸向；然而其飛行速度比 SA-2 慢很多，後者的接戰距離達二十七公里（十六哩），在一對一的戰鬥中，SA-2 會在伯勞飛彈擊中「扇歌」前，先命中 A-4 或 F-105。當然，「野鼬」可以在發射伯勞飛彈後調頭離開，但如果眞的這樣做的話，「扇歌」的操作人員就會知道飛彈正向他射來，而可以關掉雷達訊號，使得伯勞飛彈沒有電波來源可依據。

閃避「標線」

要勝過 SA-2 不是不可能，但代價就是神經緊繃，時間點也要抓得準。因爲沒有訓練工具可以讓飛行員練習，所以只能「邊打邊學」，這多多少少是一種相當令人難以置信的危機策略。

美國空軍將領羅賓．歐德斯（Robin Olds）是在第二次世界大戰時期受勳的王牌飛行員，也曾經在越南領導一個 F-4C 聯隊。他事後回憶到，不論是多常遭到地對空飛彈的射擊，那種純粹恐懼的經驗都是一樣的，另外他也提到曾被大約一百五十枚 SA-2 當成目標。

新世代飛彈

AGM-78 標準型（Standard）反輻射飛彈（Antu-Radiation Missile, RAM）解決了當中的幾個問題，並於一九六八年初開始服役。此型飛彈以海軍的 RIM-66 海對空飛彈爲基礎，擁有一個比伯勞飛彈大得多的彈頭，射程可達九十公里（五十五哩），有些型號甚至擁有磷照明彈，可協助「野鼬」標定已無法戰鬥的 SA-2 發射陣地，接著再用集束炸彈加以攻擊。

美國海軍用從 A-6 入侵者式攻擊機，衍生出 EA-6A 來補充鐵手的 A-4，此型機搭載機上干擾器，實際上與美國海軍的攻擊機群一起進入目標區，在他們進場與出場時提供干擾保護。

到了一九六五年夏季，美國空軍由於並未擁有與海軍 EA-6A 對等的機種，因此訂定合約爲其攻擊機發展快速反應能力（Quick Reaction Capability, QRC）干擾莢艙。美國空軍把戰略轟炸機上的電子反制干擾裝備裝進莢艙內，因此可由戰術噴射機掛載。第一款莢艙是 QRC-160，首先配備此莢艙的是 RF-101 巫毒式（Voodoo）和 RF-4C 幽靈式戰術偵察機。這些戰術偵察戰鬥機內載相機，每日都會飛過越南上空對部分目標拍照，他們通常單獨出任務，且因爲他們提供的情資至關重要，所以經常得奉命在沒有任何自衛措施的狀況下飛越 SA-2 發射陣地的上空。RF-101 巫毒式（Voodoo）和 RF-4C 幽靈式是 QRC-160 的理想候選機種。美國海軍領先了美國空軍一步，到了一九六五年底，A-4 和 A-6 都裝備了安裝在機身內部的 ALQ-51 干擾器。

干擾技術

QRC-160 是一款「雜音」干擾莢艙，可發出非常「吵嘈」的信號，隱藏「扇歌」雷達爲了鎖定目標而需要的雷達回波。而 ALQ-51 則是一種「欺騙」式的干擾器，可發射僞造的雷達回波以混淆「扇歌」雷達的操作員，讓他無從得知螢幕上哪個目標才是眞的。美國空軍試用 ALQ-51 後加以嘲笑，因爲發現搞不清楚狀況的「扇歌」或「火罐」的操作員，會乾脆盡可能接連射擊多發 SA-2，或是下令高射砲進行彈幕射擊，因爲他可以選擇攻擊所有的目標，所以美國空軍認爲美國海軍的「解決方案」將會引火上身。儘管導入了 ALQ-51 和 QRC-160，但卻沒有哪一種干擾莢艙特別有效，飛行員仍無法相信，現代化戰鬥機能夠在充滿地對空飛彈的環境中存活。

在整場戰爭裡，戰術偵察平台經由飛行員操作的 SR-71 和 U-2 間諜機的戰略偵察努力，以及無人的 AQM-34 火蜂式（Firebee）無人機加以鞏固。火蜂大部分是在非常低的高度作業，在自動駕駛儀的引導下掠過樹梢或屋頂，並循著從其 DC-130 力士型（Hercules）「母艦」下載至機體內的預定程式路徑飛行。之後閃電蟲（Lightning

←←越戰是第一場大規模使用戰術空對地飛彈的戰爭，這些「精靈」武器即使是在發展初期階段且構造相對簡單，還是能摧毀曾經歷過好幾次傳統無導引彈藥攻擊但仍屹立不搖的目標。

Bug）是火蜂更加複雜的版本，且就像火蜂一樣，是一款絕佳的照相平台。閃電蟲和火蜂都被用來做爲與 SA-2 發射陣地接戰時的誘餌，以及電子情報的蒐集機具。

一九六五年十二月，詹森下令終止滾雷行動，希望北越人可以準備好回到談判桌。此一終止使美軍各指揮官和計劃人員有機會可以在管理上將越南分成七個個別區域，稱爲路徑區（Route Pack, RP）。這些路徑區從屬於友方的南越被編爲路徑區 1 號開始，逐漸向北方遞增，代表著河內和北越的北部就是路徑區 6a（由美國空軍負責）和路徑區 6b（由美國海軍和海軍陸戰隊負責），此外路徑區 2 號和 3 號是美國海軍和海軍陸戰隊最主要的責任區。就本質上來說，飛行員被要求愈往北邊飛，被擊落的威脅愈大，因爲北越陸軍（North Vietnamese Army, NVA）和北越空軍在這個狹長國家頂部的工業中心周圍，集中了大部分高射砲和空軍基地。因此，路徑區 1 號和 2 號的任務看起來風險較低，路徑區 3 號和 4 號的風險屬中等，而路徑區 5 號和 6 號的風險最高。路徑區 6 號

戰略偵察

SR-71 通常以 3.3 馬赫（Mach）的速度，在大約 25300 公尺（83000 呎）的高空巡航。它從日本的沖繩島起飛，可以直接飛過北越和中國大陸上空，帶回偵照相片和電子情報，包括記錄與敵軍空防網絡有關的電子訊號。U-2 的外觀看起來像滑翔機，它在南越以外的地方執行任務，飛行速度慢非常多，因此更容易受到 SA-2 的傷害，但也能在飛越北越後帶回有價值的照相情報，而 U-2 在戰爭初期時，對 SA-2 發射陣地的偵照可說是特別成功。

←F-105 雷霆酋長式的原始設計構想，是在歐洲戰場以超音速飛行並投擲核子武器，但在越南戰場上，它卻被用來進行次音速飛行並投擲傳統武器，並且在越南高溫且潮濕的環境裡，遭遇了許多維修保養的嚴重問題。

←←在越南外海，一架 A-4 天鷹式輕型攻擊機正從美軍第 7 艦隊一艘航空母艦上起飛。天鷹式重量輕、靈活，性能表現良好，載彈量適中但實用，且在進行攻擊時精準度也相當不錯。

又被分爲兩區：美國空軍負責較靠西側的路徑區 6a，因爲美國海軍的航空母艦在東邊東京灣內洋基站（Yankee Station）海域內作業，因此其飛機可以飛過海岸線並直接進入偏東的路徑區 6b。這是一個符合邏輯的決定，但卻擁有一個附加優點，就是美國海軍飛機可以在幾乎沒有北越空軍日漸增長的防空陣地和地面管制攔截預先警告的狀況下接近目標。

↓在越戰時，火蜂式是美軍最重要的偵察裝備，由經過特別改裝的 C-130 力士型運輸機發射。裝有照相機的 AQM-134 火蜂式被擊落的機率，會比體積較大、載人的飛機要來得低。

進入「魚床」

一九六六年初，北越空軍將超音速的 MiG-21「魚床」（Fishbed）戰鬥機導入服役。再一次，一架 RF-8 戰術偵察機首先發現 MiG-21，而不久之後這款新戰機就在空中徘徊尋找獵物。MiG-21 是眞正的威脅，這是蘇聯出口的最新型戰機之一，在某些方面比 F-8 和 F-4 還要優越，更是全面凌駕 F-105 之上。

到了一九六六年四月，MiG-21 已經在地面管制攔截的引導下攻擊 EB-66 干擾機，但沒有獲得任何成功。在他們企圖擊落毀滅者的第二次行動中，美國空軍護航的 F-4C 幽靈式，以響尾蛇空對空飛彈擊落兩架進攻中的米格機。

但美軍空對空飛彈的災難尙在持續蔓延中，麻雀飛彈的擊殺率平均只有百分之八，而響尾蛇飛彈也只有百分之二十八。幽靈式沒有內

↑火蜂式是由美國海軍和美國空軍操作，經改裝可搭載無人機的C-130戰術運輸機發射。火蜂式經常被用在高威脅的任務中，像是偵照SA-2「導線」地對空飛彈發射陣地。

載機砲，因此即使飛行員設法機動繞至一架米格機後方準備擊殺，但如果他的麻雀和響尾蛇飛彈失效的話，除了脫離接戰別無其他選擇。

北越地面管制攔截系統也在改善，進一步將潮流扭轉至有利北越空軍飛行員的一方，而蘇聯這時也已經提供固定陣地式的閂鎖（Bar Lock）監視雷達，以及車載的扁臉（Flat Face）雷達以擴大其覆蓋範圍。儘管盡了最大努力，美軍從未能設法干擾北越空軍的地面管制攔截，因爲他們可以輕易地改變頻率至未受干擾的波段上。

紅色皇冠

美軍也擁有由數個機關和平台組成的地面管制攔截網路，不過缺乏北越空軍享有的覆蓋範圍。三艘在東京灣內作業的雷達艦被稱爲紅色皇冠（Red Crown），能夠觀測北越的東海岸，而美國海軍的E-1B追蹤者式（Tracer）攜帶一具APS-82雷達，能夠協助改進覆蓋範圍的品質。

美國空軍擁有大眼特遣隊（Big Eye Task Force），這是由EC-121D警告星（Warning Star）〔以超級星座式（Super Constellation）客機爲基礎發展出來〕組成，於一九六五年抵達泰國，所配備的雷達能夠覆蓋飛機兩側各約達一百二十公里的空域，藉由海面來反射雷達波的話，這個範圍可以延長到幾乎達二百四十公里。不論是大眼或是紅色皇冠，都無法嘗試導引美軍戰機在和越南一樣的「管制分發」方式中與米格機

北美佬 F-100D 超級軍刀機

一般資訊

型式：單座戰鬥轟炸機

動力來源：1 具 7711 仟瓦（1700 匹馬力）普惠公司渦輪噴射引擎

最高速度：每小時 1390 公里（864 哩）

作戰高度：14020 公尺（46000 呎）

重量：最大起飛重量：9525 公斤（21000 磅）

武裝：4 門 20 公釐（0.79 吋）口徑機砲；2402 公斤（7500 磅）炸彈。

尺寸

翼展：11.82 公尺（38 呎 9.5 吋）

長度：14.36 公尺（47 呎 1.25 吋）

高度：4.95 公尺（16 呎 3 吋）

翼面積：35.77 平方公尺（385 平方呎）

→在越戰期間，北越所使用最先進的戰鬥機，是蘇聯供應的 MiG-21「魚床」式日間攔截機。此款戰機缺乏美軍戰鬥機配備的先進電子系統，但飛行速度快、動作靈活，裝備的機砲火力也相當強大。

接戰，他們反而是提供警告和提示，協助飛行員創造一個戰場空間的心理圖像，使他們可以選擇在哪裡、在什麼時候以及如何以最佳的方式接戰。

對美國海軍的飛行員而言，與米格機交戰的前景在一九六六年七月時，隨著最新型響尾蛇空對空飛彈 AIM-9D 的導入而看好，美國空軍也想要取得這一款飛彈，因爲它與早期型的 AIM-9B 相較之下，大大邁進了一步。此款新飛彈擁有一個氮氣冷卻的尋標器，對於米格機的熱廢氣更爲敏感，對於太陽和雲的敏感度則降低，它也擁有經過改善的最短射程和一個較大的彈頭。

改進的電子反制

對於美國空軍來說，這是一個好預兆，第一線的 F-105 聯隊正開始接收一款改良型 QRC-160 電子反制莢艙。當單獨進行戰術偵察的巫毒式和幽靈式使用此款裝備而結果不一時，「雷公」機隊擁有數量上的優勢，因此發展出一種「莢艙編隊」，此種編隊允許多架 F-105 組成一個正好可以讓他們所有的 QRC-160 覆蓋範圍互相重疊的隊

↑美軍標準的短程空對空飛彈是 AIM-9，圖為一架掛有 AIM-9 美國海軍十字軍式。響尾蛇飛彈可以對敵軍戰鬥機的熱廢氣進行紅外線歸向導引，因此這款武器擁有基本的後半球空間接戰能力（rear-hemisphere engagement capability）。

蘇聯的響尾蛇

蘇聯也忙著發展自己的短程紅外線導引空對空飛彈，也就是 AA-2「環礁」（Atoll）。在 1966 年，這款飛彈首次出現在 MiG-21 上，但一直要到 10 月才擊落第一架敵機：一架美國空軍的 F-4C。

「環礁」和「魚床」及地面管制攔截的搭配十分完美：飛行員駕駛米格機飛至目標機後方，進行音速一．四倍的超音速俯衝攻擊，接著連續射出兩枚「環礁」飛彈，然後拉起機頭脫離接戰。在許多案例中，美軍飛行員察覺到敵機正在進行此種攻擊的第一個徵兆時，已經是飛彈命中的一瞬間。

形飛行。F-105 在中高度採此種編隊飛行，雖然此編隊需要技巧和紀律才可以維持，但成果非常豐碩：從統計數字來看，一九六八年需要超過一百枚 SA-2 才能擊落一架美軍戰鬥機，然而到了一九六五年，卻只消十六枚就可以擊落一架。

到目前爲止，泰國境內的 EC-121D 已經被重新命名爲學院之眼（College Eye），並運用了一些戰爭時期最機密的科技，以協助維持美軍飛行員對戰場空間的環境警覺，盡可能保持最新狀態和準確度。自從一九六七年三月開始，他們就已經裝備了 QRC-248，它能

夠監聽米格機上 SRO-2 信號自動發射機回應的信號，北越空軍的地面管制攔截將會發出一個「盤問」SRO-2 的信號，而它將會發送一個回應訊號，以確定是否爲友軍飛機。在這個過程當中，SRO-2 允許北越空軍的地面管制攔截持續追蹤米格機，並引導他們前往攔截。對美軍來說，能夠收到這些訊號的益處相當可觀，三個軍種的戰鬥機飛行員立即緊密注意學院之眼的無線電發送，因爲學院之眼的無線電總是非常準確。

QRC-248 也能主動盤問米格機的信號自動發射機，不過這項科技背後的極端敏感，意味著一直要到一九六七年的夏季，學院之眼的操作人員才被允許在這種作戰模式下使用此一裝置。大約在同一時間，EC-121K 鉚釘尖（Rivet Top）也出現在戰區內，鉚釘尖的機密等級甚至比學院之眼還要高。

除了 QRC-248 以外，鉚釘尖也載有特製的電子設備，使它可以盤問一些其他的蘇製敵我識別（Identification Friend or Foe, IFF）信號自動發射機。但最重要的是載有一組代號爲鉚釘架（Rivet Gym）的語言學家，他們爲國家安全局（National Security Agency, NSA）工作，負責監聽北越空軍地面管制攔截管制員和米格機間的對話，同一時間也透過他們的信號自動發射機來監視米格機。但最矛盾的是，鉚釘尖的用處受到限制，因爲國家安全局不想要任何人知道這件事——包括依靠地面管制攔截的協助而在戰場上倖存的美軍戰鬥機飛行員。

阿爾法攻擊行動

到了 1967 年，美國海軍有三艘航空母艦常駐洋基站（Yankee Station），每一艘均維持空中作戰達十二小時，以提供每日二十四小時的掩護。美國海軍將其作戰分成兩種模式：一個是循環作戰，也就是每小時有二十五至四十架飛機起飛，當中有一半對付路徑區二、路徑區三和路徑區四。這些任務對於打擊濃密叢林樹冠層下，一路向南方延伸的北越陸軍運輸和後勤補給線時相當理想。其間，面對路徑區四 b，美國海軍集結了大批飛機對其進行大規模的阿爾法（Alpha）攻擊行動。

在阿爾法攻擊行動（Alpha Strikes）中，投入了一支航空母艦聯隊的所有飛機，並將他們編成單一的打擊部隊，任務是打擊單一目標。此種模式在面對北越陸軍的防空系統和北越空軍之 MiG-17、MiG-19 及 MiG-21 等戰鬥機時，可提供最大程度的相互支援和保護，也能集中航空聯隊的毀滅威力，以提升摧毀目標的機率。

事實上，爲了報復東京灣事件，美軍於 1964 年 8 月 5 日進行的攻擊就是一趟阿爾法攻擊行動，共有從航空母艦星座號（Constellation）和提康德羅加號（Ticonderoga）上起飛的六十四架飛機參與。

鷲測試

一九六七年五月，美軍開始對 AIM-4D 鷲式空對空飛彈和美國空軍到此時爲止操作空對地最佳化的 F-4D 幽靈式單位展開評估，希望可以改善 AIM-9B，但鷲飛彈在空中纏鬥的時候沒有什麼用處：必須

←←儘管 F-105 在保養維修方面遇到困難，它卻擁有絕佳的航程、速度和酬載能力。在戰爭後期，F-105 經過發展成為壓制敵軍防禦的「野鼬機」，配備了先進的電子系統，有能力應付連線到地對空飛彈和高射砲的雷達。

USAF

先翻轉一系列錯綜複雜的開關，接著其尋標頭冷卻劑會運作兩分鐘，這時候飛行員完全無法暫時中止冷卻過程；而當冷卻劑流出後，飛彈實際上已經沒有作用了。

美國空軍承認需要改良 AIM-9B，但卻不是拋開面子採用美國海軍成功的 AIM-9D，而是讓 AIM-9E 服役，它基本上就是 AIM-9B 加上一個冷卻的尋標器。

因此相當幸運的是，美國空軍的新 F-4D 幽靈式擁有前導計算瞄準器，能夠以極佳的準確度，預測安裝在機腹的 SUU-16/23 機砲莢艙所發射之二〇公釐砲彈的撞擊點，這使得幽靈式的飛行員擁有一個可靠的武器，以進行偶爾會在米格機和美軍戰鬥機與攻擊機間爆發的近距離戰鬥。

隨著時間的過去和北越空軍獲得強化，這類交戰的次數變得愈來愈少。一九六七年上半年間，共有五十五架米格機被擊落，另外有三十架在地面上被摧毀，越軍的空軍主力已經被殲滅了。但即使如此，美軍在空中的表現還是不如預期，無疑地不像在朝鮮半島那樣主宰著天空。

↑美國空軍根據一些來自海軍的標準，要求為其 F-4 幽靈式多用途戰機進行部分改裝。當中最重要、同時也是源自於越戰經驗的，就是安裝在機身內部而變得更精準的旋轉式機砲。

←←響尾蛇式飛彈在越戰時期已到了服役年限後期，是世界上第一款獲得全面採用的空對空飛彈。此款飛彈有多種改良型，有半主動雷達和紅外線導引兩種模式，圖為紅外線導引的 AIM-4D。

423

F-105 和 F-4 單位使用的電子反制莢艙，大幅提高美國空軍的存活能力，而其空襲行動需要空中加油（這正是北越空軍監視的重點），因此當他們抵達北越時一點也不令人驚訝，這使得他們容易受到組織化防禦措施的傷害；相反地，美國海軍的攻擊行動持續的時間較短，因此北越空軍可用來反制的時間也較少，進而提高了美國海軍的存活機會。

然而，AIM-7 麻雀飛彈的問題依然存在。美國空軍的 F-4 曾發射七十二枚麻雀飛彈；但只有八枚命中目標，而射出的五十九枚 AIM-9B 響尾蛇飛彈，也只有十枚命中。因此從幽靈式機發射時的擊殺機率，分別只有百分之十一和百分之十七。

空中加油機

美國空軍在北越上空執行任何任務的關鍵，就是 KC-135 同溫層油輪（Stratotanker）空中加油機。這些飛機沿著數條航線盤旋飛行——圖案像個「錨」，他們從那裡可以替即將進入北越轟炸的戰鬥機加滿燃料箱，並在他們返回的時候再加滿已經用罄的油箱。如果沒有這些加油機，美國空軍就無法好好打這一場仗；空中加油機或許無法成爲主角，但他們從跟那些出類拔萃的知名機型一樣重要。

到了一九六八年底，詹森總統已經宣佈他不會尋求連任，也下令完全停止對北越的轟炸，滾雷行動於是結束。

狩獵突擊隊

冰屋白是 1968 年後至 1972 年中期，由美國海軍領導打擊胡志明小徑的祕密作戰其中一部分，被稱爲狩獵突擊隊行動（Operation Commando Hunt）。

在此作戰中，美軍以順時針方向接連不斷地轟炸小徑，以 O-1 捕鳥犬式和 OV-10 野馬式等前進空中管制機，指揮 F-100、F-4 和 F-105 進行攻擊，而 B-52 則進行白晝間的「地毯轟炸」。在此期間，AC-119G 影子式（Shadow）、AC-119K 刺針式（Stinger）、AC-47 鬼魂式（Spooky）和 AC-130 鬼怪式砲艇機，則於夜間對地面掃射。在 1968 年 11 月至 1969 年 4 月之間，狩獵突擊隊行動宣稱摧毀了七千三百二十二輛敵軍卡車。對這些砲艇機來說，警戒小徑的任務風險特別高，美方在 1969 至 1972 年間就損失了六架 AC-130，他們全都是在襲擊、或與位於寮國或南越境內小徑上的目標接戰時被擊落。當狩獵突擊隊行動在 1972 年結束時，美國空軍的情報機構宣稱擊毀了五萬一千輛卡車和三千四百門高射砲。

精進的戰術

隨著時光流逝，轟炸作戰成功和滾雷行動失敗之間的差別也反應出來，從戰術的觀點來看，美國海軍的思想明顯地比美國空軍進步。

美國海軍採用一種編隊，允許兩架戰鬥機編成一組以便互相支援，隨著長機（lead jet）與敵人交戰，而「自由的」二號機就維持鬆散的隊形，使其得以監視戰鬥，並檢查長機及己方脆弱的後方空域。爲了防止長機發生任何問題，或是

←←越戰時期美國海軍最佳的攻擊機是 A-6 侵入者，這是一款堅固的次音速飛機，但航程極遠，彈藥酬載能力達 8615 公斤（18000 磅），還配備先進的電子系統，可在任何天氣條件下以極高的準確度進行轟炸。

耗盡彈藥，二號機之後可以搖身一變成為「接戰的」戰鬥機，並開始發射飛彈和機砲。

相反地，美國空軍使用一種被稱為「流動四機」（Fluid Four）或是「戰鬥翼」（Fighting Wing）的編隊，由四架飛機組成，在飛行任務中，由長機試圖和敵軍接戰，而二、三、四號幾乎不用做什麼事，只要留在固定的編隊裡就好。

美國海軍的「鬆散惡魔」（Loose Deuce）編隊相當彈性，並能相互支援，然而以「戰鬥翼」隊形飛行相當困難，並時常會使三號和四號機容易受到來自後方的MiG-17突擊，或是MiG-21的超音速猛攻，有些時候因為長機來不及反應，他們就會被擊落。到了一九六八年，美國空軍認識到美國海軍的戰術較優越，但卻因為某些理由而決定繼續使用「流動四機」隊形。

美國空軍的進步

美國空軍尋求可以改善表現的科技。一九六八年時，美國空軍導入新型的F-4E幽靈式，該機內載二〇公釐口徑的「蓋特林」

↓圖中的KC-135正在為F-105加油。越南戰役證明了空中加油技術價值非凡：飛機在空中加滿油箱之前，可以減輕機內燃油重量，並以最大掛載重量起飛，而受損的戰機也可得到所需的燃料以成功返回基地。

（Gatling）機砲。全新的「纏鬥麻雀」（Dogfight Sparrow）AIM-7E-2 擁有四百七十五公尺的最短射程，對抗靈活目標的能力也較佳，而最讓人印象深刻的，是爲 F-4D 開發的 APX-80戰鬥樹（Combat Tree）呼叫器改良版，使他們有能力運用與 EC-121D 學院之眼和 EC-121K 鉚釘尖相同的方式，來應答米格機的敵我識別裝置。

美國海軍使用科技來補足其較優越的戰術和訓練。改良的 F-4J 於一九六八年夏季抵達，而 AIM-9G 響尾蛇則是已經較爲優秀的 AIM-9D 改良型。

北越空軍也在強化當中。美國政治領導階層下令停止轟炸北方長達三年半，使得他們有機會可以重新進行補充，並再度評估戰術。到了一九七〇年五月，北越空軍總計擁有二百六十五架米格機，此外也

↑到了 1972 年，大部分從泰國基地起飛的美國空軍 F-4 戰鬥機為 F-4E 型，在機首裝有一門固定式 20 公釐機砲。圖中這架掛載了五百磅的 Mk 82 傳統炸彈，裝有加長的信管，以確保炸彈在地面上方爆炸，以達到最佳破壞效果。

↑B-52 重轟炸機的航程極遠、載彈量極大，本應扮演戰略轟炸的角色，但在越南的作戰卻是以戰術轟炸為主，以集中投擲大量傳統炸彈的方式，對大面積叢林地帶進行密集轟炸。

建立了新的地面管制攔截網絡，以便在米格機接戰時加以引導指揮。

隨著轟炸北越的作戰暫停，因此美軍與米格機交戰的次數就跟著愈來愈少，空戰的形式就開始以組絕任務爲主，意圖擋住源源不絕地流向正不斷向南越深入的北越陸軍或是越共（Viet Cong, VC）民兵組織的補給、彈藥和後勤支援。

共黨部隊的胡志明小徑（Ho Chi Minh Trail）補給路線從北越出發，在進入南越之前穿越中立的鄰國寮國，這可說是由各條小路組成的蜘蛛網，長度約有三千公里，輸送了共黨戰士需要的補給和戰爭物資。把這條小徑當成目標是一項挑戰，因爲大部分路段都被濃密的叢林覆蓋住，也因爲北越陸軍和越共主要都是在夜間移動，畢竟在晚上被偵測到的機會較低。

胡志明小徑長久以來就是B-52 同溫層堡壘（Stratofortress）轟炸機作戰的重點區域，對這條小徑的「地毯轟炸」弧光（Arc Light）空襲行動，自一九六五年起展開，光是在一九六六年四月至六月期間，B-52 就執行了四百次這類的任務。在一九六四年至一九六七年底之間，美軍對胡志明小徑進行了十萬零三千一百四十八架次

精準武器

後衛行動的特徵不僅是美國空軍和美國海軍在面對米格機時的表現對比，它也是第一場大規模運用精準導引武器（Precision-Guided Munitions, PGM）的作戰，也就是今日所謂的「精靈炸彈」（Smart Bomb）。電視導引的 AGM-62 牆眼（Walleye），會將電視畫面送回發射機上，使機上人員可以監視並控制武器瞄準目標，直到撞擊的一瞬間。牆眼的精準度高到可以瞄準一座橋樑的單一跨距。

牆眼的後繼者是鋪路（Paveway）I 雷射導引炸彈，這是一枚標準的通用炸彈加裝一個雷射尋標頭，導引翼位於前段，而凸翼則位於後段以增加炸彈的滑翔飛行距離。爲了導引炸彈飛向目標，F-4 的後座人員會使用駕駛艙內一具被稱爲「零」（Zot）的雷射標定器來照明目標，而炸彈會追蹤反射的雷射能量，並以極高的精準度接受導引飛向目標。鋪路曾在 1968 年於越南進行測試，但美軍中止了滾雷轟炸行動，限制了這款武器的進一步戰鬥測試。此後其部署的數量較多，對於攻擊胡志明小徑上的小型高射砲砲位，擁有極佳的效果。

「零」隨即被一款被稱爲鋪刀（Pave Knife）的雷射目標標定莢艙取代，其裝在萬向架上，因此幽靈式的飛行員就算駕駛飛機進行機動，雷射仍會指向目標的中心點。鋪路炸彈因爲可靠度高、準確且價格便宜，所以成爲後衛行動最重要的武器。鋪路炸彈也被用來對付傳統武器無法打擊的目標，因爲先前的轟炸技術和系統，並沒有精準到可以防止平民傷亡。

的戰術空襲，其中有一千七百一十八架次是由 B-52 進行攻擊。

胡志明小徑的挑戰促成了大規模科技創新。解決這項挑戰明顯的方法就是在叢林樹冠層葉片上噴灑落葉劑（defloiant），因此從一九六一年至一九七一年，紫劑（Agent Purple）、粉紅劑（Agent Pink）、綠劑（Agent Green）和當中最惡名昭彰的橙劑（Agent Orange）就被發明並使用。這些戰劑由各種不同的飛機噴灑，從「休伊」到 C-123 供應者（Provider）運輸機都有，這些除草劑／落葉劑特別有效，但後來人們才明白，這些藥劑也增加了遺傳疾病和癌症的可能性。

無論有沒有樹葉，發現或偵測敵軍動向變得愈來愈困難，因爲北越陸軍和越共是僞裝和欺敵的能手。一開始，美國軍方使用安裝在「休伊」上的感應器，可以偵測尿液，但當大量的假警報出現時，美軍才恍然大悟，叢林樹冠層下的大象和印度水牛也會排尿，因此另外一種途徑就誕生了！

冰屋白

這個新途徑就是來自於冰屋白（Igloo White）計劃，此計劃使用由美國海軍 OP-2 海王星式（Neptune）、美國空軍 HH-3 直昇機和幽靈式，在關鍵位置投放的地震感測器來偵測附近人員的移動。盤旋飛行的 EC-121R 負責蒐集由感測器傳送的資料，之後會在設於泰國的中央滲透監視中心進行核對，並與其他情報來源提供的交通資料進行比對。從那時起，美軍就可以對胡志明小徑的關鍵節點，進行空中打擊。

反滲透的努力由 MSQ-77 戰鬥空中偵察（Combat Skyspot）系統支援，這是一款陸基的雷達轟炸系統，於一九六六年時首次導入，用來在惡劣天氣中或夜間指揮 B-52 進行打擊。在衝突期間，美軍透過空中偵察系統指揮了所有攻擊任務之四分之一，並促成了長程導航（long-range navigation, LORAN）的發展——運用一連串的無線電發報器，從三個或以上的發報器來測量信號間時間的不同，以確定飛機的位置。使用空中偵察或長程導航進行轟炸的飛機，將會由坐在地面上的管制員告知何時投擲炸彈，但這項技術只有在對付大區域的目標時，才眞正有效。

空中偵察和冰屋白都是在一九六八年一月和四月間，協助美軍贏得溪生戰役（Battle of Khe Sanh）的工具。當美國海軍陸戰隊對抗兩支北越陸軍的師級部隊時，在美國空軍的領導下（還有美國海軍和陸戰隊的廣泛協助）發動了尼加拉行動（Operation Niagara）加以支援。這是一場大規模的空中轟炸作戰，在一般情況下，平均一天會有三百五十架次作戰飛機、六十架次 B-52 和三十架次的 O-1 及 OV-10

→→美軍於越南執行的所有任務中，風險最高但也相當有用的，便是前進空中管制。像是 O-1 捕鳥犬式這類飛機的機組員，會駕駛飛機緩慢地在低空飛行，呼叫飛機進行攻擊，並應請求密接空中支援的地面部隊之指示，標定接近部隊的目標。

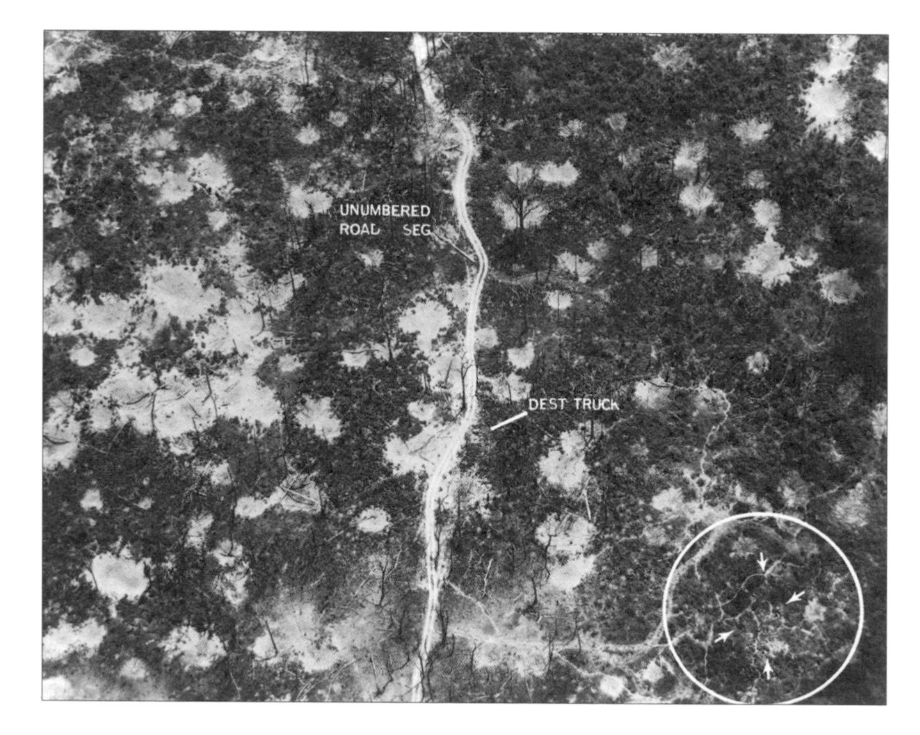

→由 B-52 之類的飛機，採取緊密編隊進行的密集轟炸，就算是在較高的飛行高度，威力也強大到足以夷平下方林野的整片地形，摧毀叢林植被，並動搖運輸和交通網路。

觀測機出勤，另外總計有分成四十四串共三百一十六具的冰屋白感測器，協助辨識北越陸軍部隊利用夜間掩蔽的行蹤。

C-130 力士型運輸機是溪生戰役中的無名英雄之一。C-130 不眠不休地在高射砲和輕兵器火力下，運送補給物資至被圍攻的機場，這些機場在北越陸軍迫擊砲火力的持續轟擊下早已佈滿坑洞。

溪生之圍

C-130 在跨越整個戰區進行後勤支援和運補時，是非常有價值的

後衛 2 號

當和平談判進展再次於 1972 年 12 月止步不前時，美國總統尼克森下令進行後衛 2 號行動。後衛 2 號是一場大規模行動，其目標並非如同先前的滾雷行動和後衛行動以後勤和戰術目標爲主，而是集中 B-52 所向披靡的毀滅性火力，對海防和河內等城市進行猛烈攻擊。最後，美國政府開出了一份清單，列出越戰進行長久以來禁止加以攻擊的目標，但許多軍事指揮官一直堅持這些目標從戰爭一開始起便應該加以攻擊。這種政治干涉軍事的作爲是越戰的顯著特徵之一，但這時已經太遲了。

支援工具，從溪生的需求量即可清楚地看出：一月中時，這座基地一天需要六十噸補給，之後增至每天一百八十五噸，所有補給物資當中的百分之六十五都是由C-130用降落傘進行空投。美國海軍陸戰隊的CH-46海騎士（Sea Knight）雙旋翼直昇機，在A-4進行高射砲壓制任務的支援下，也吊掛物資進入基地。

一九七二年五月，美國空軍和美國海軍開始著手進行後衛行動（Operation Linebacker），以切斷預定支援北越計劃中，入侵南越行動的補給和物資供應。行動的目標包括橋樑、鐵路調車場，和石油、燃料和潤滑油工廠等設施。

發動後衛

五月十日，也就是行動展開的第一天，美軍共出動了四百一十四架次飛機出擊，其中美國空軍出動一百二十架次，美國海軍則出動二百九十四架次，與米格機接戰的次數是戰爭中紀錄最高的一天：四架北越空軍MiG-21和七架MiG-17被擊落，美軍的代價是兩架美國空軍的F-4被擊落，當超過一百枚SA-2飛彈射向來襲的攻擊機群時，美國海軍又損失了另外兩架飛機；在當天北越方面又從各個不同地點發射了另外一百五十枚地對空

↓一名美軍步兵看著休伊直昇機。貝爾的UH-1數量龐大，他們透過大幅提高的戰術機動性以運輸部隊、武器和補給，並抽出整個單位或其傷亡人員，改變了地面作戰的本質。

↑C-130 是美軍在越南所能取得最優秀的戰術運輸機。如圖，該機正透過低空降落傘脫離系統（Low Altitude Parachute Extraction System, LAPES），為一座美軍火力基地送來建築設備。C-130 酬載量大、性能可靠，且具備半短場起降能力。

飛彈，但美軍沒有飛機被擊落。

美國海軍在各場轟炸作戰（以及同一時段和北越空軍的空對空衝突）之間的平靜時段內，並沒有無所事事，還成立了一間所謂的「終極高手」（Top Gun）武器學校，以對飛行員和雷達攔截官（Radar Intercept Officer, RIO）施行進一步的教育訓練，此時這項投資終於開花結果了。在後衛行動的第一天，美國海軍就獲得在這場戰爭中擁有美軍首位王牌飛行員的殊榮，蘭迪．康寧漢（Randy Cunningham）和威廉．德里斯可（William Driscool）宣稱他們駕駛 F-4J 擊殺了第五架米格機。而總是落後幾步的美國空軍，在米格機手上蒙受了悲慘的損失；雖然美國海軍在五月和六月間取得的擊殺率為六比一，但美國空軍卻要奮力地維持非常糟糕的一比一。貧弱的武器系統、差勁的訓練和過時的「戰鬥翼」隊形等因素加在一起，使得美國空軍飽受痛擊，傷痕累累。

在五月和六月間，B-52、攻擊機和砲艇機共飛了一萬八千架次，折損了二十九架飛機。之後在作戰中，美國海軍的 A-7 海盜 II 式和 A-6 在海防港內布雷，有效限制了中國和蘇聯透過海路運補北越的能力。轟炸作戰的壓力一直沒有降低，最後在四月和六月之間的出擊架次幾乎達到二萬九千架次。這結果十分有效，而北越方面的官方歷史紀錄對此則是指出，實際上運抵前線單位的補給只有百分之三十。

八月時，地面管制攔截機關迪斯可（Disco，即學院之眼）和紅色皇冠，會將情資發送到一個中央地面管制攔截中心，此中心被稱為茶球（Tea Ball）。茶球取得了迪斯可和紅色皇冠的情搜成果，並與其他敏感的情報蒐集平台相結合，包括美國空軍的 RC-135 戰鬥蘋果（Combat Apple）平台、美國海軍的 EC-121 大觀機（Big Look）和由語言學家操作之陸基攔截站。但就像鉚釘架一樣，根據部分茶球接收的資訊的安全等級，並不是每一道資訊都可以傳遞給越南上空的空勤人員。

對於美國軍方最弱的幾個領域例如無線電通訊，茶球並沒有做出多少改善。由於有那麼多飛機在空中，單一頻率上有那麼多訊號在傳送，無線電時常因爲人員間的交談而受到干擾；當通訊因此而斷絕時，每一個人在面對攻擊時全都一起變得更脆弱，也更沒有效果。

一九七二年九月，也就是離後衛行動結束剩不到一個月時，全新的 AIM-9J 響尾蛇首度登場，搭配安裝了戰鬥樹的 F-4D 和較新型搭載機砲的 F-4E 時，獲得巨大成功。美軍僅僅發射了兩枚 AIM-9J 就達成了兩次擊殺，而且兩次都是在飛彈的有效飛行範圍邊緣就開火射擊。數週後，在另一次遭遇戰中，美軍共發射了八枚飛彈，但只有一枚命中，響尾蛇 J 型開始看起來並沒有比它取代的 AIM-9B 和 AIM-9E 好到哪裡去。

↓美國海軍 A-6 侵入者攻擊機，對準共黨部隊目標投擲炸彈。侵入者式以兩具相對較小的渦輪噴射引擎為動力來源，性能優良且可靠，由兩名並排坐在寬敞駕駛艙中的機組員駕駛。

←美國空軍的 B-52 同溫層堡壘重轟炸機，由於遠從太平洋馬里亞納群島上，關島的安德森（Andersen）空軍基地起飛作戰，經常在飛行途中接受空中加油，以飛抵並攻擊越南境內各式各樣的目標，然後返回基地。

西斯納 O-2A

一般資訊	
型式	前進空中管制機
乘員	2 人
動力來源	2 具大陸公司（Continental）IO-360C 六汽缸水平對臥引擎，每具為157 仟瓦（210 匹馬力）
最高速度	每小時 322 公里（200 哩）
作戰高度	2430 公尺（8000 呎）
重量	最大起飛重量：2448 公斤（5400 磅）
武裝	四具翼下派龍掛架，可掛載火箭、照明彈或六管火神機槍（Mini gun）莢艙。

尺寸	
翼展	11.63 公尺（38.17 呎）
長度	9.07 公尺（29.75 呎）
高度	5.25 公尺（9.17 呎）
翼面積	18.8 平方公尺（202.5 平方呎）

十月八日，北越政府同意談判和平解決方案，因此後衛行動在十月二十三日結束（然而轟炸南越和寮國境內的北越陸軍和越共的行動仍持續進行，沒有緩和）。美國政府已經受夠了，甚至在後衛行動結束前，就已經開始將部隊逐步撤出越南，而和平的展望進一步加快了撤退的腳步。

倉促鉚釘

當美國軍方自一九七二年十一月起，將其南越空軍基地移交給南越空軍時，美國空軍就對 F-4E 進行改裝，加裝了前緣縫翼，在低速時放下，幾乎消除了一種被稱爲反向偏航的空氣動力現象。反向偏航會導致飛機偏離受到控制的航向，在纏鬥過程中，飛行員在低速時如果沒有用方向舵而是副翼時，飛機就會左右滾轉。因此，美國軍方導入所謂的「軟翼」、也就是加裝前緣縫翼的噴射機，其代號爲倉促鉚釘（Rivet Haste）。此外，幽靈式裝備了戰鬥樹和一具目標識別光電系統（Target Identification System Electro Optical, TISEO）照相機，就裝在左翼翼根外側的莢艙裡。

目標識別光電系統，引發了一個在整場戰爭中緊跟著美軍戰鬥機飛行員，並進一步對 AIM-7 麻雀飛彈的效能造成衝擊的爭議：每一位戰鬥機飛行員都必須接受的交戰守則（Rules of Engagement, RoE），要求在開火射擊每個目標前都要先進行目視識別（Visually Identified, VID）程序。在整場戰爭裡，交戰守則只有在幾個情況下可以被打破：當紅色皇冠或迪斯可允許，以及少數幾次的戰鬥樹交戰；而在絕大部分的情況下，這意味著麻雀飛彈無法在最佳射程內開火。也因爲米格機體積非常小，迎面而來時很難看見；在處於纏鬥距離的時候，美軍戰鬥機飛行員時常將「不明飛機」目視識別爲「敵機」。藉由電子系統讓目標識別光電系統受 F-4E 的雷達控制，電視機裝置就可以將畫面顯示在幽靈式的駕駛艙後座上，進而達成早期的目視識別。

一九七二年十二月，由於和平談判破裂，美軍再度展開大規模的轟炸作戰。後衛 2 號（Linebacker II）的目標是北越的海防市和首都河內，B-52 在七十二小時之內痛擊了這兩座城市。一些北越空軍的 MiG-21 試圖攔截轟炸機，但轟炸機由裝備戰鬥樹的幽靈式保護，擋住米格機一次又一次地進襲，而

↓B-52 的機身內彈艙容量並未完全利用該機的載重能力，這種設計主要是為了能夠攜帶一定數量的核子武器，許多機齡較老的飛機因此加裝額外的外掛炸彈架，以做為「炸彈卡車」使用。

↑越戰結束的特徵就是情勢一片混亂，最後一批美國人和許多南越人試圖逃命。如圖，衆人合力將一架很可能只有輕微受損的休伊直昇機，推下一艘美國海軍船艦的甲板邊緣，以騰出空間讓下一架滿載難民的直昇機降落。

B-52 繼續轟炸先前並未列入目標的米格機機場。

在第一個晚上，共有一百二十九架 B-52 出動，當中八十七架從關島起飛，並由 EA-6A、EB-66 和 F-105 野鼬機支援。B-52 攻擊了機場、鐵路、倉庫和發電廠，結果被地對空飛彈擊落兩架 B-52D 和一架 B-52G。其間，F-4 被用來散佈金屬箔片形成走廊，在一條十公里寬、五十公里長的狹長空域投下數以百萬計的錫箔片，給予 B-52 轟炸機長達三十二分鐘的「空窗期」，在這當中錫箔片就干擾 SA-2 的搜索雷達。這些金屬箔片走廊在後衛行動裡首次派上用場，然而此時他們更加精進，也更有效。

在後衛 2 號作戰的第二晚，雖然這些龐大的轟炸機有幾架受損，但沒有一架被擊落，但第三晚可說是最血腥的一晚。北越軍監視 B-52 的航跡和干擾方式，因此做了較佳的準備，估計發射了約三

↑士兵們跑向一架 CH-53 直昇機，準備登機。CH-53 比起 UH-1 機體更大、馬力也更強，酬載量也大上許多，但當南越因戰敗而屈服時，CH-53 一般來說都是在遠超出原始設計載重的超載狀況下飛行，就像所有其他被用來進行救援任務的飛機一樣。

百枚地對空飛彈，結果一舉擊落四架 B-52G 和三架 B-52D，第四架 B-52D 受損，並在掙扎返回泰國時墜毀在寮國境內。

最後一擊

在耶誕節的短暫停止過後，B-52 於十二月二十六日再度展開轟炸。至少有一百二十架轟炸機在當晚升空，並有一百一十三架戰術支援飛機護航（包括干擾機、護航機和野鼬機）。他們壓倒了驚嚇不已且心力交瘁的北越防空網絡，而只損失了一架飛機。

一個類似的作戰，包括二百次 B-52 對付南越境內目標的任務在內，多持續了三天，直到十二月二十九日；後衛 2 號作戰就在當天結束。兩次後衛行動結束後，美國空軍宣稱空對空「擊殺率」爲二比一，而美國海軍則是更可觀的六比一。

一九七三年一月中時，尼克森總統（Richard Nixon）宣佈終止在越南的攻勢作戰，因此不久之後便簽署了巴黎和平協定（Paris Peace Accords），正式結束了美國對越戰的干預。

第九章

中東戰爭：一九四五至一九七三年

中東戰爭，或稱以阿戰爭，自西元一九四五年起，飛機便參與了發生在這個地區裡各式各樣的衝突。

從第二次世界大戰結束後至進入西元二十一世紀的這些年裡，地中海東部的天空被埃及、以色列、約旦、黎巴嫩、巴勒斯坦和敘利亞包圍，成為最新航空兵器、科技和戰術的試驗場。

第二次世界大戰結束時，英國佔領巴勒斯坦，他們在當地面臨猶太民兵的暴動。早在一九四五年時，英國皇家空軍就動用哈里法克斯式（Halifax）、瓦維克式（Warwick，之後是蘭開斯特式）海上巡邏機與奧司特式，來防止猶太移民遷移。當民兵暴力衝突於一九四六年升高後，皇家空軍現有的噴火式就開始執行巡邏任務。其間，稍後的以色列國防軍空軍（Israeli Defence Force Air Force, IDF/AF，以下簡稱以色列空軍）鼻祖，便靠著一些輕型機在戰場上活躍起來，當中有一些被地面砲火擊落。在投票表決支持下，聯合國部隊於一九四八年離開巴勒斯坦。以色列這個新國家誕生了；但馬上就和阿拉伯鄰國陷入戰爭狀態，埃及的噴火式攻擊了以色列的機場，但當時英國皇家空軍的噴火式仍駐守在這些地方，結果英軍部隊宣稱擊落了幾架入侵的飛機。

剛獲得獨立的以色列，一開始時並沒有眞正的作戰飛機，只有主要由輕型機構成的小型空中武力。當阿拉伯部隊挺進時，埃及的飛機立即對猶太領土展開攻擊。埃及的噴火式和哈佛式機（Harvards）原本在空中橫行無阻，直到以色列取得捷克製的 S.199 戰鬥機，接著噴火式、標緻戰士和 P-51 也跟著投入行動。阿拉伯方面，埃及使用 C-47 和哈佛式進行轟炸，因此以色列在取得 B-17 之後，得以把戰爭帶到埃及的領土上。以色列在時斷時續的停火期間重新武裝，結果成功地維持了領土完整。在一九四九年一月停戰協定生效之前，以色列部隊也設法突穿了埃及領土，暗示著未來作戰的走向。

←←以色列於 1969 年開始接收性能優異的 F-4 幽靈 II 式，在接下來的十五年內，此款戰機可說是無役不與。圖為在耶路撒冷上空，這些 F-4E 隸屬於第119蝙蝠（Bat）中隊，該中隊於 1970 年開始接收幽靈式機，並於 1973 年的戰爭中投入此機作戰。

西奈的戰火

到了一九五六年時，以色列和阿拉伯航空兵力都開始換裝，分別

以色列的自衛手段？

1967 年 4 月，以色列空軍中由法國供應的神祕式戰鬥機與敘利亞的 MiG-21，在敘利亞戈蘭高地上空爆發衝突。當阿拉伯部隊重新進行部署並獲得增援後，以色列害怕阿拉伯部隊發動大規模進攻，因此也跟著在五月沿著敘利亞邊界集結部隊，之後便入侵並佔領戈蘭高地、西奈和約旦西部。以色列宣稱他們在 1967 年的作戰是自衛行動，以國總理之後表示「自以色列建國以來使她輾轉難眠的毀滅威脅，在即將成眞的那一刻被解除了。」

接收先進的法製和蘇製戰機。同年發生的蘇伊士運河危機，讓以色列有機會入侵埃及控制下的西奈，宣示她在領土方面的態度。

以色列部隊從法國人那裡得到了額外的軍火，也就是飛抵以色列空軍基地的法國空軍 F-84F、神祕式 IVA 和諾哈特拉。以色列部隊於十月二十九日展開行動，由 P-51 攻擊埃及陣地，C-47 也在流星式和暴風雨式的護航下投放傘兵。以色列空軍神祕式負責維持空優，而法製的諾哈特拉運輸機則空投武器裝備。

埃及空軍（Egyptian Air Force, EAF）的 MiG-15，首先對入侵部隊進行反擊，接下來則是流星式和吸血鬼式。英製的吸血鬼式通常被用來攻擊地面部隊，而米格機就進行巡邏，並與神祕式交戰。儘管被埃及飛機和裝甲部隊攻擊，以色列部隊還是向蘇伊士運河挺進，而埃及裝甲部隊因爲吸引了以色列空軍對地攻擊任務的注意力而受到損失。

等到英國皇家空軍在十月三十一日參戰的時候，以色列空軍實際上已經確保了主導權。以軍向蘇伊士運河的最後推進就在蚊式、暴風雨式和 P-51 的掩護下進行，而神祕式則在對埃及空軍米格機的戰鬥中獲得擊殺紀錄。在這場作戰的最後階段裡，神祕式、暴風雨式和 P-51 使用火箭和凝固汽油彈，沿

↓這些身經百戰的波音 B-17，是以色列首批使用的作戰飛機，並在該國宣佈獨立後引發的戰爭期間內趕抵服役。因此自 1948 年 7 月起，他們被用來轟炸埃及的目標，當中包括開羅。

著運河區攻擊，傘兵部隊也再次出動，而 C-47 和諾哈特拉，則運送部隊和物資至前線。

以色列空軍的 B-17 也對西奈南部發動一波空襲。以色列部隊在十一月五日成功佔領西奈，但在更大規模的蘇伊士運河作戰餘波當中，這些佔領的土地最後都得放棄。

六日戰爭

一九五六年之後，中東情勢相對地和平許多，但到了一九六五年，由埃及和敘利亞資助的巴勒斯坦游擊隊組織（Palestinian guerrilla group），愈來愈常進行跨邊界的攻擊。六日戰爭（Six-Day War）於一九六七年六月五日展開，以軍部隊攻擊鄰近的阿拉伯國家，這是一次典型的先發制人作戰，以色列空軍發動焦點行動（Operation Moked），在地面上摧毀了阿拉伯國家的空軍，賦予冷戰時期世界各地的空軍指揮官們深刻啓發。

↓埃及的吸血鬼式 FB.Mk 52 戰鬥轟炸機（圖為雙座教練機）雖然老舊，仍在 1956 年時活躍於西奈上空。在 10 月於西奈上空進行的作戰期間，至少有四架經確認被以色列空軍的神祕式 IVA 擊落。

六月五日早晨，以色列空軍發動第一波攻擊，大約一百七十架戰鬥機和戰鬥轟炸機，直接飛向至少十座埃及空軍基地，達成了致命的奇襲。參與空襲的以色列空軍飛機，包括從以色列南部起飛的暴風雨式和神祕式，負責攻擊位於西奈的基地，而從西邊飛來的超級神祕式（Super Mystère）和幻象 III，則攻擊運河區內的目標。雖然幻象 III 是被設計爲攔截機，但也適合擔負攻勢任務，服役數量達三個中隊——這些飛行速度快的戰機通常負責打擊更困難的目標。第一波空襲成功奇襲了埃及空軍，於七時四十五分至九時之間，陸續抵達目標上空，不過埃及方面還是有一些 MiG-21 成功緊急起飛，並與幻象機在阿布沙瓦亞（Abu Sawayr）的機場上空交戰。

以色列空軍在第一波空襲中，大約損失十架飛機，但他們在地面上和空中摧毀了多達一百四十架埃及戰機。此外以色列的電子反制機也執行了進一步的干擾，當中包括特別改裝的禿鷹式（Vautour）IIN 夜間戰鬥機。以色列部隊將會因爲在電子作戰領域的領先地位而獲益良多，之後也會在中東接下來的衝突中，運用複雜的電子反制戰術和裝備。

接踵而至的襲擊

以色列空軍發動的第二波攻擊，是以尼羅河沿岸的機場爲目標，以軍飛機從十時飛抵目標上空，而這樣的空襲就持續了一整天，參與的機種包括先前已經投入

↓在西奈的艾爾阿里許（Al Arish），以色列士兵正在檢查一架埃及 MiG-17戰鬥機的殘骸。在 1956 年西奈上空的戰鬥裡，MiG-17 是阿拉伯方面最先進的戰鬥機，到了 1967 年的六日戰爭時，阿拉伯國家的空軍內仍有大量此款戰鬥機服役。

戰場的飛機以及禿鷹式。就全部投入飛機的數量來看，第二波攻擊的規模變得比較小，但也打擊了十座基地，而這一次以軍更宣稱擊毀超過一百架飛機；以色列方面的損失則微不足道。爲了取得對埃及空軍基地造成的破壞效果，以色列空軍派出兩架特別改裝照相機鼻（camera nose）的幻象 III 進行攻擊後偵察。這兩波攻擊完成了癱瘓埃及空軍的目標，但埃及的盟國約旦和敘利亞在同一天參戰，約旦方面派出獵人式，敘利亞則出動 MiG-17 和 MiG-21，攻擊以色列的目標。

以色列空軍發動反擊，進行第三波空襲，派出幻象、神祕式、暴風雨式和禿鷹式打擊約旦和敘利亞境內的空軍基地；以軍再度出動大約一百架飛機，襲擊了另外十座機場，也摧毀了大約六十架敵軍飛機。

1967 年時的以色列裝備

六日戰爭時，以色列空軍在第一線的裝備，主要是以法國供應的戰鬥機和戰鬥轟炸機爲主，除了直翼的第一代暴風雨式之外，還有第二代的禿鷹式和神祕式 IVA 及超音速的超級神祕式 B2。另外以色列空軍在戰區裡所操作性能最佳的攔截戰鬥機則是三角翼的幻象 IIICJ，配備空對空飛彈。事實上，在戰爭開打之前，這些戰機當中有一部分就已參與了數起空中衝突，約旦的獵人式、埃及的 MiG-19 和敘利亞的 MiG-21，在 1966 年時全都有被以軍擊落的紀錄。

地面戰役

隨著埃及部隊在西奈喪失適當的空中掩護，以色列地面部隊便開

↓就在蘇伊士運河危機之前，以色列已經裝備了大批法製噴射機，像是達梭（Dassault）的暴風雨式戰鬥轟炸機。此款戰鬥機也可扮演防空的角色，在 1956 年時至少獲得一次經確認的空戰勝利，擊落一架埃及空軍的吸血鬼式。

↑1956 年的西奈衝突爆發時，以色列方面總計擁有十六架神祕式 IVA，隸屬於第 101 中隊，駐防夏瑣（Hatzor）基地。這些戰鬥機在 1956 年的表現相當良好，以其固定式的 30 公釐口徑機砲，獲得至少八次經過確認的空戰勝利。

始行動。在當天結束前，以色列空軍又執行了第四波空襲，就飛機數量而言是當天規模最小的一次，只攻擊五個目標，主要是埃及和敘利亞的空軍基地，包括西開羅（Cairo West）空軍基地（Tu-16 轟炸機的主要基地），以及一座位於大馬士革（Damascus）外的空軍基地。以色列裝甲部隊在武裝的教師式教練機提供的密接支援下，兵分三路朝西方浩浩蕩蕩前進。

六月六日，以色列的航空部隊

→在戈蘭高地，一架被擊落的敘利亞戰鬥機就墜毀在一處以色列屯墾區旁，變成一堆殘骸。這架飛機是蘇聯供應的 MiG-21「魚床」，該機很明顯地是在執行對地攻擊或密接支援任務，證據就是殘骸中清楚可見的 57 公釐火箭莢艙。

→→一座應急的遮陽棚正蓋在以色列空軍的超級神祕式 B2 駕駛艙上，以防止沙漠豔陽高溫可能帶來的影響。1967 年的戰爭中，以色列方面損失最慘重的就是這款戰機，這反映出指派給超級神祕式機隊的密接支援任務，可說是危機四伏。

主要用於支援地面部隊，而傘兵也搭乘超級隼式（Super Falcon）和 S-58 直昇機進行空降作戰。埃及空軍的 MiG-21 和 Su-7 戰鬥轟炸機，試圖騷擾以軍地面部隊，而以色列空軍的飛機則持續痛擊阿拉伯的裝甲部隊，並切斷將物資運往前線的補給線。同一時間，以色列攻擊約旦，並向耶路撒冷（Jerusalem）長驅直入。當他們碰上埃及裝甲部隊時，以色列空軍的飛機便奉命在向約旦河（River Jordan）的進軍中，消滅約旦部隊的戰車和火砲，因此教師式再度投入密接空中支援任務。以色列方面唯一關切的一項敵軍行動，是一架

六日戰爭後的再武裝

1967 年之後，以色列和阿拉伯部隊都捲入一場大規模的再武裝競賽——當然也包括空軍在內，結果就是 RF/F-4 幽靈 II 式（幽靈 II 式戰鬥機把重要的視距外飛彈發射能力帶到中東區域），以及 A-4 天鷹式輕型攻擊機和新式的 MiG-21 等機種出現在戰場上。被認為更重要的影響，是阿拉伯方面取得了性能更好的地對空飛彈，大批蘇聯供應的 SA-2 和 SA-3 中／高空、SA-6 中空和 SA-7 肩射式飛彈，將會對即將在中東展開的對抗帶來重大衝擊，也將大幅改寫空戰戰術。埃及的新型戰鬥機是以蘇聯提供愈來愈先進的 MiG-21 改良型　MiG-21PF 和 MiG-21PFM，與 Su-7 戰鬥轟炸機為主。

↑法國提供給以色列的禿鷹式可分為三型：用來進行長距離攻擊的 IIA 型（如圖）、全天候攔截機 IIN 型、探路機與偵察機 IIB 型。這款雙噴射引擎的戰機在 1967 年的戰爭中被廣泛使用。

巴勒斯坦人的襲擊

1968 年 3 月，巴勒斯坦游擊隊從約旦境內的基地出發，對以色列部隊進行了幾波襲擊。爲了對抗這些游擊隊，以色列也對恐怖份子基地發動一波襲擊，以直昇機載運部隊進行戰鬥，但在過程中蒙受慘重損失。1968 年 9 月，運河區又爆發了一場砲戰，其間埃及的 MiG-17 戰鬥轟炸機攻擊了西奈的目標，但遭到以色列空軍幻象機的攻擊而損失。爲了報復埃及的攻勢，以色列派出突擊隊進行襲擊，在當中，S-58 直昇機被用來載運部隊攻擊埃及境內的戰略性目標。

↓儘管主要是被設計做為教練機使用，富加（Fouga）的教師式卻在戰後的數場區域衝突中，扮演了優秀的輕型攻擊機角色。在 1967 年，以色列空軍的教師式在撤出西奈後，於約旦戰線打擊裝甲部隊時格外活躍。

伊拉克的 Tu-16 轟炸機升空轟炸以色列空軍的基地，但這架入侵者在返回埃及的途中就被擊落了。以色列空軍採取反擊行動，派出幻象機攻擊伊拉克境內的轟炸機基地，他們在基地上空和防衛的伊軍獵人式交戰。

六月七日，以色列空軍奉命支援地面部隊朝蘇伊士運河挺進，在此過程中，大量阿拉伯部隊的裝甲車輛於米特拉隘口（Mitla Pass）被以色列空軍炸毀。當以軍部隊持續深入時，傘兵便搭乘諾哈特拉運輸機部署到戰場上，其他部隊則由直昇機運送。耶路撒冷和約旦河上的橋樑已經被以軍攻佔，而聯合國也安排了停火事宜，約旦河西岸此時已被以軍部隊佔領。隨著約旦河

前線的戰火逐漸平息，以軍部隊在六月八日，不顧埃及空軍 MiG-21 對其地面部隊的攻擊，仍繼續向西奈（此地曾發生大規模戰車戰鬥）和蘇伊士運河間的目標奮力進軍。

戈蘭高地的戰鬥

到了六月九日，埃及終於同意停火，以色列便把注意力轉移到敘利亞前線以及戈蘭高地（Golan Heights），以軍裝甲部隊向敘利亞領土的深入突穿得到以軍的空中支援；但儘管獲得直昇機載運步兵的增援，以軍前進的速度相對緩慢，戰鬥一直持續至六月十日。

到了當天結束時，敘軍孤立無援且缺乏有效的空中掩護，而當以色列空軍加強攻擊節奏時，敘利亞方面就簽署了停戰協定；當以色列也同意聯合國從中斡旋的停戰條款後，戰鬥於是在十月十日劃下句點，並下令部隊停止深入敘利亞的推進。以色列部隊奪得的領土包括在南邊佔領原屬埃及的西奈半島，在北邊則從敘利亞手中拿下了至關重要的戈蘭高地，約旦部隊同一時間也被逐出約旦河西岸，因此自一九四八年起被佔領的耶路撒冷，又重新回到以色列的掌握中。

在六日戰爭結束之後，埃及就改採消耗戰策略，試圖藉由持久的砲轟和陸空部隊突穿深入以色列境內的過程來攻克該國。

砲兵交火

早在一九六七年，當以埃雙方砲兵隔著蘇伊士運河互相開火的戰鬥升溫後，以色列空軍便採取行

↓在 1969 年消耗戰期間，蘇伊士運河附近一座煉油廠，在以軍攻擊過後起火燃燒。這是一場靜態的衝突，在戰爭的大部分期間裡都只見到雙方砲兵隔空交火，但也可以見到雙方各自發動的突擊隊襲擊行動和空襲。

米格對幻象

在消耗戰的空戰中，幻象機和 MiG-21 爆發衝突，空中對抗自 1969 年初起持續了幾個月。在部分案例中，以色列空軍引誘埃及的米格機進入陷阱，這當中他們不但遭遇幻象機的伏擊，也與以色列的鷹式（HAWK）地對空飛彈接戰。雖然米格機的紅外線導引空對空飛彈不怎麼可靠，但還是有幾架幻象機被擊落。事實上，蘇聯供應裝在 MiG-21 上的 AA-2 飛彈，跟AIM-9B 比起來並沒有差到哪裡去，而以色列的蜻蜓（Shafrir）空對空飛彈也曾有過嚴重的可靠度問題。

1970 年 7 月，雙方爆發大規模空戰，以色列空軍採取了誘殺策略，在當中埃及空軍的戰鬥機被引誘至蘇伊士運河區上空的「擊殺箱」內，就在埃及雷達系統的覆蓋範圍以外。這套戰術相當成功，以色列空軍幻象機宣稱摧毀了多達九架的 MiG-21，本身只損失一架。同一時間，幻象機在敘利亞前線達成的戰績也一樣優異，宣稱在一天之內於敘利亞上空擊落七架 MiG-21。

→圖為六日戰爭揭開序幕的時候，兩架以色列空軍第 110 北方騎士（Knights of the North）中隊的禿鷹式，該中隊把作戰重點放在將埃及空軍摧毀於地面上。禿鷹式也為空襲行動提供電子反制支援。

動，其戰機就在上空和埃及空軍的MiG-17與MiG-21交戰；在同一個月，埃及空軍的飛機試圖攻擊並偵察以色列部隊在西奈的陣地，於過程中被包括幻象III在內的以軍空防，擊墜了若干MiG-17、MiG-21和Su-7。一九六七年十月，敘利亞的MiG-19深入以色列領空，與幻象機交戰而蒙受損失。同一個月，雙方又重新開始隔著蘇伊士運河互相轟擊，導致以色列派出突擊隊發動一波襲擊，接著以色列便沿著運河建立防線（到此時為止，以色列空軍已經建立了前進基地，幻象機和其他戰鬥機可以從那裡緊急升空對抗來襲的敵機，而從這些基地起飛的幻象機，在十月時宣稱擊落MiG-19）。

以色列空軍戰鬥機採取攻勢

1969年10月的一次關鍵性事件，便是以色列空軍首度大規模使用F-4E幽靈2式機，剛開始是用來執行打擊埃及地對空飛彈陣地的任務。對以色列空軍而言，這段期間內的主要目標是防空陣地（還有砲兵陣地），結果以色列飛機穿透埃及領空達成對地攻擊目標。確實，在這一年的六月，以色列空軍甚至成功地派遣幻象機飛越開羅上空，以執行「展示軍力」的任務。

一九六八年，以軍又發動了一波突擊隊行動，這次是使用剛取得的貝爾205直昇機，目標是數座橋樑，結果行動成功，橋樑盡遭破壞。以軍在十二月時又進行了一次野心更大的直昇機突擊行動，貝爾205和超級黃蜂式直昇機，搭載突擊隊飛入貝魯特（Beirut）機場摧毀客機，以報復黎巴嫩當局資助巴勒斯坦的游擊隊。在消滅游擊團體的持續努力中，以色列空軍也於十二月使用超級神祕式，深入約旦展開突擊。

消耗戰

以色列當局持續沿著蘇伊士運河修築防線，特別是所謂的巴列夫防線（Bar-Lev Line），這是埃及最後在一九六九年初宣佈展開消耗戰的信號；此一作戰由砲兵擔任先鋒，埃及部隊在此領域享有某種程

↓當一架 S-58 從頭頂上飛過時，兩名以色列國防軍的士兵在沙漠陣地中蹲下。在 1967 年的戰爭期間，以色列軍方充分運用 S-58 和超級黃蜂式搭載突擊隊進行襲擊，在數起戰例中將部隊運至埃及防線後方。

度的優勢，因此以色列空軍的回應是派遣飛機打擊運河另一側的砲兵陣地和防空設施。一九六九年二月，以色列空軍攻擊敘利亞境內的目標，其戰鬥轟炸機擊退了敘軍的米格機。

三月時，埃及部隊發起了一波新攻勢，運用砲兵和航空部隊越過運河進攻，目標爲以軍部隊的指揮所和其他軍事目標。

一九六九年，以色列空軍取得了幻象 5 型，以彌補其戰損，幻象

↑以色列空軍的鷹式（幻象 V 型）戰鬥機，是透過管道取得法製零組件後再於當地組裝，共有四個中隊操作此型戰機。總計六十一架飛機當中，有許多之後被賣給阿根廷和南非；被賣給阿根廷者，就是在福克蘭戰爭服役的短劍式。

5 型在以色列服役期間被命名爲鷹式（Nesher）。七月時，以色列空軍以拳擊手（Boxer）爲代號，展開新一波大規模空中攻勢，目標是埃及地對空飛彈和砲兵陣地。這些攻擊一度升級到以色列空軍在一星期之內飛了高達七百次任務。七月分的攻擊受到埃及空軍的抵抗，埃及空軍反過頭來也對以色列目標進行一連串襲擊。

以色列空軍的攻勢在一九六九年十月達到新的高峰，他們發動的攻擊包括打擊埃及蘇伊士運河一帶的地對空飛彈陣地，以軍方面出動高達二百架戰機，主力是由禿鷹式電子反制機護航的 A-4。在同一個月裡，埃及軍方也派出突擊隊襲擊以色列基地，參與行動的埃及部隊搭乘 Mi-8 直昇機飛抵目標。

一九七〇年初，以色列空軍更大膽地深入埃及，攻擊開羅附近的目標。爲了報復，埃及空軍開始接受蘇聯的額外援助，包括最新型的 MiG-21MF 戰鬥機及機組員。一九七〇年四月，埃及空軍派出 Su-7 和其他蘇方的提供裝備，對蘇伊士運河附近的目標展開空襲。五月時，以色列空軍又恢復攻勢，但遭到地對空飛彈的反擊而蒙受大量損失。七月時雙方爆發一場大規模空戰，以色列空軍的 A-4、F-4 和幻象機與 MiG-21 交手，當中有部分 MiG-21 是由蘇聯飛行員駕駛。雙方於一九七〇年八月停火，消耗戰告一段落。到了此時，阿拉伯方面在空戰中的損失，遠超過以色列空軍。

贖罪日戰爭

在消耗戰結束之後，埃及軍方持續強化沿著蘇伊士運河的防務，包括增設額外的地對空飛彈陣地。

敘利亞的突擊

1973 年 10 月 6 日下午，敘利亞在戈蘭高地幾乎和埃及於同一時間展開攻擊，戰車部隊再一次打頭陣，由 Su-7 和 MiG-17 提供密接空中支援，另外敘軍部隊也像埃及一樣，利用 Mi-8 直昇機部署空降部隊。由於敘利亞部隊的進展速度太快，其作戰旋即超出了地對空飛彈的掩護。

在經過一段期間的策劃後，該區域的主要阿拉伯國家埃及和敘利亞，同意發動一場對付以色列的攻勢，目標是收復一九六七年作戰時喪失的領土。

一九七三年十月六日，這是猶太曆法中最神聖的一天，埃及和敘利亞部隊入侵以色列。埃及部隊從南邊入侵，一支裝甲縱隊跨越蘇伊士運河東岸突入，敘軍部隊則從北面殺來，在戰車的支援下攻打戈蘭高地。在這兩條戰線上，兩國均以裝甲部隊擔任先鋒，並由友軍戰機進行密接支援。

阿拉伯聯軍的入侵，象徵著長達兩星期衝突，即贖罪日戰爭（Yom Kippur War）的開始。在這場戰爭中，空權將再度扮演舉足輕重的角色：在戰鬥爆發的那一刻，阿拉伯國家的空軍擁有數量上的優勢，另外對埃及和敘利亞也有利的是，她們可以從阿爾及利亞、伊拉克和利比亞的空軍部隊取得額外的單位。

這場戰役於十月六日下午展開，由埃及砲兵轟擊蘇伊士運河對岸揭開序幕，之後地面部隊便沿著河岸，在多處地點渡河。在埃及空軍掩護下，地面部隊隨即建立一處大型橋頭堡，使得重裝備的裝甲部隊能夠開進以色列控制的領土，但埃軍在運河區的損失相當慘重，搭乘埃及 Mi-8 直昇機進行前進著陸的傘兵部隊，付出了龐大的代價。

轟炸機空襲

以色列空軍擾亂埃及部隊突襲的企圖，受到運河西岸上呈帶狀部

→圖為 1973 年，一架被以色列方面擊落的埃及 MiG-17。在 1967 年的戰爭期間，MiG-17 不是幻象 III 的對手，而此型戰機在 1973 年的衝突中也損失慘重，那時 MiG-17 跟配備飛彈的幽靈 II 式和鷹式比起來，已完全落伍。

超級強權的支援

在 1973 年的戰爭期間，戰鬥的消耗均對作戰雙方空軍部隊實力造成衝擊，接著雙方就在美國和蘇聯的建議和協助下重新進行裝備。當蘇聯供應額外的 MiG-21（包括先進的 MiG-21MF 和機組員）時，美方則提供以色列空軍更多 A-4 和 F-4，除此之外還有 CH-53 直昇機。

以色列空軍較偏愛的另一種選擇，就是要求美國提供更先進的電子戰自衛裝備和其他反制設備，在面對阿拉伯防空系統時，這些裝備可協助他們降低損失。

署的地對空飛彈陣地抵抗。為了讓以色列空軍無法起飛，埃及空軍對西奈的以色列空軍基地進行反空襲任務，而埃及空軍的 Tu-16 轟炸機，則試圖以巡弋飛彈（cruise missiles）攻擊以色列城市。

以色列空軍在同一天下午展開反擊，並在面對埃及空軍時獲得一些勝利，宣稱擊落了在運河西岸「保護傘」外飛行的敵機。然而到了第一天結束時，埃及部隊便已控制了目標。

十月七日，以色列空軍開始眞正發動反擊，對埃及空軍的機場進行大規模作戰，但埃及方面的防禦十分完善，因此以軍的戰果並不像六日戰爭時那樣輝煌。以色列空軍下一階段的作戰目標，是埃及部隊組裝橋樑的渡河點，當以軍地面部隊集結兵力發動持續逆襲時，就受到埃及空軍 MiG-17、Su-7 和伊拉克的獵人式的騷擾。其間，敘利亞部隊的作戰獲得進展，成功地把以軍部隊逐至戈蘭高地的外圍周邊陣地。

以色列空軍趁敵方地對空飛彈和雷達導引高射砲尙未趕上在敘利亞前進中的地面部隊前，就部署了超級神祕式和 F-4 對抗防空陣地，後者配備了 AGM-54 伯勞反輻射飛彈（Shrike anti-radiation missiles）。

十月八日，當以色列在運河區發動逆襲期間，埃及和以色列爆發了一場大規模戰車戰，雖然空中武力可對地面部隊提供支援，但主要的損失是來自於地面發射的反戰車導引武器。

當以色列空軍再次試圖攻擊運河上的渡河點時，以色列的地面部隊卻受到埃及空軍和伊拉克飛機的襲擊，而埃及部隊深入運河東岸領土的行動仍繼續進行。以軍部隊在敘利亞戰線取得較佳的戰果，透過密接支援在對敘利亞戰車部隊的戰鬥中佔了上風，以色列空軍在當中扮演了重要角色。隨著以色列空軍的大部分戰力都被牽制在敘利亞戰線上，埃及部隊抓緊機會嘗試，並更深入地挺進，但他們此時已經延伸至超出地對空飛彈的保護範圍，此一狀況使得埃及的戰機，在面對以色列空軍攔截時更顯脆弱。

SA-6 地對空飛彈在戰鬥中出現，再次讓情勢變得對埃及部隊有利，而 F-4 和特別是 A-4 在進行對地攻擊任務時，格外容易受到此款武器的傷害。十月十日，以軍部隊在敘利亞方面加緊努力，成功地將敘軍地面部隊逐回原來的陣地；在

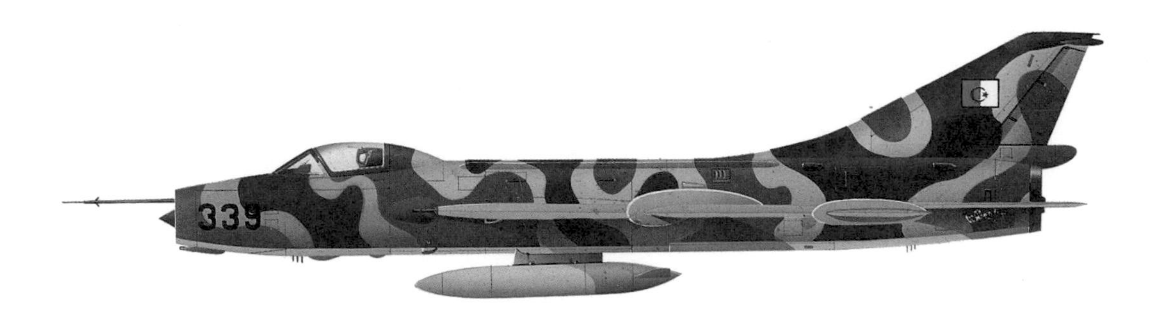

蘇霍伊 Su-7B 裝配匠（Fitter）A

一般資訊
型式：對地攻擊機
動力來源：一具六十六．六仟牛頓（推力 22150 磅）留卡 AL-7F 渦輪噴射引擎
最高速度：每小時 1700 公里（1056 哩）
作戰高度：15150 公尺（49700 呎）
重量：最大起飛重量：13500 公斤（29750 磅）
武裝：2 門 30 公釐（1.18 吋）口徑機砲，備彈 70 發；載彈量為 1000 公斤（2205 磅）。

尺寸
翼展：8.93 公尺（29 呎 3.5 吋）
長度：17.37 公尺（57 呎）
高度：4.7 公尺（15 呎 5 吋）
翼面積：34 平方公尺（366 平方呎）

與地面作戰協調下，以色列空軍也攻擊了敘利亞的空軍基地。

到了十月十一日，西奈方面的局勢多少穩定了下來，然而在敘利亞地段，以軍部隊卻發動到目前為止規模最為龐大的作戰行動，也就是先對敘利亞機場進行數波攻擊後，再傾全力大舉入侵敘利亞。

十月十二日，埃及前線的戰鬥重新展開，埃及和以色列包括裝甲部隊在內的地面部隊，都遭到空中攻擊，然而以色列仍把注意力的焦點放在敘利亞前線上，以色列空軍部隊在當地沙漠戰場上的空優開始發揮效果。

以色列部隊運用裝甲部隊進行深入突穿，加上空中攻擊和直昇機搭載突擊隊進行突擊，一舉成功殺入敘利亞境內。有鑒於以軍在敘利亞戰線獲得的成功，阿拉伯部隊的領導階層將優先重點轉移到埃及方面，並將約旦地面部隊投入戰場。十月十四日，西奈爆發了一場大規模的裝甲部隊會戰，結果以軍部隊獲勝，當中以色列空軍在摧毀埃及戰車部隊的過程裡扮演關鍵角色。

→這架 A-4E 天鷹式機的機尾部隊隊徽，被以色列檢查人員塗消。此款飛機是以國在消耗戰期間可取得並服役的機種，也是自 1969 年起美國海軍運交的二手機群之一。在 1973 年戰役中，證明了天鷹式機面對防空飛彈時相當脆弱。

圖波列夫 Tu-16 獾式 A

一般資訊	**尺寸**
型式：中型轟炸機	**翼展**：32.99 公尺（108 呎 3 吋）
動力來源：2 具 93.2 仟牛頓（推力 20900 磅）米庫林 RD-3M 渦輪噴射引擎	**長度**：34.80 公尺（114 呎 2 吋）
最高速度：每小時 960 公里（597 哩）	**高度**：10.36 公尺（34 呎 2 吋）
作戰高度：15000 公尺（49200 呎）	**翼面積**：164.65 平方公尺（1772 平方呎）
重量：最大起飛重量：75800 公斤（167110 磅）	
武裝：6 至 7 門 23 公釐口徑機砲；載彈量為 9000 公斤（20000 磅）。	

反機場空襲

為了確保埃及裝甲縱隊喪失空中支援，無法回過頭來騷擾以軍部隊，以色列空軍便空襲埃及和敘利亞的機場。十月十五日，阿拉伯部隊發動了戰爭中最後一場大規模攻勢，獲得了短暫的勝利，但之後以軍部隊成功奪回戈蘭高地的領土；在此期間，以軍部隊在敘利亞戰線上朝大馬士革推進。

隨著蘇伊士運河前線上埃及部隊分裂，以軍部隊因此能夠向缺口內深入，進而突破運河地帶。儘管埃及部隊發動逆襲——包括埃及空軍進行的空中攻擊，以軍部隊持續越過運河區推進，並攻佔了幾處做爲目標的飛彈陣地。

當埃及空軍持續對以軍地面部隊進行空襲時，以色列空軍反過來襲擊埃及的裝甲部隊和地對空飛彈陣地，並一再攻擊機場來消耗埃及空軍的戰鬥能量。隨著以軍部隊跨越蘇伊士運河建立另一座橋頭堡，他們攻佔了包括數座埃及空軍機場的地區，因此從十月二十日起，以軍的補給物資可以直接由飛機載入戰區內。到了此一階段，埃及空軍已經日暮途窮（儘管由利比亞的幻象 5 型組成的援軍已經抵達，但以色列空軍宣稱擊落若干架），損失數目也開始上升。除了攻擊以軍部隊的渡河點之外，埃及空軍也試圖對以軍前進陣地進行對地攻擊任務，並奪回了某種程度的空中優勢。

最後的戰果

十月二十二日，隨著以軍部隊挺進到離開羅（Cairo）只有幾哩的地方，聯合國終於提出停火方案，但以軍部隊最後還是在直昇機載突擊隊和傘兵的協助下，又佔領了一些土地。

到了十月二十三日，戰鬥依然持續進行，以軍部隊在運河區附近又有更多斬獲，其作戰擴及埃及的空軍基地和防空陣地等目標；然而埃及空軍仍奉命進行支援，試圖爲在運河區東岸被切斷的埃及部隊提供一些協助。爲了嘗試削弱敘利亞空軍最後的抵抗，以色列空軍也在地面上，以及戈蘭高地與敘利亞境內更深處的空中，與敘軍戰機周旋到底。

隨著更新的聯合國停火協議即將生效，以色列空軍進行協調一致的努力，盡其所能地消滅阿拉伯國家空軍的戰鬥潛力，但到了十月二十四日，在美國的協助下，終於達成停火協議。

麥唐納道格拉斯 F-4E 幽靈 2 世

一般資訊

型式：雙座全天候戰鬥機／攻擊機
動力來源：2 具 79.6 仟牛頓（推力 17845 磅）通用電氣（General Electric）J-79 渦輪噴射引擎
最高速度：每小時 2390 公里（1485 哩）
作戰高度：19685 公尺（60000 呎）
重量：最大起飛重量：26308 公斤（58000 磅）
武裝：1 門 20 公釐（0.97 吋）口徑機砲；機身中線派龍掛架可加掛另外四種武器，最重可達 1370 公斤（3020 磅）；載彈量為 5888 公斤（12980 磅）。

尺寸

翼展：11.7 公尺（38 呎 5 吋）
長度：17.76 公尺（58 呎 3 吋）
高度：4.96 公尺（16 呎 3 吋）
翼面積：49.24 平方公尺（530 平方呎）
翼面積：164.65 平方公尺（1772 平方呎）

第十章

從福克蘭到黎巴嫩：一九八二年

1982 年，阿根廷政府試圖藉由對福克蘭群島採取軍事行動，來轉移焦點以解決國內危機。

阿根廷和英國在西元一九八二年時打了一場福克蘭戰爭（Falklands War），雙方的衝突是因爲阿根廷武裝部隊於四月二日佔領這塊在歷史上歷經戰亂的領土，並宣稱阿根廷擁有福克蘭一地的主權而爆發。阿根廷方面認爲是收復自己的領土，而英國方面則認爲這是對其海外領土的入侵，但雙方實際上都從未宣戰。

阿根廷軍事政府將收回福克蘭群島（Falklands）做爲一種手段，轉移輿論對於日益嚴重的內政問題的注意力，阿根廷當局誤信英國方面將不會以同等方式回應。然而，英國派出一支由英國皇家海軍組成的特遣部隊與阿根廷海空軍交戰，其目標是以兩棲突擊的手段收復該島。

當英軍特遣艦艇向南方前進時，阿根廷的波音（Boeing）707 偵察機便監視其進展，但英國和阿根廷部隊間的首次遭遇發生在四月底，當時阿根廷的潛艦聖塔菲號（Santa Fe）被一架威塞克斯式 HAS.Mk3 反潛直昇機發現，迅速投下深水炸彈加以攻擊。胡蜂式（Wasp）IIAS.Mk1 和大山貓式（Lynx）HAS.Mk2 等直昇機隨即從其他英國皇家海軍船艦上起飛集結，一架大山貓式投下了一枚魚雷，並以機槍火力掃射在海面上航行的潛艦，然而英軍方面有更多胡蜂式升空，以 AS.12 輕型反艦飛彈攻擊行蹤曝光的潛艦。最後聖塔菲號受到重創而無法下潛，艦員棄船逃生。

由於阿根廷的幻象 IIIEA 戰鬥機被限制在只能從本土升空作戰，阿根廷保護其島上部隊免受空中攻擊的能力因此大大受到阻礙，也無法隨心所欲地和位置逼近海岸的英國皇家海軍特遣艦隊交戰。幻象 IIIEA 戰鬥機不像以色列提供數量較少的短劍式（Dagger，以色列組裝的幻象 5 型）所具備的航程，進一步限制了其使用範圍。

讓阿根廷士兵和空勤人員最頭痛的，就是英國皇家海軍航空隊（Royal Navy Air Service）的海鷂（Sea Harrier）FRS.Mk 1。這些垂直起降噴射機駐防在航空母艦赫

←當以色列在 1977 年採購第一批 F-15 鷹式戰鬥機時，便成為該機的第一個國際客戶。敘利亞人馬上就會發現鷹式比起先前的噴射戰鬥機，所帶來的性能大為躍進。

27

←駐防於福克蘭群島史坦利港（Port Stanley）的阿根廷 IA-58A 普卡拉式（Pucara）輕型攻擊／反叛亂機隊，當中大部分飛機都在英軍特種空勤團（Special Air Service, SAS）一次大膽的襲擊中，被摧毀或癱瘓。

皇家空軍在懷德威克

到了 1982 年 4 月中旬，英國皇家空軍已經重新駐防在大西洋中部阿松森島（Ascension）的懷德威克（Wideawake）機場，他們一度在當地展開空投和空射核子武器的試驗。被派往懷德威克的兵力包括艾夫洛（Avro）的火神式 B.Mk 2 轟炸機和韓德利佩基勝利式（Victor）K.Mk 2 空中加油機，並由幽靈式 FGR.Mk 2 全天候攔截戰鬥機護航。勝利式也進行偵察任務，在海軍特遣部隊抵達之前協助繪製福克蘭群島的地圖。

姆斯號（HMS Hermes）和無敵號（HMS Invincible）上，進行空對地攻擊任務，以支援地面上的英軍部隊；但他們在空中時最能發揮威力，而美國也已祕密供應英國皇家海軍航空隊最新型的響尾蛇 AIM-9L 飛彈。這款飛彈在英國皇家海軍航空隊確保空中優勢的能力當中，是關鍵的一環，因此當英阿空中交戰時，阿根廷必將大感震撼。

攻擊部隊

第一支大型的阿根廷攻擊部隊由三十六架飛機混編組成，當中包括 A-4 天鷹式、短劍式、坎培拉式和護航的幻象 III 型，但只有短劍式發現英軍特遣艦隊並加以攻擊，但最後在僵局中結束。然而橫行無阻的海鷂從無敵號上起飛，攔截到短劍式和坎培拉式各一架，結果他們均被擊落。之後海鷂和兩架幻象 III 型交戰，擊落其中一架，另一架逃往史坦利（Stanley），但卻不幸地被敵我不分的阿根廷守軍擊落。

首次交戰後，海鷂就主宰了空對空的戰鬥，在長達七十四天的衝

↓即使在今天，英國皇家空軍火神式（Vulcan）的空襲效能，依然經得起考驗。然而不可否認的是，參與空襲行動的飛機被限制只能打擊史坦利港，目的是要提醒阿根廷政府英國具備隨心所欲攻擊各式目標的能力。

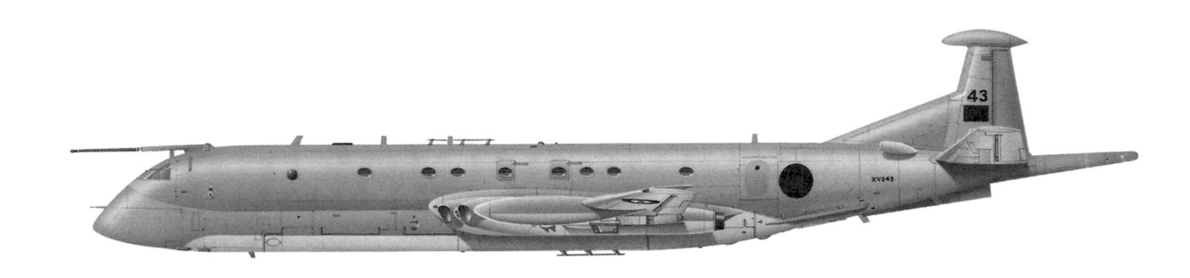

霍克席得雷寧祿式（Nimrod）

一般資訊

型式：海上巡邏機

動力來源：4 具 54.09 仟牛頓（推力 12160 磅）勞斯萊斯斯佩（Spey）渦輪扇引擎

最高速度：每小時 923 公里（575 哩）

作戰高度：13411 公尺（44000 呎）

重量：最大起飛重量：105376 公斤（232315 磅）

武裝：各式炸彈、雷射導引炸彈、空對艦飛彈、魚雷和水雷。

尺寸

翼展：35 五公尺（114 呎 10 吋）

長度：38.6 公尺（126 呎 9 吋）

高度：9.45 公尺（31 呎）

翼面積：197.05 平方公尺（2120 平方呎）

翼面積：164.65 平方公尺（1772 平方呎）

突中，總計締造了二十一架的擊殺紀錄，此一輝煌戰果大部分是由 AIM-9L 達成。雖然阿根廷的戰鬥機時常在最大航程的邊緣作戰，這意味著他們沒有多少燃料可用來進行纏鬥，但這只是純粹理論上的說法而已，海鷂的飛行員是較優秀的空中纏鬥專家，再加上性能優秀的藍狐（Blue Fox）雷達和 AIM-9L，他們的混合搭配使得此一事實無庸置疑。

但雙方空戰可不是就這樣一面倒的。阿根廷從法國取得了空射型 AM.39 飛魚（Exocet）反艦飛彈，而一架阿根廷海軍的 P-2 海王星式巡邏機，在五月二日發現了三艘皇家海軍的雷達哨艦，接著兩架超級軍旗式（Super Étendard）便緊急起飛，每架都掛著一枚飛魚飛彈。他們起飛後先接受一架阿根廷 KC-130H 力士型加油機的空中加油，然後降低飛行高度，在距離目標四十八公里（三〇哩）的地方發射飛彈，一艘 42 型驅逐艦雪菲爾號（HMS Sheffield），被其中一枚飛彈命中，最後沉沒。之後另一

→→英國皇家空軍也部署若干鷂式在英國皇家海軍的兩艘航空母艦上，他們負責進行對地攻擊和偵察任務，而海鷂則要負責戰鬥空中巡邏和護航任務。

枚飛魚飛彈擊沉了支援大西洋運輸者號（Atlantic Conveyor）艦，而另一枚飛彈則攻擊並重創了「郡」級（County）驅逐艦格拉摩根號（HMS Clamorgan）。

在英國皇家海軍的航空母艦上作業的英國皇家空軍的鷂式（Harrier）GR.Mk3，使用傳統空投炸彈支援英軍部隊。但阿根廷的 A-4 創下了更大的戰果，包括擊沈 21 型巡防艦熱情號（HMS Ardent）、42 型驅逐艦考文垂號（HMS Coventry）和登陸艦加拉哈德爵士號（Sir Galahad）及崔斯川爵士號（Sir Tristram），以上所有這些船艦全都被無導引炸彈擊沈。六月十四日，阿根廷駐史坦利的衛戍部隊投降，英國則在六月二十日宣佈結束敵對狀態，於是福克蘭群島又再度回到英國的手中。

一九八二年的黎巴嫩戰爭

以色列地面部隊在一九八二年六月入侵鄰國黎巴嫩，此舉的目的是阻止以黎巴嫩南部爲基地的巴勒斯坦解放組織（Palestine Liberation Organization, PLO）民兵，進行跨邊界的恐怖襲擊行動。因此一九八二年的黎巴嫩戰爭，是由以軍部隊在加利利和平行動（Operation Peace for Galilee）的代號下進行。

在一九八二年，以色列空軍做爲中東地區首屈一指航空部隊的聲望，多少有點讓人懷疑。以色列空軍在一九六七年的六日戰爭時，曾經主宰了當時戰場的天空，在超過

↓圖為從一架 C-130 上拍攝的空中加油照片。英軍有能力從懷德威克出發進行長距離任務的關鍵，就是由勝利式空中加油機提供的空中加油支援；這些空中加油機也為從英國本土飛往阿松森島的飛機進行空中加油。

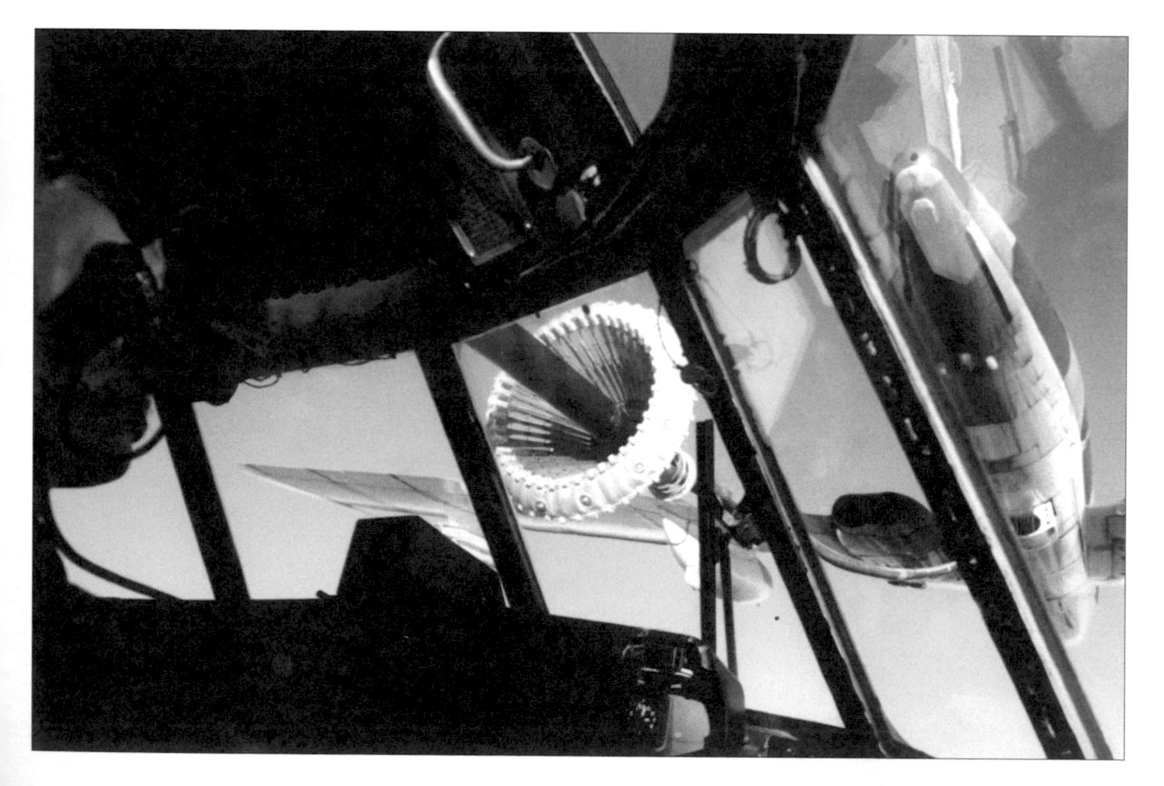

黑鹿行動

皇家空軍的火神式以懷德威克爲基地，準備對福克蘭群島上史坦利港的主要機場進行一系列空襲。這些空襲行動的代號爲黑鹿（Black Buck），雖然其效益依然有所爭議，但可以確定的是，阿根廷空軍和海軍航空兵使用該機場的能力受到了限制，而這就是黑鹿行動主要的行動目標。

黑鹿行動的其他目標，包括運用美國供應的AGM-45 伯勞反輻射飛彈，瞄準福克蘭群島上對英軍造成威脅的雷達。黑鹿行動需要有十一架勝利式空中加油機讓兩架火神式飛抵目標，對駐防懷德威克的英軍單位來說，此舉最終超出其能夠承受的後勤能力限度。

三千三百架次的出擊期間，把裝備蘇製飛機的埃及、敘利亞和約旦空軍打得鼻青臉腫，其鄰國加起來共有四百架飛機被以軍在空中擊落、或是摧毀於地面上。

防空飛彈的威脅

當以色列方面在考慮加利利和平行動時，最擔心的不是阿拉伯國家空軍的飛機，地對空飛彈才是以軍的頭號大敵。在一九六九和一九七〇年之間，以色列和埃及在消耗戰中一較高下，在當時一系列新型的地對空飛彈就是被用來對付他們。雖然埃及的地對空飛彈陣地偶爾會被攻擊，但以軍方面從未有過

奧古斯塔（Agusta）A109

一般資訊

型式：直昇機

乘員：2 人

動力來源：2 具 426 仟瓦（567 匹馬力）法國渦輪機械公司（Turbomeca）阿赫尤（Arrius）2K1渦輪軸引擎。

最高速度：每小時 285 公里（177 哩 / 154 節）

作戰高度：5974 公尺（19600 呎）

重量：最大起飛重量：2850 公斤（6283 磅）

武裝（可選擇）：12.7 公釐口徑機槍莢艙（備彈 250 發）；裝在樞軸處的7.62公釐口徑機槍；機門槍手座之 12.7 公釐口徑機槍；2 具托式飛彈發射器（每具 2 或 4 枚飛彈）；無導引火箭莢艙（ 2.75 吋或 81 公釐口徑，每莢 7 或 12 管）。

尺寸

主旋翼直徑：11 公尺（36 呎 2 吋）

長度：13.04 公尺（42 呎 9 吋）

高度：3.50 公尺（11 呎 6 吋）

翼面積：197.05 平方公尺（2120 平方呎）

徹底摧毀埃及防空系統的協調策略，從以色列空軍的損失統計數字就可以看出這一點：在消耗戰的高峰時，雖然以色列空軍對阿拉伯國家空軍的戰鬥機擁有四十比一的擊殺與損失比，但以色列的飛機在面對地對空飛彈時表現更差，損失的比率高達二比一。

以色列軍方面臨兩個問題，一是剛開始時低估了埃及的地對空飛彈，二是埃及對莫斯科施壓，即時取得了最新型的野戰防空飛彈 SA-6。SA-6 的外部載有三聯裝發射器，因此以色列飛行員稱它爲「死亡三指」（three fingers of death）。此款地對空飛彈的特徵是由數輛履帶裝甲車輛組成，每一輛都載有該系統的組成部分：「同花順」（Straight Flush）追蹤雷達、一部飛彈裝塡起重機、飛

←阿根廷空軍擁有以史坦利港為基地的一小隊 MB.339 輕型攻擊機，這些飛機當中有許多在地面上遭到海鷂和英國皇家空軍鷂式的猛烈掃射而受損，甚至被摧毀，也有一些是在特種空勤團的襲擊中被破壞。

↑執行黑鹿行動的火神式轟炸機投擲一批炸彈，以一個角度橫越跑道，但只有一枚真正命中史坦利港機場的跑道。炸彈把跑道炸裂，但阿根廷佔領軍隨即修復這樣的損害。

彈運輸／舉升發射車（Transporter-erector launcher, TEL）和備用飛彈。如上所述，SA-6 地對空飛彈系統機動性相當高，而且難以標定位置，跟前輩 SA-2 或 SA-3 比起來，更是一款性能優異的武器。SA-6 是一款中程地對空飛彈，特別適合保護步兵和裝甲部隊，其雷達能夠從遠至七十五公里（四十七哩）以外的距離搜索並追蹤噴射戰鬥機，並在二十八公里（十七哩）處開始雷達照明和導引。因爲以色列當時的雷達警告接收器（Radar Warning Receiver, RWR）裝置尚無法偵測 SA-6，因此許多以色列飛行員知道有關 SA-6 的第一件事，就是他們親眼目睹飛彈拖著長長的尾煙朝他們飛來，或是更糟糕的，飛彈彈頭就在座機旁引爆。

反擊數量

以色列立即爲其雷達警告接收器重新編寫程式碼，但到了贖罪日戰爭的時候，面對幾乎無窮無盡的埃及部隊地對空飛彈（二十枚 SA-6、七十枚 SA-2、六十五枚 SA-3、二千五百門高射砲和多達三千枚肩射的 SA-7），其損失依然達到無法承受的地步。在開戰頭三天，以色列空軍損失了五十架飛機，之後損失了一百七十架 A-4 天鷹式當中的五十三架，和一百七十

七架 F-4 幽靈式當中的三十三架

以軍已經用鮮血學到，需要特別且持續關注地對空飛彈和高射砲威脅的教訓；到了一九八二年，以色列人並沒有忘記這個教訓，他們創造出一些可行的解決方案。

當以色列和巴勒斯坦與黎巴嫩之間的緊張及敵意在一九八一年間深化後，以色列空軍擊落兩架參與對黎巴嫩南部黎巴嫩基督教民兵作戰的敘利亞直昇機，接著敘利亞便開始把第一個地對空飛彈旅部署至黎巴嫩的貝卡山谷（Beka'a Valley）。

加利利和平

以色列計劃人員早已經擬訂計劃，並列出以軍部隊入侵黎巴嫩時的目標，但敘利亞的此一舉動卻升高了賭注。眞正的問題在於現代化的噴射戰鬥機是否可以勝過現代化的地對空飛彈，然而部分世界各國空軍資深領導人士，包括以色列空軍在內，認為地對空飛彈將會取得優勢支配地位，噴射戰鬥機的輝煌時代終將成爲過去。這個問題的答案將會對空戰的未來和發展，造成關鍵性影響。

地對空飛彈不僅僅對飛機和飛行員來說是致命的威脅，他們也是戰爭中不同任務和目標間複雜戰略關係裡的關鍵。以色列空軍將奉命轟炸已經集結在黎巴嫩南部幾乎達一年之久，並對以軍部隊造成極大威脅的密集砲兵和地對空飛彈陣地。以色列也得保護其前進中的陸軍部隊免受空中攻擊，還要在部隊接敵時提供密接空中支援。如果地對空飛彈依然活躍的話，那麼以色列空軍達成任何這些目標的能力就會被嚴重削弱，損失也將變得無法承受。

此外，阿拉伯國家的飛行員迅速瞭解到，在友軍的地對空飛彈保護傘範圍以外作戰，在與以色列空軍戰鬥的過程中將會蒙受慘重損失；在保護傘範圍內作戰的時候，他們就擁有獨一無二的優勢。總而言之，摧毀地對空飛彈的掩護也將使任何米格機都曝露在以色列空軍戰鬥機的打擊下，越戰、消耗戰和贖罪日戰爭都是這些現實狀況的有力明證。

戰爭中的無人機

在加利利和平行動的前幾個月裡，以色列的遙控無人飛行器（remotely piloted vehicle, RPV），已經透過蒐集雷達的電子頻率識別出敘利亞的地對空飛彈，此一情況使得以色列不但可以標定雷達的位置，還可以將特定的頻

以色列的地對空飛彈獵殺隊

當以色列空軍在 1982 年 6 月 9 日發動戰爭中的第一波出擊時，是地對空飛彈還是噴射戰鬥機會獲勝的問題馬上就揭曉了。在戰爭爆發二十四小時內，以色列宣稱摧毀了敘利亞十九座地對空飛彈陣地中的十七座，以色列本身則完全沒有任何損失。這一場驚人且毋庸置疑的勝利，並非憑空得來，而是以色列方面準備萬全，還靈活運用後來被稱爲遙控無人飛行器的設備。

←一架 CH-53 直昇機協助以色列國防軍，進行下一階段的作戰。以色列空軍的一項重要任務，就是為以軍地面部隊提供密接空中支援，若要執行此任務，便需要摧毀敘利亞進駐黎巴嫩以保護該地領空之地對空飛彈和高射砲保護傘。

率參數輸入至以色列將會在開戰當天，用來進行防空壓制的空射AGM-45伯勞和AGM-78標準反輻射飛彈內。

敘利亞的地對空飛彈操作人員無法維持某種程度的電波放射控制，好讓以軍方面無法確定，但即使如此，以軍的遙控無人飛行器也要負責確認，並追蹤在以軍部隊攻擊前一天最後一刻抵達戰場上的另外五套SA-6系統的動向。攻擊目標清單包括十四個地對空飛彈營，這些飛彈營已經沿著黎巴嫩南部邊界構成一條大縱深的防衛地帶。

當攻擊於六月九日展開時，以軍首先派上場的飛機是遙控無人飛行器，散佈假目標回波給守株待兔的敘利亞地對空飛彈營，使那些雷達的操作人員產生以色列正對他們發動大規模空襲的印象。敘軍部隊立即傾全力回應，把所有的地對空飛彈雷達都開機上線，並對無人機齊射飛彈。隨著發射車上的飛彈耗盡，敘軍的地對空飛彈營便緊急裝填備用飛彈，同一時間，真正的以色列空軍已經朝他們直撲而來，並且保持一段安全距離跟在無人機後面。真正的攻擊——F-15鷹式（Eagle）和F-16戰隼式（Fighting Falcon）將攔截敘軍的米格機，F-4E幽靈式將對地對空飛彈陣地發射反輻射飛彈，輕而易舉地擊毀敘利亞的雷達，而以軍砲兵也猛轟那些位於射程範圍內的地對空飛彈

↓戰爭中有一些空中擊殺紀錄是在低空締造的，因為敘利亞戰機會降至低空以進行攻擊或逃跑，但他們總是一成不變地被四處橫行的以色列戰鬥機夾殺；以軍飛機保持在高處位置，並使用俯衝戰術以拉近雙方距離。

←以色列使用 F-4E 幽靈 II 式，做為針對敘利亞防空系統的獵殺機。儘管幽靈式已經開始步入高齡，但依然被認為是一款多用途戰機，在小心使用的狀況下，不論在空中或地面上，還是可以對敵方造成重大損害。

陣地。

在開戰前一天和當天期間，除了敘軍電子訊號向以色列方面洩露出固定式的地對空飛彈陣地位置，使以軍部隊能夠追蹤機動的 SA-6 系統之外，敘利亞也在戰鬥的頭幾個小時內犯下幾個錯誤，當中最無可挽回的，也許是當地對空飛彈開始偵測到遙控無人飛行器產生的假訊號時，敘軍便下令其戰鬥空巡機（Combat Air Patrol, CAP）返回基地。

他們之所以這樣做，不只是因爲在先前和以色列空軍的空戰中屈居下風而於心理層面感到自卑，此外如果當以軍飛機充斥在地對空飛彈保護傘內時，而他們依然留在空中的話，米格機被友軍部隊飛彈擊落的可能性還是相當地高——這就是敘利亞防空系統的主要弱點之一。但如果米格機留在空中準備纏鬥的話，整個交戰的情勢很可能會逆轉，以方將會有一個更複雜的難題需要解決，也許會導致一些地對空飛彈陣地逃過第一波攻擊。

隨著固定式地對空飛彈陣地大部分都被壓制住，而 SA-6 正在移防途中，大批以色列空軍的戰鬥機和戰鬥轟炸機開始飛越黎巴嫩南部上空。而讓這些飛機全都對米格機和地對空飛彈動向保持瞭解，並爲各別飛機提供衝突排除的工作，責任就落到 E-2 鷹眼機（Hawkeye）的雷達操作人員身上，有時在任一時間點上，他們可在雷達顯示幕監控超過一百架以軍飛機。

參戰的幽靈

以色列空軍的 F-4 先執行其獵殺地對空飛彈的任務，然後將注意

↑以色列主宰黎巴嫩上空空戰的關鍵便是 E-2 鷹眼式。如圖，在 1982 年時，以色列空軍的鷹眼式被用來以無線電指揮 F-15 和 F-16 戰鬥機，對抗敘利亞的 MiG-21和 MiG-23，對於摧毀敘利亞空軍的戰力有所幫助。

→→以色列空軍的戰鬥機採取「高低混合搭配」：高科技的攔截機像是 F-15，低科技的則是幼獅式（Kfir），雖然其缺之雷達導引飛彈，但卻能夠逼近至短距離範圍內，利用紅外線導引飛彈和機砲攻擊敵軍。

力轉移至其他固定目標，有條不紊且十分快速地加以攻擊。他們選擇使用傳統無導引式的「笨」炸彈，而不是自美國方面取得的雷射導引炸彈（Laser-guided Bomb, LGB），因爲飛機能夠掛載前者以較大的飛行半徑進行快速打擊，而後者則要花時間裝配，攻擊範圍也有限。這使得幽靈式的飛行員和武器系統官（Weapon Systems Officer, WSO），面對逃過一劫的地對空飛彈、和令人畏懼的 ZSU-23-4 雷達導引自走高射砲系統之雷達導引砲火時，相形脆弱。一旦反輻射飛彈壓制了地對空飛彈雷達，炸彈就會被用來消滅其餘地對空飛彈的構造，當中最首要的就是飛彈發射器。

在一九七三年，雖然地對空飛彈也許讓以色列空軍頭痛不已，但敵軍的米格機卻不構成問題，以色列宣稱擊落約二百七十七架敵軍飛機。以色列空軍宣稱加利利和平行動在當時是歷史上最大規模、最成功的噴射戰鬥機空戰——以軍摧毀了八十六架敘軍飛機後全身而退。

敘利亞部隊被消滅一事有跡可尋。敘利亞的指揮官花了二十分鐘的時間，才推翻他們先前根據第一波攻擊的跡象，下令進行戰鬥空中巡邏的戰鬥機返回基地，因此等到敘利亞指揮官命令剛加滿油的戰鬥機，緊急升空飛往邊界迎戰時，以色列的 F-16 和 F-15 早就做好萬全的準備以逸待勞了。

早期預警機

以色列空軍的 E-2 對敘軍戰鬥機緊急升空一事提供充分的警告，並透過資料鏈讓指揮部能夠持續瞭解他們的進展，而 F-15 則是透過超高頻（very high frequency,

VHF）無線電。

以色列空軍的戰術跟美國海軍在越戰期間發展出來的戰術簡直一模一樣：四架 F-15 鷹式戰機組成的編隊，以兩架飛機為一組兩兩飛行；他們將會使用高效能的 AN/APG-63 雷達在視距外「監看」敘利亞的戰鬥機（或是利用鷹眼的管制員引導他們飛向敵軍，直到可在雷達上看到或是直接目視他們為止），因此交戰在僅僅數分鐘之內就分出勝負。

當鷹式戰機強力執行攔截行動時，以色列的電子戰系統就被用來干擾敘利亞的通訊頻道，有效切斷 MiG-21 與 MiG-23 戰鬥機和外界的連繫。因為敘軍是裝備蘇製裝備、接受蘇式訓練，因而習於依賴

以色列的戰場之眼

就以色列而言，協調格外良好的攻擊行動並非難事，因為其飛行員已花費幾個月的時間練習突擊行動的各時間點和戰術排練，也因為他們主宰了戰場上的指揮、管制和情報。

以色列可從幾個管道取得資訊，在空中的管道就是以色列空軍由美國供應的 E-2 鷹眼式，它能夠描繪出最全面性的圖像。鷹眼機的雷達安裝在機身上方，一個龐大的旋轉圓盤罩內，偵測範圍深入黎巴嫩和敘利亞領空，能夠提供全面性的戰場空間圖像。鷹眼的雷達畫面會經由無線電資料鏈，傳送到一個中央指揮站，在那裡許多出自其他來源的即時情報和資料也會被吸收並評估：這些其他的來源包括安裝在遙控無人飛行器上光電攝影機的視訊影像流，遙控無人飛行器整天持續低空飛行，監視剩餘的機動 SA-6。

↑AH-1S 是以色列使用最佳的密接支援平台之一。眼鏡蛇能夠掩護以色列國防軍部隊，或是在部隊前方來回飛行。AH-1S 使用 20 公釐機砲、無導引火箭或托式反裝甲飛彈掃蕩，並制壓黎巴嫩和敘利亞的步兵與裝甲車輛。

地面管制攔截官坐在雷達螢幕前指揮他們接敵的管制系統作戰。地面管制攔截官將會告知飛行員在何時、何地進行基本的「猛烈」攻擊——地面管制攔截官控制了戰鬥的過程，而不是飛行員。就此點而言，當敘利亞的飛行員無法與地面管制攔截官交談、或是聽從其指示時，他們便嚴重缺乏環境警覺。此外，敘利亞飛行員也缺乏纏鬥的技巧，由於他們極少接受應付這種戰鬥形式的訓練，因而使問題更加惡化。

和大部分西方國家飛行員一樣，以色列飛行員的纏鬥技巧非常純熟，且被鼓勵進行獨立作戰。他們透過地面管制攔截官和鷹眼，來取得他們所能獲得的最佳環境警覺，但關於如何、在哪裡、在什麼時候和敵軍接戰等戰術決定，則是飛行員自己的責任。

大部分敘利亞戰鬥機飛行員在開始戰鬥的時候，都沒有合適的戰鬥計劃，據說會因為恐懼而呆若木雞，因此對以色列空軍來說，這根本就是獵火雞；有一種說法的估計結果是，在開打後的頭三十分鐘內，以色列空軍就擊落了多達二十六架米格機。

舞台早就設定好了：以色列擁有制空權，而在黎巴嫩南部地面上的敘軍部隊就同時曝露在地面和空中攻擊下。F-4 幽靈式即時地送上臨門一腳，在這時使用了更多導引武器對付敵軍戰車和裝甲人員運輸車，還有大量的高射砲陣地。

在達成目標，並在黎巴嫩南部一塊約四十公里（二十五哩）的區域內壓制了巴勒斯坦解放組織後，以色列當局就在以色列國防軍（Isaeli Defense Force, IDF）地面部隊進入黎巴嫩的五天之後，下令停止軍事行動。這場戰爭的主要打擊行動結束了，而敘利亞空軍部隊也無力再進行任何有意義的抵抗。從開始到結束，以色列空軍均在空戰中稱霸。

儘管這場戰爭的政治利益不無疑問，但已成爲世界各地戰爭學院和軍事教育研究機構課堂上的教材，作戰結果指出，擁有良好的計劃、指揮、管制與即時通訊，將會徹底毀滅敵軍保衛自己的能量。

加利利的戰車殺手

貝爾 AH-1 眼鏡蛇戰鬥直昇機，使用 BGM-71 托式（Tube-launched, Optically-tracked, Wire-guided, TOW，意爲發射管發射、目視追蹤、線控導引）飛彈對付敘利亞裝甲部隊，結果一舉摧毀數十輛敘軍戰鬥車輛，包括現代化的蘇製 T-72 主力戰車。眼鏡蛇是美軍第一款專門的武裝直昇機，實際上是全新的機身設計加上 UH-1 的尾桁和動力設備（發動機和變速箱）。該機有一名副駕駛兼砲手，坐在駕駛艙前座，以一具裝在機鼻旋轉塔的望遠瞄準鏡，同時爲托式飛彈和裝在機鼻下方連動砲塔上之 M-197 三管 20 公釐口徑蓋特林機砲進行瞄準。這是一款極佳的戰鬥直昇機，雖然曾在越戰中經歷戰鬥的考驗，卻在加利利和平行動中，第一次大規模成功使用空射托式飛彈。

第十一章

沙漠風暴與巴爾幹半島：一九九〇至一九九九年

1990 年，伊拉克指責科威特蓄意降低油價，對外宣布「科威特為伊拉克的一個省」，並揮軍進攻。

西元一九九〇年八月二日，伊拉克主張科威特是其自古以來的一部分，對弱小且富產石油的科威特採取軍事行動。伊拉克獨裁者海珊（Saddam Hussein）下令大批部隊侵略科威特，以控制這位阿拉伯鄰國。國際社會最初的軍事反應本質上是防禦性的，代號爲沙漠之盾行動（Operation Desert Shield）。沙漠之盾行動使得聯軍部隊可以進行集結，另一方面國際社會也可以運用外交手段進行溝通協調，軍力集結的規模可說是相當龐大。

首先抵達的是美國空軍 F-15C 鷹式戰鬥機和 F-15E 打擊鷹（Strike Eagle），其任務是在沙烏地阿拉伯（Saudi Arabia）的領空巡邏，以阻止海珊攻占任何沙烏地油田。八月七日，二十七架全副武裝的 F-15 抵達沙烏地阿拉伯的達蘭（Dhahran）空軍基地；第二天，另外二十五架 F-15 也跟著抵達，總計五十二架鷹式戰鬥機在兩天之內就全員到齊。

八月九日，F-15E 經由達蘭空軍基地抵達阿曼的蘇姆瑞（Thumrait）空軍基地。美軍在蘇姆瑞早已設立了武器儲藏庫，而當海珊手下九個精銳的共和衛隊（Republican Guard）單位正站在科威特的邊界上，準備好向南長驅直入沙烏地阿拉伯境內時，情況馬上變得十分明顯，F-15E 是唯一可以延遲或騷擾這類進軍的部隊；不過他們在這個過程中可能會付出的代價並不在考慮之列。到了八月十一日，共有十二架 F-15E 進行警戒，大部分都掛載 Mk20 石眼（Rockeye）「區域彈藥」，這種炸彈可在相當於一座足球場面積大小的地方，釋放出數以百計體積近似板球的子炸彈，因此對於消滅輕裝甲部隊編隊極爲有效。另外有兩架飛機，也就是一個打擊小組，也準備好要防衛基地，阻止敵軍攻擊，他們都已掛上 AIM-9 響尾蛇和 AIM-7 麻雀空對空飛彈。不過幸運的是，可怕的伊拉克共和衛隊從未向南移動。

大規模部署

當英國投入沙漠之盾行動的作

←如圖，在沙漠風暴行動的空戰初期階段，B-52 同溫層堡壘轟炸機掛載M117「笨」炸彈，進行大膽的低空任務，對付敵軍部隊。海珊的精銳共和衛隊是其目標之一。

←在伊拉克境內，A-10靈巧地打擊伊拉克裝甲部隊和步兵，在過程中自身的損失少得出奇；在巴爾幹半島，A-10的大部分任務也跟在伊拉克一樣，但這一次就完全沒有損失了。

格蘭比行動

英國皇家空軍的龍捲風 F.Mk 3 攔截機進駐沙烏地阿拉伯，是集結在波斯灣的兵力一部分，同行的還有美洲豹式 GR.Mk 1/1A 對地攻擊和偵察機，這些飛機和美國空軍的 F-15E 共同駐防在蘇姆瑞。皇家空軍的作戰被稱爲格蘭比行動，其也包括部署阻絕／打擊型的龍捲風 GR.Mk 1，他們將在戰爭的頭幾天扮演舉足輕重的角色，但結果就是付出高昂的代價。負責支援作戰和部署的則是皇家空軍C-130 力士型運輸機、三星式（Tristar）、VC10 和勝利式軟管錐套空中加油機等飛機組成之機隊。

↓戰爭中最成功的戰鬥機是 F-15 C 鷹式。圖中此機掛滿了響尾蛇和麻雀飛彈，隸屬於戰績最高的單位，也就是美國空軍第 58 戰術戰鬥機中隊。

戰，也就是格蘭比行動（Operation Granby）在規模上令人留下深刻印象時，美軍的行動相較之下卻使其黯然失色。美軍派出超過五十款的各式飛機至該區域，當中幾乎有一半都投入各種戰鬥任務中，許多這類行動都是在第一線進行，實際與敵人交戰：A-10 雷霆 II 式、B-52 同溫層堡壘轟炸機、AC-130 鬼怪式（Spectre）砲艇機，還有其他各式各樣的特殊機種包括 C-130、F-16 戰隼式、F-4G 幽靈式「野鼬」、F-111土豚式（Aardvark）攻擊機、EF-111烏鴉式（Raven）干擾機、F-117 夜鷹（Nighthawk）「匿蹤戰鬥機」、MH-53J 低空鋪路者（Pave Low）特種部隊直昇機、RF-4C 幽靈式偵察機、U-2R 和 TR-1A 戰略偵察機、OH-58 奇歐瓦式（Kiowa）偵察直昇機、AH-64 阿帕契（Apache）攻擊直昇機、還有 RV-1 和 OV-1 摩霍克式

（Mohawk）戰場偵察機。其間，在波斯灣（Persian Gulf）和地中海的航空母艦與突擊艦，也支援了A-6侵入者式、A-7 海盜 II 式、F-14 雄貓式（Tomcat）、F/A-18 大黃蜂式、E-2 鷹眼式、EA-6B 徘徊者（Prowler）、AV-8B、AH-1 眼鏡蛇式（Cobra），和各種不同的美國海軍陸戰隊突擊直昇機。這一長串清單十分詳盡，數量多到令人眼花撩亂。

其他國家也投入兵力，增援各式裝備和火力加入此一即將橫掃海珊麾下大軍的龐大聯軍行列。在墨西哥鹿行動（Operation Daguet）中，法國派遣了一系列的直昇機和運輸機，還有幻象 2000、美洲豹式（Jaguar）和幻象 F1 等戰機。義大利則在蚱蜢行動（Operation Locusta）中，派出三個中隊的龍捲風（Tornado）IDS 攻擊機，巴林方面部署了 F-5E 和 F-16，卡達派出幻象 F-1，阿拉伯聯合大公國則派遣幻象 2000。紐西蘭和南韓都提供了 C-130 運輸機，甚至連科威特都透過流亡的自由科威特空軍（Free Kuwaiti Air Force）參戰，其有若干 A-4 天鷹式和幻象 F-1 噴射戰鬥機，還有一架瞪羚式（Gazelle）直昇機。

↓皇家沙烏地空軍操作的戰鬥機機隊包括龍捲風的防空型（如圖）和F-15鷹式。

↑一架 A-10 斥侯機正在沙漠上空飛行，其歐洲迷彩塗裝和下方的沙地地形顯然極不協調。在如此的高空飛行，敵軍根本無法聽見其渦輪扇發動機的噪音。

投入作戰的飛機數量可說是已經相當龐大，更不用說是集結在連接伊拉克和沙烏地阿拉伯邊界上的地面部隊了。美國空軍派出了一千二百三十八架飛機至該區域，當中有二百一十架是 F-16；美國海軍共有四百二十一架飛機，當中大部分都在被派至波斯灣的六艘航空母艦上；海軍陸戰隊擁有三百六十八架飛機，陸軍則有一千五百八十七架。

支援武力

要是沒有美軍戰略運輸機無遠弗屆的努力，就不可能集結如此龐大的武裝部隊。在伊拉克入侵科威特的六個月內，就有超過五十萬名美軍人員、二千輛主力戰車、六支航空母艦戰鬥群和十二支空軍聯隊，分佈在波斯灣內大約一百二十處不同地點上。美國空軍的 C-141 星式運輸機（Starlifter）和 C-5 銀河式（Galaxy）運輸機，執行了大量的戰略空運任務，從美國本土和美軍駐德國的基地將物資、人員和車輛運送至中東地區。一旦到了當地後，C-130 就在運輸任務中扮演重要角色，並透過此一過程而成爲戰區中最重要的戰術運輸機。總計在超過兩萬趟的任務當中，這三款運輸機總計運送了五十四萬二千噸貨物。對美軍的運輸機而言，這是一次不折不扣的大成功，雖然他們的工作時常被忽視，但如果沒有他們的話，這場仗根本打不起來。

在空中，聯軍的對手是伊拉克空軍的人員和飛機。伊拉克空軍的空中威脅相當明顯，最主要是因爲海珊對伊拉克空軍十分引以爲傲，他因此不計一切代價爲其裝備強而有力的武器。伊拉克空軍由各式各樣的飛機組成，能夠爲奪取空中優勢而戰，驅逐地面攻擊並打擊戰略目標，尤其部分飛行員甚至曾在英國接受英國皇家空軍的訓練。

伊拉克空軍擁有八個中隊的法製幻象 F-1EQ，配備現代化的空對空飛彈。爲了攻擊聯軍部隊，伊拉克空軍十個航空旅裝備了可變翼的 MiG-23BN、Su-20/22 還有獵人式，此外尚有三個 Tu-22 中隊、一個 Tu-16/H-6D 中隊和兩個 Su-24 中隊，使得空對地打擊武力更趨完整。Su-24 可和 F-111 相提並論，擁有可對地面和海上目標發動毀滅性打擊的能力。

但對聯軍飛機來說，最大的威脅是來自於五個旅的 MiG-21、MiG-23 和 MiG-25 戰鬥機，還有特別受到關注的 MiG-29。MiG-25 是在攔截－偵察混合聯隊內服役，可以飛得比 F-15 更高、更快，因此造成了可觀的威脅，特別是「高價值飛機」，像是 E-2 鷹眼和 E-3 哨兵式（Sentry）空中預警管制機（Airborne Warning And Control System, AWACS），還有在靠近伊拉克邊界的空中作業的加油機。

儘管在開戰前夕大吹大擂，伊拉克空軍的 MiG-29 只具備有限的視距外（beyond-visual-range, BVR）威脅，雖然 MiG-29 可使用半主動雷達導引（Semi-active radar-homing, SARH）的 AA-10 中程飛彈，但其雷達並未針對長程戰鬥進行最佳化，而俯視／俯射

↓沙漠風暴行動的空戰部分可說是真正的多國聯合作戰，如同這張照片所顯示的，由前至後分別是卡達的阿爾法噴射機與幻象 F1、法國的幻象 F1、美國的 F-16 和加拿大的 CF-188 大黃蜂式。

伊拉克空軍的武力

伊拉克空軍的兵力被分配給四個戰區指揮部，每個戰區指揮部都和一套綿密的地面管制攔截和整合防空系統網路連線。如同一些其他中東國家的主要裝備供應國是蘇聯，伊拉克空軍的作戰是依照中央管制作戰地面管制攔截的管制思考來協調及掌控其飛行員進行攔截。伊拉克的整合防空系統被稱爲卡里，由法文的「伊拉克」（Irak）拼字顚倒排列而來，反映出法國協助伊拉克建立此套系統的事實。此系統非常複雜，甚至使用了深埋在沙漠底下的寬頻光纖纜線（這在當時堪稱是創新的科技），以便在各節點間傳遞資訊跟數據。然而即使從書面上看起來伊拉克的防空體系裝備精良，其飛行員和地面管制攔截的管制員都是身經百戰的老手，已經和東邊的伊朗人交戰將近十年的時間，但從未有人會懷疑聯軍將會克服伊拉克空軍和其整合防空系統。

（look-down/shoot-down）的能力也十分薄弱；然而一旦雙方相遇並進行纏鬥的時候，情勢可能就會逆轉。MiG-29 的機動性非常優異，能夠在無法進行軸線瞄準的情況下，藉由頭盔瞄準器的幫助來發射短程飛彈。MiG-29 還有一個特徵是具備被動紅外線搜索與追蹤感測器，能夠暗中辨認出目標，並且不會觸動對方的電子雷達警告裝備。

↓要是沒有戰略運輸機，例如圖中這架美國空軍的 C-141 星式運輸機的話，絶不可能成就聯軍在波斯灣的努力。

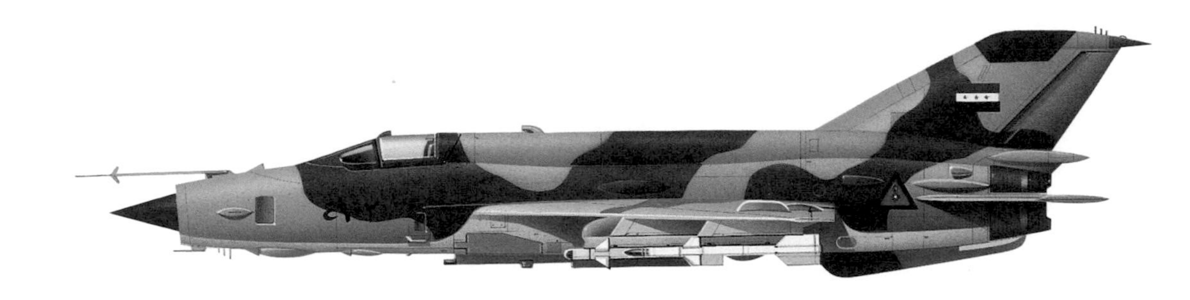

米高揚－格列維奇 MiG-21MF

一般資訊	尺寸
型式：單座戰鬥機	**翼展**：8.1 公尺（26 呎 7 吋）
動力來源：1 具 41.55 仟牛頓（推力 9340 磅）圖曼斯基（Tumansky）R-13-300渦輪噴射引擎	**長度**：6.3 公尺（20 呎 8 吋）
最高速度：飛行高度 1100 公尺（3600 呎）以上時可達 2.1 馬赫，即每小時 2230公里（1385 哩）	**高度**：2.35 公尺（15 呎 5 吋）
作戰高度：19000 公尺（62300 呎）	**翼面積**：20 平方公尺（199 平方呎）
重量：最大起飛重量：9398 公斤（20723 磅）	
武裝：1 門 23 公釐口徑雙管 GSh-23 機砲；各型空對空和空對地武器	

戰術空中管制中心

有鑒於以色列在一九八二年加利利和平行動中學到的教訓，也就是指揮與管制經證明舉足輕重，還有在越戰結束時的實際經驗，美國空軍因此與聯軍夥伴合作建立了戰術空中管制中心（Tactical Air Control Centre, TACC）。戰術空中管制中心負責計劃空戰，制定了一份厚達六百頁、被稱爲空中任務序列（Air Tasking Order, ATO）的文件。這份文件本身就是一份路線圖，當中指出了要在對伊拉克的空中戰役中進行的每一趟飛行任務。

空中任務序列，或稱爲非連續序列（Frag），初步列出最初幾個小時的初步攻勢焦點，主要是放在摧毀保護伊拉克的整合防空系統（Integrated Air Defence System, IADS），同時也集中全力摧毀機場、強化飛機掩體（Hardened

Aircraft Shelter, HAS）和飛機。達成此一任務之後，伊拉克的裝甲部隊、後勤補給還有指揮、管制、通訊（Command, Control and Communication, C3）設施接著就會被攻擊，使得伊軍在聯軍地面突擊展開前，戰力迅速被削弱。空中任務序列的頭三天要盡可能照本宣科，只在爲了適應會連續幾天產生雲層的易變天氣形態時，才做改變。

在原來的空中任務序列中，可以看到所有的 F-15C 都要從南邊提供護航和戰鬥空中巡邏，但部署更多 F-15 至伊拉克北方鄰國土耳其的決策，使得計劃人員可以透過也從北方進攻的方式，來釘住伊拉克空軍。最新型的 F-15E 打擊鷹將會與 F-4G 野鼬機和 EF-111A 干擾機一同出擊，對付地對空飛彈發射陣地和關鍵的機場設施。F-15E 是空對空 F-15 衍生出的一款全新、全天候、精準打擊機型，不但可以藉由深灰色的塗裝，也可以透過兩具安裝在主翼下方與機身緊貼齊平的適形油箱迅速分辨出來。

F-15E 意圖用來取代年邁的 F-111，並裝備了當時最尖端之航空電子設備，而成爲眞正的多用途戰鬥機。在空對空的任務當中，F-15E 多少因爲重量較重而喪失了部分鷹式戰鬥機原有的機動性，但在與對手進行視距外戰鬥時，依舊不減威猛。

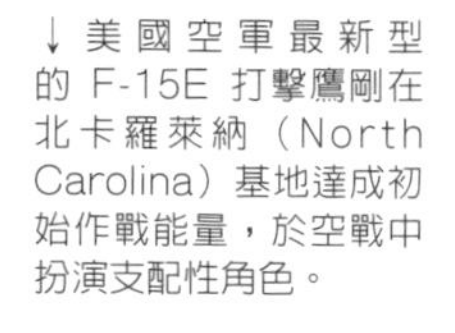

↓美國空軍最新型的 F-15E 打擊鷹剛在北卡羅萊納（North Carolina）基地達成初始作戰能量，於空戰中扮演支配性角色。

在空對地打擊領域，F-15E擁有一組安裝在兩個莢艙內的感測器，總稱爲低空導航和紅外線夜間目標指示系統（Low Altitude Navigation and Targeting Infra-red for Night, LANTIRN），包括一個導航莢艙和一個目標莢艙。此系統讓 F-15E 在黑夜中仍可以看得見，並且能夠爲自己機上或是另一架飛機的雷射導引炸彈標明並用雷射照射目標。最後，打擊鷹配備的 AN/APG-70 雷達在對付其他飛機時十分出色。此雷達極爲精密複雜，它實際上能夠描繪出前方地形的雷達地圖。此一地圖可以被「凍結」在駕駛艙顯示器上，允許後座武器系統官以顯示出的內容（就像頭頂上有一個模糊的衛星圖片）爲基礎，

阿帕契戰鬥直昇機感測器

AH-64A 的目標獲得與標定裝置是用來尋找、識別和標定敵軍。在每個駕駛艙裡的磁鐵會負責感測一個由機組員的飛行頭盔形成的電子空間，這使得飛行員或副駕駛兼砲手藉由轉動頭部並目視目標位置的簡單動作來提醒目標獲得與標定裝置之感測器。透過此種方式，他們集中了組成目標獲得與標定裝置的電視攝影機、紅外線感測器、高倍率望遠鏡、雷射光點追蹤器和雷射標定／測距儀。在 1911 年時，這種能力會令人感到不可思議，沒有其他的戰鬥直昇機能與之匹敵。飛行員夜視感應器安裝在機鼻旋轉塔頂端的一個小整流罩內，可以隨著飛行員的頭部運動來改變方向，並利用紅外線感測器，使飛行員在黑暗中、或是在沙塵滿天且煙霧瀰漫的戰場環境裡還是可以看得一清二楚

←伊拉克空軍就算訓練不足，也稱的上是裝備精良。如圖，這是一架雙座型幻象 F-1，正向跑道滑行當中。這款戰機在近距離目視纏鬥領域是令人尊敬的對手。

↑在空中飛行的電子監聽站負責攔截伊拉克的通訊，標示出雷達和發射器的位置，並制定出電子作戰序列，圖中這架美國空軍 RC-135 鉚釘聯合就是其中一員。

進行分析並標明目標。

F-15E 的 AN/APG-70 雷達是一種合成孔徑雷達（Synthetic Aperture Radar, SAR），雖然此一觀念已經存在了好幾年，但因爲需要的龐大處理能力，因此時至今日仍爲能搭載大型電腦升空的大型飛機所獨有，而 F-15E 是第一款擁有此一能量的戰鬥機。

電子作戰序列

其他最先進的飛機也陸陸續續抵達該區域，包括美國空軍的 RC-135 鉚釘聯合（Rivet Joint）、英國皇家空軍的寧祿式（Nimrod）R.Mk1 和法國的 C.160G 加百列（Gabriel）。這三種飛機在他們的作戰中都保密到家，負責協助蒐集伊拉克領導階層和軍方的電子和訊號情報。RC-135 是以商用的波音 707 客機爲基礎，而寧祿式則是利用知名的彗星式（Comet）客機做爲設計依據。所有這些飛機都搭載了語言學家和電子專家，監控伊拉克方面的語音和資料通訊，並注意從特定重點區域發射出的所有電子傳輸之頻率和位置。

這些飛機在組成電子作戰序列（Electronic Order of Battle, EOB）時是不可或缺的。電子作戰序列可以告訴聯軍的飛行員，哪一種型號的地對空飛彈出現在已知的交戰區域中、數量多少以及作戰頻率爲何，也會告訴他們在任何已知區域裡有哪一種伊拉克空軍的飛機。

由這些飛機執行的電子與通訊

竊取任務，也提供敵軍能力情報的另一個層面：他們的戰鬥機可以在多短的時間內緊急升空？他們使用什麼戰術？他們的地面管制攔截指示要在多遠的距離發射飛彈？如果一名伊拉克飛行員被聯軍飛機瞄準的話，他會做什麼事：逃跑？強力進行攻擊歸向？還是進行良好的防禦動作？

在建構一個準確且包含最新資訊的伊軍動向，包括其所擁有的系統、當戰爭開打時他們可能會如何動作等等的圖像時，所有這些訊息都非常重要。當然，這些飛機也會釘住伊拉克整合防空系統和指揮、管制、通信資訊網路的主要節點，當戰爭開打時，所有這些節點都會遭到系統化的攻擊。

當聯軍方面打算創造電子作戰序列並窺探敵軍時，其他飛機也加入這個行列。首度在完全保密狀態下被中央情報局（Central Intelligence Agency, CIA）使用於作戰的 TR-1/U-2R，以其超高高度作業形態飛行，監聽伊拉克方面的雷達和通訊傳輸，並加以記錄以供稍後進行分析。美國海軍的 EP-3E 白羊座 II 式（Aries II），由於攜帶陣列天線，因此在外觀上看起來與 P-3 獵戶座（Orion）不同，它也是美軍現役機種，之後甚至連越戰時期的 EA-3B 空中戰士也加入行動行列。當地面作戰開打的時候，美國陸軍的 RC-12 護欄式（Guardrail）和 RV-1D 摩霍克式飛機，以及 EH-60A 快覽（Quick

↓美國空軍的 U-2R/TR-1A 將有關伊拉克的電子情報、雷達地圖和詳細光學影像提供給戰場指揮官。

投入戰爭的匿蹤科技

對一般大衆來說，「匿蹤」在 1991 年時還是個嶄新的觀念，雖然大多數人認爲匿蹤可以讓雷達無法看到飛機，其實只是匿蹤使飛機更難被偵測到。對當時大多數人來說，匿蹤是很新奇的概念，其中一個理由是美國空軍已經在內華達州一座偏遠的機場於絕對機密之狀況下操作 F-117 多年，甚至在 1989 年派遣其至巴拿馬作戰，但一直要遲至 1990 年時才允許社會大衆實際上親眼目睹此機。

降低一架飛機的雷達（還有視覺、聽覺和紅外線）特徵意味著提高生存性，但並不代表就此天下無敵。雖然一些雷達操作員眞的曾在雷達螢幕上看到 F-117 突然現身，但總是因爲太快而無法採取任何反制措施，螢幕上的雷達回波看起來就像一出現便消失一樣。

Look）直昇機，在戰場提供連續性電子覆蓋時，具有十分重要的地位，而在他們下方的地面單位，就能夠以最快步調來執行計劃。

一九九一年一月十七日，美國總統布希（George H. W. Bush）下達首波攻擊命令，展開沙漠風暴行動（Operation Desert Storm），自一九四五年以來最大規模的集結軍力，已準備好投入戰場。

↓在沙漠風暴行動期間，一架 AH-64 阿帕契直昇機正在加油，其掛載著 AGM-114 地獄火空對地飛彈。

↑在 1991 年 1 月 17 日的夜晚，F-117A 夜鷹是第一架進入伊拉克領空的載人飛機，其穿透大縱深且層層相疊的敵軍防空系統，卻毫髮未傷。

這一切全都在 E-2 鷹眼式和 E-3 哨兵式空中預警機不眠不休的警戒下進行，但對許多人來說有點令人吃驚的是，領導攻擊的單位由美國陸軍諾曼第特遣隊（Task Force Normandy）八架 AH-64A 阿帕契和一架 MH-53J 低空鋪路者組成。他們的任務是摧毀卡里（Kari）整合防空系統的兩座關鍵早期預警雷達節點，或至少使其癱瘓。有效摧毀這些設施將能夠為所有其他的聯軍飛機打開大缺口，在無預警的狀況下突穿伊拉克領空與其整合防空系統，進而達成最大程度的奇襲。

阿帕契攻擊直昇機

在當時，阿帕契是世界上最先進的戰鬥直昇機，由於裝有兩具主要的紅外線感測器，因而能夠特別為飛行員和副機長／砲手（Co-pilot/Gunner, CPG）將黑夜景象變成日間景象。首先，AN/ASQ-170 目標獲得與標定瞄準儀（Target Acquisition Designation Sight, TADS），使得阿帕契可以順利進入戰場，並以極高的精準度和速度進行獵殺；其次，AN/AAQ-11 飛行員夜視感應器（Pilot Night Vision Sensor, PNVS），使飛行員具備夜視能力，而這兩至種系統就位於阿帕契機鼻一個旋轉塔的兩側。

儘管有這些性能優良的裝置，白晝時在一片荒野、沒有特徵可供辨識的沙漠中進行導航，就已經很難了，在晚上更是難上加難，因此這八架阿帕契都要依賴低空鋪路者，因為它配備了非常準確的導航設備，這反映出低空鋪路者的主要任務是在敵方戰線後方飛行，救起被擊落的飛行員。

摧毀雷達站任務具有高度重要性，低空鋪路者在高超的技巧下引導阿帕契直昇機，到可直接以目標獲得與標定瞄準儀目視雷達站的位置，但仍然在一定的距離外盤旋，因此雷達站的操作人員聽不到旋翼葉片發出的聲音。

「匿蹤戰機」行動

當所有這一切都在一月十七日的最初幾個小時內進行時，美國空軍的大批 KC-135 同溫層油輪空中加油機，開始從沙烏地阿拉伯的機場起飛，飛往該國與伊拉克的邊界。其間，美軍最不可思議的戰機 F-117 夜鷹「匿蹤戰鬥機」，也在燈火管制的狀況下起飛，展開飛向北方的孤獨旅程，並在進入伊拉克領空前，進行了一次安靜的空中加油。

當天凌晨二時三十七分時，美國有線電視網 CNN 播出了戰斧（Tomahawks）巡弋飛彈如雨點般打擊巴格達（Baghdad）市中心內伊拉克政軍目標的即時新聞畫面。在伊軍高射砲手和地對空飛彈操作員的一片恐慌中，高射砲的曳光彈左右搖擺地射入天空，防空飛彈也飛入散亂的雲底內。伊軍在雷達螢幕上看不見任何東西，就算當他們眞的偵測到戰斧巡弋飛彈時，也爲時已晚了。

當天夜裡，大部分進攻的戰斧巡弋飛彈都是從波斯灣內的美國海軍船艦和潛艦上發射，但當中有三十五枚來自於七架一路從路易西安那（Louisiana）巴克斯戴爾（Barksdale）空軍基地（Air Force

→美國陸軍的 UH-60 黑鷹系列直昇機成為空降步兵部隊的戰馬，取代了在越南一戰成名卻容易受損的易洛魁系列。

「飛毛腿」的威脅

伊拉克操作的「飛毛腿」有四種型號，全都是以原本蘇聯的 SS-1b「飛毛腿」爲基礎，這是一款地面發射的飛彈，射程超過 300 公里（186 哩），不過準確度不是相當高。伊拉克已經改裝了「飛毛腿」的彈頭，以攜帶化學或生物武器，並且毫不猶豫地發射飛彈對付周遭國家。如果伊拉克以「飛毛腿」飛彈攻擊將以色列拖下水的話，在這個區域內的其他阿拉伯國家就會有充分的機會介入戰爭。如果這個狀況發生的話，聯軍計劃擊退伊拉克部隊並收復科威特的短暫高強度作戰就會變成曠日廢時的區域衝突。

Base, AFB）千里迢迢飛來的的美國空軍 B-52 同溫層堡壘轟炸機。他們的飛行時間延續超過三十五個小時，涵蓋了約二萬二千五百三十公里（一萬四千哩）的距離。

在這場戰爭中，使用 B-52 轟炸機做爲巡弋飛彈的載台著實令人吃驚，因爲到這個時間點爲止，非核武的 AGM-86C 傳統空射巡弋飛彈（Conventional Air-Launched Cruise Missile, CALCM）的存在，依然是個嚴格保守的機密，因爲由B-52 發射的巡弋飛彈通常都會攜帶核子彈頭。基本型的 AGM-86 是一款智慧型的「射後不理」飛彈，跟著預先設定的路線飛向目標。AGM-86C 傳統空射巡弋飛彈，是從配備核子彈頭的 AGM-

↓伊拉克設備完善的軍用機場在開戰的第一晚就遭到攻擊，聯軍在掌握全面性制空權的狀況下，持續打擊伊拉克的跑道和強化掩體。

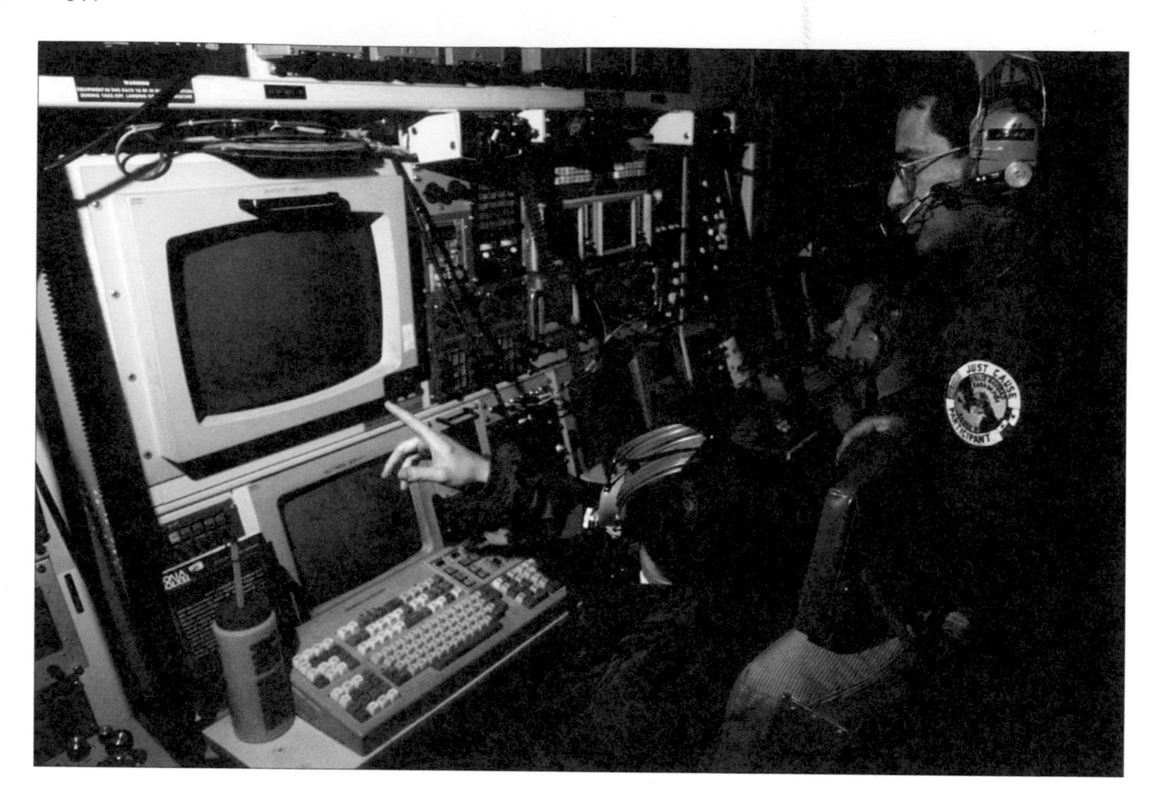

↑做為伊拉克上空空中作戰的核心，先進的科技、「匿蹤」和「精靈」武器在大衆面前一覽無遺，但就事實上而言，如雨點般傾洩在伊拉克部隊頭頂上的各式武器從越戰最後幾個月的空中作戰以來就沒有太大改變。

86B 發展而來，當中有一部分自一九八六年起就被提升至絕對機密的狀態，改裝成攜帶一個高爆／破片彈頭，還內建一組全球定位系統（Global Positioning System, GPS），以進行更精確的導航。

「五、四、三、二、一，進攻！」領頭的阿帕契飛行員如此呼叫，而在二時三十八分，二十七枚 AGM-114 地獄火（Hellfire）飛彈，就接連地準確飛向僅在數公里之外的雷達站。阿帕契攻擊直昇機分成各由四架組成的兩個小組，攻擊兩處雷達站，緊接著就是用裝置在機首、可旋轉的 M230 三〇公釐口徑機砲，發射超過四千發高爆燃燒彈加以掃射，還有一百發七〇公釐（二·七五吋）無導引火箭。他們首先攻擊爲雷達站供電的發電機，然後摧毀通訊用拖車，最後才破壞雷達天線。結果這些目標無一倖免，而在伊拉克四周指管通中心內的高級軍官，則頻頻詢問防空雷達爲什麼斷線，他們必須把問題找出來。

雷射導引炸彈攻擊

隨著戰斧巡弋飛彈在凌晨三時準時來襲，由 F-117 投擲的，重達二千磅（九〇七公斤）的 GBU-10 雷射導引炸彈，也開始打擊巴格達市中心的關鍵指管通目標。首當其衝的是電話交換系統，在其被炸毀的同一時間，從該市進行即時連線報導的世界新聞媒體也失去連絡。在拂曉之前，美國空軍的 F-117 機

隊攻擊巴格達市中心內另外三十七處目標，且全身而退。

F-117 之所以能成功，有一部分原因是其機身塗有雷達波吸收材料，可將打到機身上的雷達波能量，轉變爲無法被偵測到的熱能，但這款飛機不雅的形狀卻透露出其低雷達的特徵——「多面結構」。多面結構運用尖銳的角度使雷達波偏斜遠離發射器，並用無數仔細排列的平面達成此一效果；經過最佳化的結果，當 F-117 接近目標時，從正面對頭看過去匿蹤的效果最強。美國早已透過由俘獲、竊取、

↑EF-111A 對伊拉克雷達進行遠近距離的電子干擾。在無武裝深入伊拉克領空飛行的時候，一架 EF-111 宣稱策略擊殺了一架幻象機。

貿易或是其他管道取得的眞正蘇製早期預警雷達和地對空飛彈雷達，對 F-117 進行廣泛測試，但沒有人期望夜鷹眞能在毫無損失的狀況下，進入巴格達的心臟地區。

首都的防衛

巴格達飛彈接戰區（Missile Engagement Zone, MEZ），是指環繞伊拉克首都的地對空飛彈防禦圈亦即伊拉克境內最密集且威力最強的地對空飛彈威脅來源。飛彈接戰區內的飛彈包括羅蘭式（Roland）自走地對空飛彈和俘自科威特的改良型鷹式飛彈（I-HAWK），此外還有 SA-2、SA-3 和 SA-6 等地對空飛彈系統。每一種飛彈系統都有大量各種口徑的高射砲與其配合，包括一〇〇公釐（三・九四吋）的口徑在內。對全世界而言，巴格達飛彈接戰區似乎堅不可摧，然而事後證明這並非事實。

空中任務序列已經指揮三支主要的 F-15 聯隊分別巡邏各自的責任區，這些責任區是以經度線或可確認的地理特徵來定義。八架鷹式戰鬥機將其強而有力的 AN/APG-63 雷達指向伊拉克的西半部，另外八架巡邏中段空域，還有四架則被派去掩護伊拉克的最東端。他們的目標非常簡單明瞭：推進至每塊區域的中心，並掃蕩伊拉克空軍。被指派去應付西半部的八架飛機，已經注意到該區的伊拉克空軍戰鬥機基地密度，並在飛行計劃資料上檢查過伊拉克的 H1、H2、穆

↓透過一架美國空軍 F-15E 的抬頭顯示器在夜間看到的影像——前視紅外線圖像賦予了打擊鷹真正的夜間攻擊能力。

↑一小隊科威特空軍的飛機，像是這架 A-4 天鷹式對地攻擊機（左）設法逃離了伊拉克部隊的打擊，並在整場戰爭中從頭到尾自沙烏地阿拉伯的基地升空作戰。

岱席斯（Mudaysis）、艾爾阿薩德（Al Assad）和艾爾塔卡杜姆（Al Taqaddum）等機場，將這些地區標記為將特別常開啓雷達的區域。在這個計劃中，時間點勢必至關重要：隨著 F-117 飛抵巴格達上空，F-15E 飛抵 H2 和 H3 機場，並從當地時間凌晨三時起展開獵殺「飛毛腿」（Scud）任務；當 F-15E 和 F-117 返回沙烏地阿拉伯時，由八架 F-15 組成一道「牆」，將會殲滅任何從伊拉克機場起飛的飛機。本質上，F-15E 和 F-117 的攻擊將會是一場奇襲，隨後三道鷹之牆的雷達將會啓動進行覆蓋，以形成捕捉伊拉克空軍的一張大網。緊隨其後的，則會是由剩下的聯軍空中打擊部隊組成的下一波空襲。

當空中預警管制機掃瞄所有的伊拉克機場時，RC-135 鉚釘聯合將會進行監聽，以偵測任何空中交通管制無線電信號傳送，或是地面管制攔截的通信，偵測關於伊拉克戰鬥機緊急升空的訊息。鷹式戰鬥機另外還用強力的雷達來偵測伊軍戰鬥巡邏，AN/AGP-63 脈衝都卜勒（Doppler）雷達與上一代雷達，例如 F-4 幽靈式，比起來擁有相當多優點，當幽靈式的雷達使用低脈衝重複頻率（Pulse Repetition Frequency, PRF）時，AN/AGP-63 使用高脈衝重複頻率以及都卜勒頻移，進行地面反射干擾定位並追蹤目標，而中脈衝重複頻率則被用來為武器的使用進行「調整」距離資料的工作。這意味著鷹式戰鬥機能夠在不同的距離追蹤目標，並封鎖與自己相關的速度和高度等資訊，也可以運用內建的敵我識別呼叫器來盤問接觸對象，以決定對方是否是敵人。

先前的 F-4 雷達擁有七十四公里（六十四哩）的搜索距離和十九公里（十二哩）的鎖定距離，並且無法「俯視」以尋找在其下方的飛機，AN/AGP-63 使鷹式戰鬥機的飛行員可以在「仰視」的環境中，於大約一百五十公里（九十三哩）的距離偵測戰鬥機大小的目標，俯視的能力約爲仰視的一半。整體來說，鷹式的雷達搜索空間範圍超過幽靈式的四倍。

擊敗「雜波」

AN/AGP-63 眞正可以讓飛行員佔到便宜的能力，是它能夠提供「清晰」的人造影像給飛行員，然而幽靈式的武器系統官或飛行員卻只能看到雷達探測的原始回波；鷹式戰鬥機會運用電腦進行雷達解算，然後在飛行員的雷達螢幕上產生清晰且易於瞭解的符號。此外，過濾軟體會清除地面反射的「雜波」，因此飛行員只會看見從其他飛機反射回來與回波有關的符號，而且不是地面雜波產生的「假」目標。

當雷達正在進行這些程序時，鷹式的中央電腦，也就是這架飛機的「大腦」正忙著爲選定的武器（AIM-7 麻雀或是 AIM-9 響尾蛇飛彈），計算出交戰區資訊，還會爲飛行員計算出執行攻擊時的各式各樣有用細節，包括目標的高度、飛行方向、空速、接近率、位向角和 G 力負載等資訊。

因此，隨著鷹式戰鬥機的雷達可以看得更遠、能夠更有效地區別眞假目標，又可以將資料以飛行員能夠迅速解讀的符號呈現出來，它

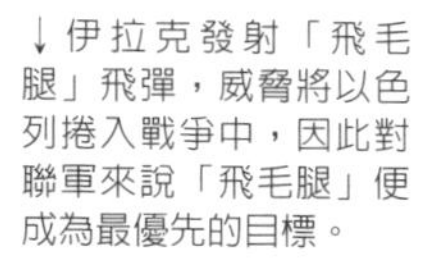
↓伊拉克發射「飛毛腿」飛彈，威脅將以色列捲入戰爭中，因此對聯軍來說「飛毛腿」便成為最優先的目標。

非協同目標辨識

用基本的話來說，非協同目標辨識就是把來自目標機發動機風扇和渦輪葉片的雷達回波和儲存在 F-15 機上資料庫裡的資料做比較。當雷達波從這些葉片反射回來時，他們就具備一個特徵，能夠和那些已經儲存在資料庫裡的做比對，進而辨識出飛機的型號。一旦雷達辨識出飛機的型號，像是 MiG-21、MiG-25、MiG-29、幻象等，系統就會把有關該機的技術資料等顯示在螢幕上供飛行員參考。

就像他們在越南上空飛行的老前輩一樣，鷹式的飛行員在伊拉克上空作戰時也有所謂的交戰準則，規範了他們是否可以發射長程飛彈，但這時不同的是缺乏友軍的敵我辨識回應，強化識別指示（無論是固有的 AN/APG-63 之非協同目標辨識指示，或是來自空中預警管制機的非協同目標辨識，或是 RC-135 鉚釘聯合的強化識別，其能夠從米格機傳遞的訊號中辨識出該機出現與否）已足以允許鷹式的飛行員開火。

在面對敵手時便擁有巨大的優勢。鷹式戰鬥機的飛行員有更多時間可以「抬起頭來」，看看飛機外面的世界，用目視確認威脅、地形和僚機，脫離以前那些戰鬥機飛行員和武器系統官要花上好幾個小時練習如何正確解讀雷達資料和設定，以便從他們的空對空雷達取得最多資訊的苦日子。

一波接一波

隨著新聞媒體聚焦在巴格達，一波又一波的英國皇家空軍龍捲風 GR.Mk1、F-111F、EF-111、F-16、F/A-18、F-14、A-6、A-7、F-4G 甚至是 B-52 全都跟在鷹式後面大舉突入。他們不只瞄準了整合防空系統，也攻擊機場，強化飛機掩體和伊拉克空軍的飛機。如果這些攻擊能夠取得成功的話，那麼就可以奪取制空權，地面作戰就可以跟著提早發動。空中任務序列要求進行的其他攻擊行動，包括打擊那些關鍵的伊拉克裝甲部隊，指管通信設施和後勤補給體系，所有這些行動都將為一場速戰速決的地面戰役奠定基礎。

鑒於 F-15E 擁有先進航空電子設備，和一路殺進目標區再殺出的能力，因此當戰術空中管制中心賦予其飛行員和武器系統官，一個獵殺這場戰爭中最惡名昭彰目標的挑戰——固定陣地和機動發射的「飛毛腿」（Scud）飛彈，也就不那麼令人感到訝異了。

F-15E 在開戰第一晚，便攻擊了位於伊拉克西部的固定式「飛毛腿」飛彈發射陣地，二十四架飛機分為三機或四機為一組的幾個小組，每架都攜帶兩個外掛油箱、十二枚 Mk12 石眼集束炸彈（Rockeye cluster bombs）和兩枚 AIM-9M 飛彈，總計打擊了五處發射陣地；只有一個例外狀況是攻擊伊拉克 H2 機場的「飛毛腿」飛彈發射陣地，使用了十二枚 Mk82 五

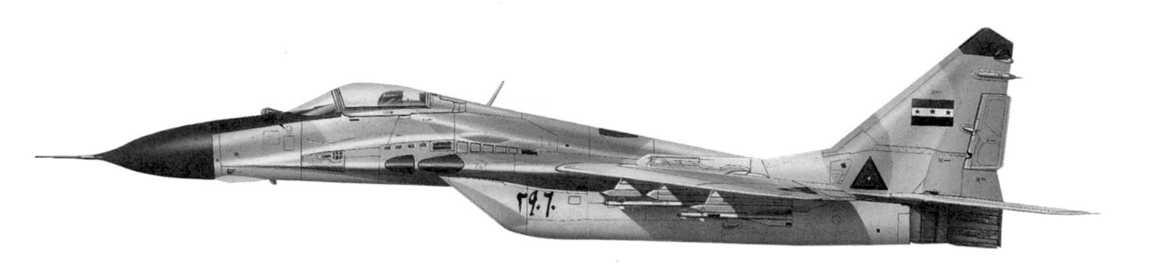

米高揚－格列維奇 MiG-29

一般資訊

型式：單座戰鬥機

動力來源：2 具 81.4 仟牛頓（推力 18300 磅）克里莫夫（Klimov）RD-33 後燃渦輪扇引擎

最高速度：2.4 馬赫；每小時 2445 公里（1518 哩）

作戰高度：18013 公尺（59060 呎）

重量：最大起飛重量：2100 公斤（46300 磅）

武裝：1 門 23 公釐（0.9 吋）口徑雙管機砲；500 公斤（1102 磅）火箭

尺寸

翼展：7.15 公尺（23 呎 5.5 吋）

長度：15.76 公尺（五51 呎 8.5 五吋）（含探針）

高度：4.10 公尺（13 呎 5.5 吋）

翼面積：23 平方公尺（247.58 平方呎）

百磅（二二七公斤）「笨」炸彈。

「飛毛腿」獵殺者

固定式的「飛毛腿」發射陣地可以輕易地加以攻擊，F-15E 能夠在低空自由進出目標區。當他們靠近目標時就會短暫地爬升到高空，接著便用合成孔徑雷達模式「掃射」該區，然後再次下降至相對安全的九十一公尺（三〇〇呎）高度。

空中預警管制機呼叫附近數架無法識別之飛機，但沒有一架的距離是在四十八公里（三〇哩）以內，飛行員就在其廣角抬頭顯示器（Head-up Display, HUD）內，用操縱桿爲炸彈的投擲進行精確定位。就像阿帕契的機組員一樣，歸功於低空導航和紅外線夜間目標指示系統莢艙，其中一個能夠觀察正前方的動態，並將紅外線圖片傳送到飛行員的抬頭顯示器上，因此 F-15E 的飛行員可以在夜間視物。結合了合成孔徑雷達和低空導航和紅外線夜間目標指示系統的目標指示莢艙，F-15E 就搖身一變成爲美軍最致命且夜間打擊最精準的戰鬥機。低空導航和紅外線夜間目標指示系統的地形追蹤雷達（Terrain-Following Radar, TFR）功能提供飛行員有關高度的指令，可以協助他們在無線電靜默的狀況下於大約六十一公尺（二〇〇呎）的高度飛行——飛行員在地形追蹤雷達的協助下進行手動飛行，並全神貫注在抬頭顯示器的前視紅外線（FLIR）影像上，以維持編隊位置。鷹式後座的武器系統官就監視地形追蹤雷達的掃瞄範圍和雷達本身，並使導航系統的資料隨時保持更新。

在接近目標的時候，F-15E 就會緊急爬升，然後再俯衝（此一動作被稱爲騰空機動），或是就乾脆直接進行水平投彈飛行，直到目標上空。在當地時間三時五分，也就是 F-117 的炸彈開始轟炸巴格達的五分鐘後，F-15E 投下的第一批集束炸彈開始撒出致命的子彈藥。

攻擊「飛毛腿」的發射陣地並非全無風險，因爲他們的防禦都十分完善，數名飛行員爲了躲避看起來無法穿透的猛烈高射砲火力，駕駛飛機進行閃避和機動迴旋，甚至達到超過機身結構 G 力限制的程度。爲了躲避威脅，在匆忙之中至少有一架飛機飛到距離地面只有二

↓F-15E（如圖）和 A-10A 擔任聯軍掃蕩「飛毛腿」飛彈作戰的先鋒。這兩款飛機密切協同，以標定、識別並摧毀機動發射車，但他們的全面性效益最終還是有限。

↑伊拉克的地對空飛彈保護傘被稱為飛彈接戰區，而美國空軍 F-4G「野鼬機」的工作就是有系統地瓦解這套防空網。

十七公尺（九十呎）的高度，結果因爲武器系統官注意到飛行員的錯誤而緊張地大叫，才讓飛行員回過神來，趕緊拉起機頭而獲救。

F-15E 攻擊 H2 機場「飛毛腿」飛彈設施的飛行任務，是第一晚唯一一個不用設法迴避伊拉克地對空飛彈掩護的任務，反而呈現出在中高度飛進伊拉克領空的任務機群面對超過一百門高射砲同時開火「歡迎」的景象。當飛機飛越伊拉克的邊界時，機組員就注意到被阿帕契和特種部隊破壞的觀測站和雷達設施燃起了熊熊大火。在剛開始時，機群以距離沙漠地表一百五十二公尺（五百呎）的高度飛進伊拉克，他們的計劃是如果高射砲火可以忍受的話，就從低空發動攻擊，如果地面砲火太過猛烈的話，他們就會爬升，從相對安全的六千零九十六公尺（二萬呎）高空投下炸

彈。當他們靠近目標時，飛行員就看到高射砲火像一道廉幕，從地面盤旋升上天空。領導六架飛機的中隊長只在無線電中下達了一個指令「爬升」，而全部六架飛機就開始爬升至中高度，接著每架都投下十二枚 Mk82 炸彈。

當攻擊方開始有系統地拔除敵軍的電子耳目時，伊拉克空軍就開始出醜了，而美國空軍在當天晚上就宣稱擊落六架敵機，這些全都是 F-15C 的戰果。隱而不顯但卻具有全面重要性關係的是：在達成這些戰果的能力當中，科技扮演重要角色的方式。越南已經讓美國人見識到飛彈科技——尤其是在電子方面識別敵我的能力，在符合最基本的期望之前還需要更多時間發展以臻至成熟。

空對空的成功

當性能優異的 AN/AGP-63 雷達擁有內建的敵我識別盤問器和回應判別器，它本身還不足以容許鷹式戰鬥機的飛行員對視距外目標發射飛彈。越戰已經顯示在長距離無法識破目標時，如果需要拉近到目視距離以日視識別（Visually ID, VID）目標，將會導致像是 AIM-7 麻雀這類飛彈的優勢受損。記取

←一些國家對聯軍的作戰提供間接支援。如圖，一架卡達的 UH-60 在波斯灣提供額外的運輸服務。

→→從第一個晚上開始，美國空軍的 F-15C 鷹式就主宰了伊拉克的天空，到了第一週結束時，他們就已打得伊拉克空軍四處逃竄。這架鷹式在駕駛艙下方繪有一個擊殺伊拉克戰機的圖案，以及擊落者湯姆·「維加斯」·迪茲上尉（Tom “Vegas” Dietz）的大名。

↓在 1991 年時，伊拉克擁有生物和化學武器，同時用來對付本國人民和鄰近國家，聯軍部隊的優先任務就是找出生產這些武器的設施。

了此一教訓，F-15 因此搭載了各式各樣的系統，可以在長距離就對目標進行電子識別，包括一種以越戰時期戰鬥樹爲基礎的系統；飛機搭載的另一種系統是非協同目標辨識（Non-Cooperative Target Recognition, NCTR）系統，支援了戰爭中幾乎所有 F-15 的擊殺

儘管可怕的天氣狀況帶來部分機組員已經體驗過的最艱難空對空加油任務——在一片漆黑、洶湧翻滾的夜晚裡，在沒有任何外部光源的狀況下，塔狀積雨雲直衝入高達九千一百四十四公尺（三萬呎）的高空——伊拉克空軍透過一些相當基本的情報設備得知 F-15E 的「奇襲」：伊軍沿著伊拉克和沙烏地阿拉伯邊界設立的一連串監聽站，伊拉克義務役士兵和共和衛隊人員就在站內傾聽飛機的噪音。雖然阿帕契直昇機熟練地摧毀兩處雷達站，但當十八架 F-15E 以距離地面九十一公尺（三〇〇呎）的高度飛行時，並不難瞭解美軍的攻擊已經開始進行了。

對 F-15C 鷹式戰鬥機的飛行員來說，擊落友機是一個相當令人痛心的想法，雖然非協同目標辨識、AN/AGP-63、空中預警管制機和精確的聯軍計劃使得他們有極高的自信，但科技並非絕對可靠，理想狀況是，鷹式的飛行員將會把

→→一架美國海軍陸戰隊 CH-53E 超級種馬式（Super Stallion）直昇機在一次海上支援任務期間吊起一部加油車。在沙漠風暴行動期間，陸戰隊參與了兩棲突擊行動，也在內陸的地方進行了近距離戰鬥。

↓美國甚至在 E-8C 聯合監視目標攻擊雷達系統（Joint Surveillance Target Attack Radar System, JSTAR）完成接收測試前就匆忙將其派往戰區。聯合監視目標攻擊雷達系統允許地面部隊指揮官對伊拉克裝甲部隊的移動和位置進行即時的監視和觀察。

聯軍飛機和想把他們擊落的伊軍區別開來。

本來當 F-15C 強行闖入伊拉克的領空時，F-117 和 F-15E 應該要已經離開伊拉克，也就是說，當他們向北方深入伊拉克時，他們就會知道所有在面前出現的都是敵人。然而在三時五分，空中預警管制機呼叫發現伊軍飛機緊急升空，隨著第一個八機組的 F-15C 當中有四架正在邊界以南一百六十一公里（一〇〇哩）處進行空中加油，剩下的四架就在比原定計劃早很多的時刻向北飛入伊拉克領空，而 F-117 和 F-15E 在當時仍在他們前方的某個地方。

這四架 F-15C 把側面的距離拉開至八公里（五哩）左右，而每架僚機再從側面和其長機對調約三公里（二哩）的距離，組成約十四公里（九哩）寬的「牆形」編隊；數分鐘之後，他們首度和伊拉克空軍接觸了。

戰場空間管制員

空中預警管制機呼叫其中兩架 F-15C 與一群位於穆岱席斯機場東南方的敵機交戰，但當飛行員將他們的 AN/AGP-63 雷達照向穆岱席斯並按下喉嚨上的敵我識別按鈕時，他們卻嚇了一大跳，因為他們看見至少四十個敵我識別的友軍訊號。

其中一位飛行員瓊．凱爾克上尉（Jon Kelk）在他自己的雷達上收到一個雷達接觸訊號，而在同一

監視地面作戰

聯軍儘管在接戰伊軍防空系統時蒙受了一些損失，但作戰的進展相當良好，對聯軍而言，在戰前的電腦模擬中計算出的損失規模事後證明是完全高估了，但一個的確反覆出現的問題就是在搜索時，機動「飛毛腿」飛彈發射車時的難以捉摸。A-10 和 F-15E 時常在執行主要任務途中被派遣去打擊可疑的「飛毛腿」發射車，但卻無法對伊軍持續發射飛彈行動造成太大衝擊。在當時戰術空中管制中心有所不知的是，伊軍將的「飛毛腿」發射車藏在特別改裝的巴士內，停放在公路橋樑下，他們在僞裝和欺敵等方面可說是技巧純熟，別具創意。

爲了協助搜索「飛毛腿」，並幫忙追擊此時正從科威特迅速撤退的伊拉克共和衛隊單位，美軍導入了 E-8 聯合監視目標攻擊雷達系統，因此該機提早結束作戰測試和評估計劃，匆匆趕往戰區內。E-8 在機身下方獨木舟形狀的雷達罩內裝有一套巨大的合成孔徑雷達和地面移動目標（Ground Moving Target, GMT）雷達，能夠深入監視伊拉克和科威特的國土。每一個晚上，位於利雅德（Riyadh）的戰術空中管制中心都會指派 A-10 和 F-15E 和 E-8 協同掃蕩「飛毛腿巢穴」，也就是沙漠中可能會有「飛毛腿」發射的地帶。如果在雷達上發現可疑的「飛毛腿」發射車的話，E-8 就會傳送座標，負責攻擊的飛機就會對準目標投下炸彈。F-15E 將會巡邏他們的「飛毛腿巢穴」四至六小時，接著將會有另一批飛機接班，之後就會繼續行動，對準次要目標投擲彈藥，從裝甲部隊到火砲，或是已知的固定式「飛毛腿」發射台等全都包括在內。

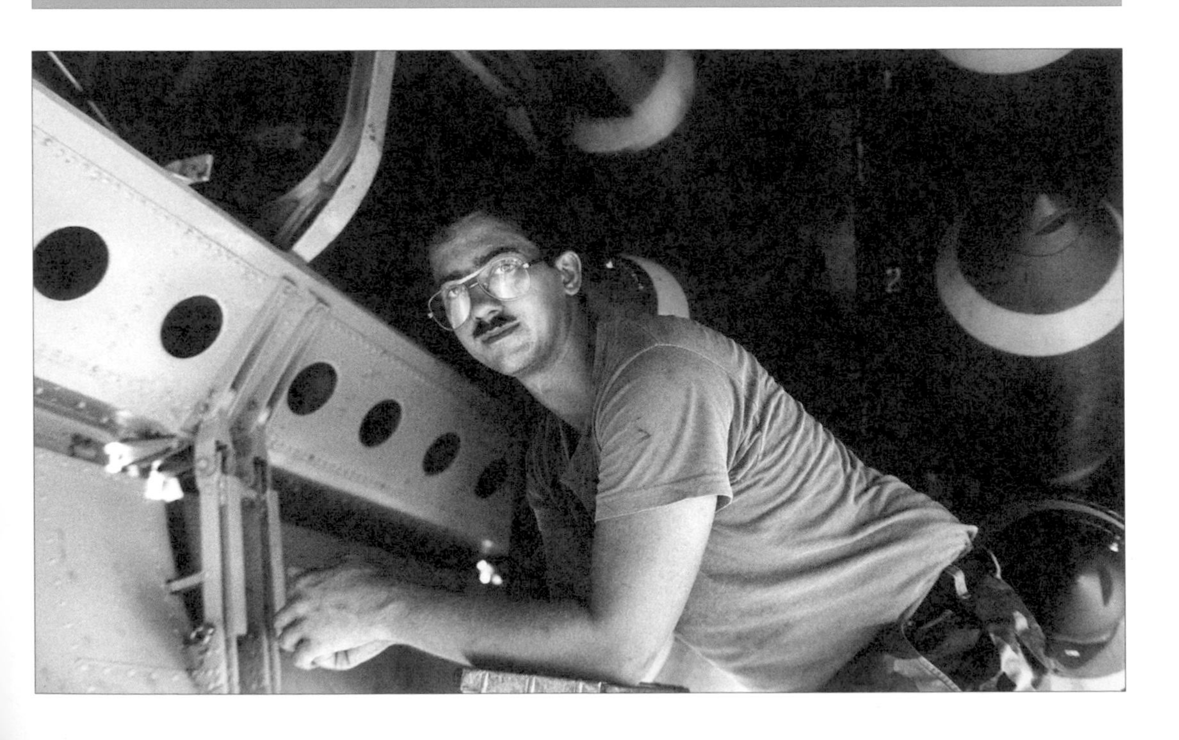

↑在伊拉克境內，A-10靈巧地打擊伊拉克裝甲部隊和步兵，在過程中自身的損失少得出奇。在巴爾幹半島，如圖，A-10 的大部分任務與在伊拉克的一樣，但這一次就完全沒有損失了。

時間，雷達警告接收器也在他的耳邊響起，通知他被一架 MiG-29的雷達鎖定了。隨著雷達顯示米格機和他的距離約爲五十六公里（三十五哩），凱爾克依靠他自己和空中預警管制機的「強化識別」（Enhanced ID, EID），以確認接觸的是敵機。當雙方距離拉近時，米格機從約二千一百三十四公尺爬升至五千一百八十二公尺（七千呎至一萬七千呎），並開始對凱爾克進行機動。但這架 MiG-29 的飛行員已經處於劣勢，不只是因爲他以一架飛機面對兩架美國空軍的 F-15C，也因爲凱爾克的高度和空速幾乎都是米格機的兩倍，他的 AIM-7 麻雀飛彈因此較對手擁有更大的接戰範圍。

當凱爾克以高達超過每小時二千二百五十公里（一千四百哩）的相對速度朝米格機衝去時，他閉上了雙眼以保護他的夜間視力，並按下操縱桿上的發射鈕，發射四枚麻雀飛彈中的一枚。不久之後，MiG-29 就在夜空中變成一團被染成紫色的火燄，凱爾克因此成爲美軍第一位駕駛 F-15 締造擊殺紀錄的飛行員，而視距外長程空戰（beyond-visual-range arena）的時代終於降臨了。

幽靈「野鼬」

當 F-117 和 F-15E 在沒有護航的狀況下飛入伊拉克時，接著進行打擊的飛機包括 F-4G 野鼬機。F-4G 已經接手了在越戰時期由 F-105F/G 負責的地對空飛彈獵殺任務，即使在其退役之後，仍被認爲是美軍部署過性能最佳的「野鼬」。F-4G 是一款硬派的改裝機種，專門用來搜尋出地對空飛彈、高射砲和早期預警雷達系統，由飛

←←深如洞穴般的 B-52 炸彈艙是被設計用來攜帶核子武器，但就像在越南一樣，參與沙漠風暴行動的 B-52 被用來以傳統彈藥對目標進行地毯轟炸。

GBU-15 滑翔炸彈

GBU-15 於 1974 年開始服役，是針對遠距精準導引炸彈需求的解決方案，可由美國空軍的 F-4E 幽靈 II 式、F-111F 土豚式和 F-15E 打擊鷹掛載。GBU-15 結合了一組光電尋標頭，或是二組紅外線尋標頭之一，加上 2000 磅（907 公斤）的 BLU-109 穿透炸彈或 Mk 84 通用炸彈的彈體而成。「直接」模式允許炸彈在投擲之前就先鎖定目標，一旦投下之後就會被透過自動導引飛向目標；「間接」模式使用一個資料鏈莢艙，允許武器系統官可以在炸彈投擲後導引其飛往目標。

GBU-15 與雷射導引炸彈的不同之處在於，GBU-15 一旦投擲之後可以在飛行途中加以控制，這樣一來讓飛行員可以駕駛飛機調頭遠離敵軍，迴避可能的威脅和敵軍攔截。使用的方法相當簡單：GBU-15 能夠接受雷達、抬頭顯示器或標定莢艙的提示，在飛行途中，其尋標頭的畫面就會傳回投擲機，所以武器系統官就可以看見目標並進行導引修正。這款炸彈的加強版，也就是 EGBU-15，使用全球定位系統中段導引，因此使得機組員可以在低能見度的狀況下投擲 EGBU-15。這款炸彈將可以自行飛向預先輸入的目標座標，從一個內建的全球定位系統訊號接收器接收導引指令；一旦進入目標區域，武器系統官就可以如同往常一樣接手控制。在南斯拉夫上空，一些 F-15E 在返回基地時帶回了透過 GBU-15 而取得的場面驚人的視訊影片——在一個案例裡甚至可以從畫面中看到 GBU-15 命中 SA-6 的前一刻，敵軍慌忙逃離的影像。

行員和電戰官操縱，其唯一目標就是擾亂敵軍的空防。

如同以色列於一九八二年在黎巴嫩做的那樣，美軍大量運用了無人機，使卡里上線並曝露伊拉克雷達和地對空飛彈發射陣地的位置。這些無人機，當中有一部分是由美軍部隊在伊拉克境內的祕密地點發射，在時間上會與 F-4G、美國海軍之 F/A-18、A-7 與 EA-6B 發射進行先制攻擊的 AGM-88 高速反輻射飛彈（High-Speed Anti-Radiation Missile, ARM, HARM）相互配合。隨著高速反輻射飛彈急速爬升，向上飛至高空的稀薄空氣裡，無人機從多個方向逼近伊拉克，每一架都傳回大量信號，以脈衝波淹沒伊拉克雷達螢幕，使他們實際上變得無法使用。最重要的是，伊拉克人掉進了這個陷阱裡，隨著愈來愈多座雷達開機上線，高速反輻射飛彈的火箭發動機燃料耗盡，他們的尋標頭就開始尋找目標——找到了相當多目標。

其他敵軍防空壓制（Suppression of Enemy Air Defence, SEAD）攻擊機此刻也飛向他們的目標，包括英國皇家空軍的龍捲風 GR.Mk1，其任務是對保護幾座伊拉克機場的防衛設施發射空射反輻射飛彈（Air Launched Anti-Radiation Missile, ALARM），接著其他英國皇家空軍的龍捲風就可以在當地時間三時

↑到了 1990 年代的巴爾幹半島衝突時，精確導引武器就變得更普及了。這架美國空軍的 F-16 在墨西哥灣（Gulf of Mexico）上空的測試期間掛載了一枚 2000 磅（907 公斤）的 GBU-15 電視導引炸彈。

五十分時發動攻擊。後者掛載沉重的 JP233 跑道破壞彈藥，必須以直線且水平的飛行姿勢飛過跑道上空，才能順利釋放出子次彈械，因此使得執行此一任務的飛機非常容易受到地面砲火的攻擊。

部分龍捲風反而是在跑道上投擲一千磅（四五四公斤）炸彈，但當他們突然爬升，並抵達爬升動作的頂點時，便會迅速喪失速度，也會突然變得易於受到高射砲火攻擊。事實上，一架龍捲風就是在當晚一次對舒艾巴（Shaibah）機場的投彈機動飛行當中被擊落，成爲第一架被擊落的龍捲風，也是聯軍第一架被擊落的飛機；當天稍晚時，另一架龍捲風在投放 JP233 時被一枚地對空飛彈命中，是第二架損失的龍捲風。

相異的戰術

英國皇家空軍維持其低空戰術直到損失上升，且一直到美軍施壓，要求採取較有勝算的中高度戰術爲止才罷休。

隨著伊拉克的整合防空系統在開戰幾天之後多少喪失能力，美軍根據成功經驗已選擇繼續採取中高度的選項，但英軍並沒有這麼做。儘管這並不意味著任務突然變得毫無風險，但新戰術迅速遏止了損失。伊拉克周圍的目標都分佈著 SA-2 飛彈，雖然聯軍進行了堪稱成功的敵軍防空壓制任務，使卡里癱瘓，但數個孤立的地對空飛彈陣地在整場戰爭之間依然相當活躍。

事實上，另一架損失的龍捲風（第六架、也是最後一架損失的英國皇家空軍龍捲風）發生在其正對艾爾塔卡杜姆機場投擲雷射導引炸彈的時候，被兩枚飛彈同時命中，然後那裡少不了數以千計的高射砲彈橫飛，據返回的飛行員描述，高射砲火猛烈到點亮整個夜空，低空飛行的飛機都被照得通明，就像是飛過由高射砲火構成的隧道一樣。

人員攜行式防空系統的威脅

對 UH-60 黑鷹式（Blackhawk）、OH-58 奇歐瓦

式、A-10 雷霆 II 式、美洲豹式、AV-8B 鷂 II 式（Harrier II）和 OV-10 野馬式（Bronco）這類飛機而言，他們全都花費可觀的長時間低空飛行，人員攜行式防空系統（Man-Portable Air Defence System, MANPADS）和高射砲的威脅在整場戰爭中一直都存在，並造成聯軍方面的許多損失。人員攜行式防空系統的威脅主要同樣來自於美軍空勤人員在越戰結束時要應付的 SA-7 肩射式紅外線導引飛彈。部分飛機，特別是一些陸軍和海軍陸戰隊的直昇機，都會打開「迪斯可燈」放送出僞造的紅外線訊號，以干擾這些飛彈的歸向機制。美國海軍陸戰隊的 AV-8B 甚至攜帶了一套飛彈警告系統，裝有一具雷射發射器，可以對飛彈的尋標頭開火以癱瘓其功能，但還是遭受了損失。

最後階段

這場戰爭又繼續打了四十一天，之後海珊才將所有部隊撤出科威特並宣佈停火。聯軍方面隨即迅速建立南北兩個禁航區（No-Fly Zone, NFZ），以防止伊拉克的定翼機再對聯軍造成任何威脅。

海珊想盡辦法利用各種漏洞，把直昇機派進禁航區裡，並命令 Mi-24 攻擊直昇機攻擊伊拉克北部的庫德族難民。美軍方面先是鼓勵庫德族於伊拉克北部領土起義以反抗獨裁者後，隨即發動宣慰行動（Operation Provide Comfort），但海珊制伏了叛軍戰士，並展開種族滅策略。由於無法再袖手旁觀下去，聯合國通過了第六八八號決議案，允許聯合國介入，對伊拉克進行制裁。提供舒適作戰的目標有兩個：提供難民救助，並執行保護難民和人道救援任務的安全維護。在美軍領導的聯合特遣部隊努力下，從一九九一年四月至九月順利達成了這兩個目標，總共飛行了超過四萬架次，重新安置了超過七萬名難民，並重建了被伊軍摧毀村落當中的百分之七十至八十。然而在這些事件正在發生的同一時間，土耳其方面發動了攻擊，運用空中武力，在不受任何反抗的狀況下打擊庫德族人。

在這些建立起來禁航區中，北部禁航區後來被稱爲北方守望行動（Operation Northern Watch），南部禁航區後來被稱爲南方守望行動（Operation Southern Watch），這兩個行動將會持續至二〇〇三年，接著伊拉克自由行動（Operation Iraqi Freedom）就登場了。

南斯拉夫的空戰

一九九三年時，美國空軍開始部署作戰飛機至義大利的阿維亞諾空軍基地（Aviano），是拒航行動（Operation Deny Flight）的一部分。拒航行動是以已經在巴爾幹半島（Balkans）上波士尼亞－赫塞哥維那（Bosnia-Herzegovina）劃設的禁航區爲中心，當時在該區內不同種族間的關係已經降至新低點。

聯合國的維和部隊開入當地以維持和平，而設立禁航區的聯合國

諾斯洛普格魯曼 B-2 精神式

一般資訊

型式：匿蹤轟炸機

乘員：2

動力來源：4 具 77 仟牛頓（推力 17300 磅）通用電氣渦輪扇引擎

最高速度：每小時 760 公里（470 哩）

作戰高度：15000 公尺（五50000 呎）

重量：最大起飛重量：152634 公斤（336500 磅）

武裝：兩個機內炸彈艙，可掛載22700 公斤（50000 磅）各式炸彈

尺寸

翼展：52.4 公尺（172 呎 7 吋）

長度：21 公尺（69 呎）

高度：5.2 公尺（17 呎）

翼面積：460 平方公尺（5000平方呎）

安全理事會第七八一號決議案，意圖防止南斯拉夫聯邦共和國空軍對波士尼亞－赫塞哥維那發動空襲行動。一九九三年三月三十一日，聯合國安理會通過第八一六號決議案，其內容將禁止範圍擴大至所有南斯拉夫定翼機和旋翼機的飛行，只有那些被聯合國保護部隊（UN Protection Force, UNPROFOR）批准者除外；萬一暴力狀況進一步升級的話，其也准許聯合國成員國採取一切必要手段確保對方遵守決議。

拒航行動，也就是在前南斯拉夫上空的執法行動，於一九九三年四月十二日展開，在剛開始時約有來自北大西洋公約組織（North Atlantic Treaty Organization, NATO）各會員國的五十架戰鬥機和偵察機（稍後增至超過一百架）參與，從義大利境內機場或位於亞得里亞海（Adriatic）的航空母艦上起飛。到了一九九四年十二月底時，戰鬥機和支援飛機已經執行超過四萬七千架次的任務。由於事態日趨惡化，北約批准進行有限的攻擊行動，打擊克羅埃西亞境內塞爾維亞部隊據守的目標，特別是烏德比納（Udbina）機場。一個由三十架飛機組成的打擊群轟炸了該機場，不久之後兩架 F-15E 摧毀了兩座對英國皇家海軍海鷂戰機發射飛彈的 SA-2 發射陣地。在一九九四年初時，美軍空軍的 F-16 擊落了四架闖入並違反禁航區規定的塞爾維亞超級海鷗式（Super Galeb）輕型攻擊機。

慎重武力

在塞爾維亞部隊以迫擊砲攻擊波士尼亞－赫塞哥維那首都塞拉耶佛（Sarajevo）一處市集廣場後，慎重武力行動（Operation Deliberate Force）於一九九五年八月展開，北約發動五波懲罰性攻擊，在八月三十日命中於塞拉耶佛周圍駐紮的塞爾維亞裝甲部隊和補給站，一天後又發動另外三波攻擊。四天後，北約飛機對巴尼亞盧卡（Banja Luka）周圍的波士尼亞塞爾維亞裔地面部隊和防空設施等目標投下了九枚 GBU-15 精準導引滑翔炸彈（precision-guided glide bombs）。

一九九七年時，北約又跟著發動了慎重守衛行動（Operation Deliberate Guard），這是另一個經聯合國批准、位於波士尼亞－赫塞哥維那空域的禁航區。

數個月之後，由於來自科索沃（Kosovo）飛地大約三十萬名難民流離失所，北約方面發動了聯軍

↓讓許多人懊惱的是，在 1991 年的波灣戰爭（the 1991 Gulf War）過後不久，F-16CJ（如圖）取代了 F-4G 野鼬機。其效能在剛開始時相當有限，但在經過軟體升級之後便大幅提升。

↑當 F-117 匿蹤戰鬥機在 1991 年率先進入伊拉克領空後，接下來 B-2 匿蹤轟炸機在 1999 年聯軍作戰期間，率先寂靜無聲地飛入南斯拉夫領空。

行動（Operation Allied Force）。在北約反覆警告塞爾維亞總統米洛塞維奇（Slobodan Milosevic）從科索沃撤出其武裝部隊之後，美軍戰機組成的第一批巴爾幹空中特遣部隊（Balkan Air Expeditionaty Force）抵達義大利。北約方面實施了五階段的計劃，剛開始時北約的空中行動是種威嚇手段，但若對方沒有達到北約要求的話，其攻擊性就會增加。儘管雙方在法國杭布伊埃（Rambouillet）的談判獲得了一些成果，但到了一九九九年一月時，美國領導的北約部隊規模仍不斷擴充。

聯軍行動

一九九九年三月二十四日的夜晚，高貴鐵砧行動（Operation Noble Anvil）、也就是聯軍作戰的美軍部分展開了攻擊。在掛有AGM-86C 傳統式空射巡弋飛彈的B-52 進行數次攻擊後，戰區內的二十六架 F-15E 就集中力量打擊塞爾維亞的防空設施目標，並且跟在執行攻勢空中反制（Offensive Counter-Air, OCA）任務的F-15C組成的「牆」後面，而敵軍防空壓制任務則由美國空軍的 F-16CJ（替代已經退役的 F-4G）、美

國海軍的 EA-6B 徘徊者式、還有德國和義大利空軍部隊操作的龍捲風電子戰鬥偵察機（Electronic Combat Reconnaissance, ECR）進行。皇家空軍的龍捲風也對敵軍防空目標發射了空射反輻射飛彈，而其他英國皇家空軍的龍捲風式（Tornado）、美洲豹式和鷂式（Harrier）則攻擊更多地面目標。

美國空軍的 B-2 精神式（Spirit）「匿蹤轟炸機」也在三月二十四日夜間首度登場作戰，兩架 B-2 在長達三十一小時、從密蘇里（Missouri）懷特曼（Whiteman）空軍基地起飛後直飛不降落的任務中投擲了三十二枚重達二千磅（九〇七公斤）之聯合直接攻擊彈藥（Joint Direct Attack Munitions, JDAM）。在聯軍作戰期間，B-2 出擊四十五架次，投擲了六百五十六枚聯合直接攻擊彈藥。

聯合直接攻擊彈藥是在沙漠風暴行動結束後的彙報中誕生。人們一開始就知道雷射導引炸彈的弱點在於必須在良好的天氣中使用，以便能夠看到目標並用雷射加以標定，但伊拉克的天氣顯然難以符合要求，因而妨礙了聯軍攻擊部分關鍵目標的行動。一九九二年時，美國軍方著手進行一項「不良天氣精準導引彈藥」計劃，最終導致了聯合直接攻擊彈藥的出現。

聯合直接攻擊彈藥利用衛星精確地標定位置，並且是一款模組化的升級套件，可用在無導引、低阻力的通用炸彈上，像是五百磅（二二七公斤）的 Mk82、一千磅（四五四公斤）的 Mk83 和二千磅（九〇七公斤）的 Mk84 等等。聯合直接攻擊彈藥由配備整合空氣動力控制面的尾段、裝在彈身上的穩定箍圈組件，以及位於尾部的慣性導引加全球定位系統單元等裝置組成。聯合直接攻擊彈藥於一九九五年展開低速率量產，而在武器測試中其圓周誤差公算（Circular Error Probable, CEP）達到十．三公尺（三十四呎），也就是說這款炸彈有百分之五十的機會可以命中距離目標十．三公尺範圍內的地方。考慮到聯合直接攻擊彈藥可以飛行遠達二十四公里（十五哩），如此的精準度讓人留下十分深刻的印象。

隨著雙方停止敵對狀態，並於一九九五年簽訂戴頓和平協議（Dayton Peace Accords），南斯拉夫聯邦共和國空軍縮減其規模。到了一九九八年，其擁有一支由各式各樣噴射機組成的航空部隊，包括六十架 MiG-21、十六架 MiG-29 和至少六十架鷹式（Orao）攻擊機。這些飛機全都被整合至一個多層次的防空系統中，當中包括機動對空飛彈系統（mobile SAM system），有許多都部署在山區，因此對北約來說非常難以擊毀。只要由正確的人指揮，再加上正確的戰術，南斯拉夫的空軍和陸軍可以給北約帶來大麻煩，不過接下來局勢迅速地逆轉了。

當北約在此戰中的第一波攻擊朝向目標，也就是蒙地內哥羅（Montenegro）的一座機場，以及

←←掛滿了先進中程空對空飛彈的 F/A-18 大黃蜂式。它在 1986 年首度投入戰鬥，接著是 1991 年。在巴爾幹半島危機期間，該機一直是美軍的關鍵打擊力量。

與鄰接的科索沃／蒙地內哥羅空域連線之早期預警雷達展翼飛去時，一隊由 F-15 組成的護航機與他們同行，這些鷹式戰鬥機配備了 AIM-120 先進中程空對空飛彈。

先進中程空對空飛彈的優勢

一九九一年波灣戰爭一結束時，美軍就急著將 AIM-120 先進中程空對空飛彈（Advanced Medium-Range Air-to-Air Missile, AMRAAM）投入服役。先進中程空對空飛彈繼承了 AIM-7 麻雀飛彈，爲一些活躍且有效新戰術的發展奠定基礎。雖然麻雀飛彈是一款半主動雷達歸向的飛彈，要求射手對目標保持雷達鎖定，直到飛彈命中爲止，先進中程空對空飛彈要求發射飛機用雷達照明目標，但只要到飛彈本身搭載的主動雷達尋標頭可以獲得目標時就可以了，在那個時候發射機就可以自由地離開那塊空域。先進中程空對空飛彈使用一個安全無虞的資料鏈向發射機報告其位置，並從發射機本身的雷達接收任何更新資料。

先進中程空對空飛彈的價值早已在一九九二年時首度獲得驗證，當時一架 F-16 在伊拉克的北部禁航區內擊落了一架 MiG-25，

↓F-15E 正投下一枚 2000 磅（907 公斤）的 AGM-130 精準導引武器。AGM-130 在巴爾幹半島發揮了極大效果，從遠距離外便摧毀了許多地面目標。

而 F-15 則在三月二十四日以先進中程空對空飛彈擊落兩架南斯拉夫的 MiG-29，但先進中程空對空飛彈在三月二十六日的夜晚才證明其真正的潛力。在那個晚上，一架 F-15 締造了空前的先進中程空對空飛彈「雙殺」紀錄，F-15 的飛行員黃杰夫（Jeff Hwang）以非常短的間隔對兩架不同位置的 MiG-29 發射了兩枚 AIM-120，他的 AN/AGP-63 雷達首先以強化識別讓他得知目標爲敵軍飛機，然後便同時支援這兩枚飛彈對著這兩架不同位置的敵機飛去，直到飛彈的尋標頭改爲主動模式，導引飛彈命中米格機爲止。

這起事件證明了在空戰的領域中，事情會發展到什麼樣的程度。越南的空戰幾乎總是要求在飛彈發射之前要對目標進行目視識別；到了一九九一年沙漠風暴的時候，電子設備可以用來識別目標，但時常還是需要進行目視確認，若是在視距外發射麻雀飛彈，就需要在其飛行時從頭到尾給予支援，這樣一來敵機可能會逼近而不被發現。最後，先進中程空對空飛彈提供鷹式這一類的飛機可以在同一時間和多個目標交戰的能力，這種能力是沙漠風暴行動期間的飛行員作夢也想不到的。

在聯軍作戰期間，另一項「首度」達成的是 GBU-15 滑翔炸彈的動力版本AGM-130 首次成功投入作戰，它被用來成功炸毀兩架停放在地面上的 MiG-29。這款武器的特徵是在 GBU-15 的下側裝置一具火箭發動機，以增加炸彈的打擊範圍，另外還有一組全球定位航程中導引系統，因此它的功能與 GBU-15 非常類似，但可以藉由程式的協助，從低至距地面六十一公尺（二百呎）的低空進入目標區。

聯軍的損失

然而戰況不是完全倒向聯軍那一邊。一九九五年時，一架美國空軍 F-16 在進行例行巡邏時，於波士尼亞上空被 SA-6 擊落；一架法國的幻象 2000 也被擊落，此外被擊落的還有一架義大利運輸機和一架海鷂。然而在這當中最值得注意的是損失了一架 F-117。

現代化的聯合空中作戰中心（Combined Air Operation Center, CAOC）在一九九〇年代期間發展，並大略以一九九一年第一次波灣戰爭時的戰術空中管制中心爲基礎。當巴爾幹半島的危機在一九九〇年代如野火般蔓延的時候，北約在義大利的維先查（Vincenza）建立了一座巴爾幹半島聯合空中作戰中心，以支援北約對塞爾維亞和南斯拉夫的作戰。聯軍作戰讓美國和其盟國學到了許多有關中央化指揮、管制和執行的教訓，等到蓋達組織（Al-Qaeda）的恐怖份子於二〇〇一年九月十一日攻擊美國時，聯合空中作戰中心憑藉本身的能力被認爲是一套武器系統。

第十二章
全球反恐戰爭：二〇〇一年至今

反恐戰爭是美國及其盟友稱呼以「消滅國際恐怖主義」為目標的全球性戰爭，起因於九一一事件。

塔利班（Taliban）政權統治著被戰爭撕裂的國度阿富汗，賦予蓋達恐怖組織在該國受到庇護而不被侵犯的權利。在西元一九八〇年代期間將近十年的時間裡，阿富汗的人民奮力抵擋蘇聯控制該國的企圖，其聖戰組織（Mujahideen）的游擊隊戰士接受美國當局的暗中資助。莫斯科方面最後還是放棄了代價高昂的阿富汗戰爭（the Afghan War），但在一九九五年時，激進的伊斯蘭塔利班組織奪得了政權，並提供蓋達組織一個棲身之處，在這裡它可以在相對安全的狀況下運作。

在二〇〇一年九月十一日的恐怖攻擊浩劫之後，美國立即於持久自由作戰（Operation Enduring Freedom）中指揮另一個後冷戰聯盟。持久自由作戰的聯合空中作戰中心是設在佛羅里達州（Florida）的麥克迪爾（McDill）空軍基地，然後在二〇〇一年十月時組成了一個空中任務序列，接著便展開了對阿富汗的轟炸作戰。

B-2A 在作戰中創下了歷來最久的不中斷飛行任務紀錄，整整持續了超過四十小時，因而得以留名戰史，他們攜帶的武器酬載包括 GBU-31 二千磅（九〇七公斤）聯合直接攻擊彈藥。由於從精神式位於密蘇里州懷特曼空軍基地的大本營至阿富汗的轉場時間實在太久，B-2 時常在尚未接獲指派的目標時便先行起飛；當他們接近阿富汗時，目標資訊就會透過 E-3 哨兵式空中預警管制機傳送過來，當中包括恐怖份子的訓練基地、塔利班政權轄下少數的雷達和機場，以及指揮和管制設施。

B-2 展現了在一架載人作戰飛機上最現代化的「匿蹤」科技，當 F-117 夜鷹的「多角度平面」設計代表一九七〇年代科技的顯著特徵時，B-2 流暢清爽的線條則是十年後所能動用運算功能最強大的電腦和軟體的產物。就是這架飛機的「飛行翼」設計賦予了 B-2 第一流的躲避雷達偵測能力，但廢氣的低聽覺和低紅外線信號處理、複合材料和塗裝、雷達波吸收結構和起落架及炸彈艙門的三角形前緣設計不

←為了取代 F-15 鷹式戰鬥機，美國空軍「第五代」洛克希德馬丁 F-22A猛禽式，結合了傑出的空對空作戰能力以及隱密的空對地打擊功能。

會將雷達波反射回發射雷達也都是其特徵。此外，當美國空軍的F-117只使用一具雷射標定器指示其目標時，B-2擁有一具非常複雜的AN/APQ-181雷達，能夠繪製地形起伏並掃瞄天空，而在進行此一過程的時候，其發射出的雷達波被敵方電子監聽設備攔截的機率非常低。

聯軍的空中武力

當B-2在作戰初期攻擊最重要的塔利班目標時，傳統飛機部隊就組成了持久自由作戰的骨幹。當塔利班份子被逐往山區時，F-16戰隼式、F/A-18大黃蜂、B-1B槍騎兵式（Lancer）、B-52H同溫層堡壘式、F-15鷹式和其他各式各樣的飛機全都聚集到擁擠的阿富汗空域內。

在戰爭的最初幾週裡，AGM-130和強化型GBU-15（Enhanced GBU-15, EGBU-15）這兩種遠攻武器都被用來打擊連接地下設施的洞穴，這是EGBU-15首度投入實戰，也是這場戰爭中部分「先例」之一。最新型的GBU-24二千磅（九〇七公斤）雷射導引炸彈，以及「碉堡剋星」（Bunker-Busting）、重達四千五百磅（二

↓美國空軍的B-1B槍騎兵式被機組人員暱稱為「骨頭」，在2003年持久自由作戰開場階段不像是從事密接空中支援任務的適當選擇，但儘管如此，B-1B把這個角色扮演得相當好，提供了無可匹敵的載彈量。

〇四一公斤）的 GBU-28 雷射導引炸彈也都被用來摧毀強化目標和地下設施，尤其是 GBU-28 被用來對付塔利班的指揮和管制中心，以及洞穴的出入口。

二〇〇三年三月入侵伊拉克的伊拉克自由作戰，也是所謂的全球反恐戰爭（Global War On Terror）之一環。伊拉克對聯軍空中武力的威脅程度更加嚴重，因為海珊已經鞏固其整合防空系統，以組成所謂的巴格達超級飛彈接戰區。超級飛彈接戰區的輪廓看起來像是米老鼠，部署了密集的地對空飛彈和高射砲陣列。F-117 將會再一次穿透飛彈接戰區攻擊巴格達的目標，就像一九九一年一月時那樣，但消滅

從戰隼到「野鼬」

美國空軍的 F-16CJ 與 F-16 的各種型號不同，主要是因為其特色為具有幾種地對空飛彈獵殺設備，這些設備當中最明顯的就是 AN/ASQ-213 高速反輻射飛彈標定系統（HARM Targeting System, HTS）。

高速反輻射飛彈標定系統是一個小型莢艙，安裝在引擎進氣口的右側，用來搜尋、分類、測距，並向飛行員展示威脅輻射源系統，如此一來，飛行員便可將 AGM-88 高速反輻射飛彈導向特定的威脅系統。負責彌補高速反輻射飛彈標定系統不足的是 AN/ALR-56M 雷達警告接收器、AN/ALQ-131(V)14 電子反制莢艙和裝置在機翼下方的干擾片投放器，以補充已經安裝在機身後段靠近水平安定面的投放器。

↑在推翻阿富汗塔利班政權作戰期間，聯合直攻彈藥是眾多可用武器之一。

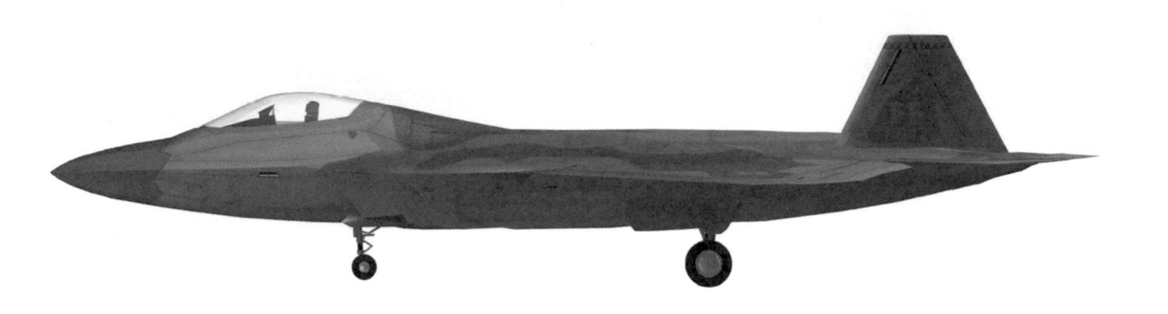

洛克希德馬丁（Lockheed Martin）F-22A 猛禽式

一般資訊

型式：單座戰鬥機

動力來源：2 具 156 仟牛頓（推力35000 磅）普惠公司 F119-PW-100 高低軸向量推力渦輪扇引擎

最高速度：每小時 2132 公里（1325 哩）

作戰高度：19912 公尺（65000 呎）

重量：最大起飛重量：36288 公斤（80000 磅）

武裝：一門 20 公釐（0.78 吋）M61A2 火神砲；機內炸彈艙可掛載約 910公斤（2000 磅）炸彈或飛彈。

尺寸

翼展：13.56 公尺（44 呎 6 吋）

長度：18.9 公尺（62 呎 1 吋）

高度：5.08 公尺（16 呎 8 吋）

翼面積：78.04 平方公尺（840 平方呎）

伊拉克的整合防空系統這時卻變成 F-16CJ「野鼬」的任務。

大批 F-16CJ 首度出擊伊拉克的任務是保護部隊，在預先指定的「擊殺區」內作戰，攻擊飛機依照安排航線進入責任區攻擊固定和機動目標。在這些擊殺區內，「上線」的威脅都會遭受效率極高的攻擊，或是因爲恐懼飛行的高速反輻射飛彈威脅而關機。這些任務在較少情況下會由武力投射的出擊補足，在當中四架 F-16CJ 爲一組的機群會發射兩枚高速反輻射飛彈，都會朝著已知的威脅電波發射位置飛去。對聯軍來說感到失望的是，超級飛彈接戰區在大部分的時候都是關機的，因此當「野鼬」機顯然幾乎沒有遭遇任何抵抗的時候，他們就把注意力從壓制整合防空系統轉移至實際上將其摧毀。

二○○三年發生在伊拉克的空戰與一九九一年時的有一些相似之處，其中一個關鍵性的差異是這一次伊拉克空軍幾乎都停在地面上沒

←持久自由作戰期間，F-15E 打擊鷹執行了許多耗費精力的任務（最高紀錄長達十四小時），配備各式各樣的聯合直接攻擊彈藥、雷射導引炸彈、無導引通用炸彈和 20 公釐機砲以騷擾並消滅敵人。

↓阿富汗的塔利班除了短程紅外線導引人員攜行式的武器，像是 SA-7 和刺針之外，並沒有什麼地對空飛彈，因此 F-16CJ 只能進行密接空中支援和高時效性的標定支援。

有升空，但這一次也有新科技出現，使得驅逐伊拉克獨裁者的工作變得更容易。首先是已在一九九五年時於巴爾幹半島首度登場的RQ-1 掠奪者（Predator）無人機，但其能夠將即時的連續鏡頭不斷傳送給戰場上部分攻擊飛機的駕駛艙內。如果一架掠奪者無人飛行載具（Unmanned Aerial Vehicle, UAV）標定了一個目標，而不只是讓地面上控制它的飛行員或是武器系統官的眼睛看到而已，掠奪者能夠發送連續鏡頭以精確地顯示其看起來像什麼。在無法發送固定式座標的時

候，這個方法用來對付機動目標非常有用。

掠奪者的「計次付費」（pay-per-view）只是一些非傳統戰鬥方式的一部分，這對他們而言證明了伊拉克自由作戰只不過是試驗場而已。新的目標標定系統，像是135鉚釘聯合以及聯合空中作戰中心。戰鬥機資料鏈（Fighter Data Link, FDL）允許F-15和F-16這類的飛機透過即時準備好投入持久自由作戰的「網路」收到目標和威脅的資料，但首次在戰鬥條件下的大規模測試則是在伊拉克自由作戰期間進行。

自從那個時候開始，持久自由作戰和伊拉克自由作戰的強度就絲毫沒有減弱。尤其是在伊拉克，戰區已經毋庸置疑地轉變為住民地場景，如果想要有效反制叛亂的話，就必須發展特殊的專門技巧。此一形式的衝突實際上是使飛行員回到最基本的空戰，也限制住一些現代化科技的實用性。實際上，這是今日飛行員和武器系統官所最不希望打的一種戰爭形式。

相反地，最新型的「第五代」戰鬥機——F-22A猛禽式（Raptor）和F-35閃電II式聯合打擊戰鬥機（Joint Strike Fighter, JSF），將會結合網路中心資訊共享和最新的匿蹤特徵，以及低攔截機率的主動感測器。對F-22和F-35而言，低觀測率（Low Observability, LO）是關鍵的設計要求，其從本質上來說就是代表匿蹤的另一個詞彙，不只是以雷達特徵的方式來斷定，也透過電子訊號發送、熱能、視覺和聽覺特徵來比較。

很明顯地，龐大的雷達特徵並不受歡迎，因為目標是盡可能不要被敵軍偵測到，愈久愈好，但複雜精密的空載紅外線系統可以在超過

←從多種意義上來說，在二十一世紀的戰機中，洛克希德馬丁的F-35聯合打擊戰鬥機（JSF）將會取代美國空軍的A-10和F-16，以及美國海軍和陸戰隊的AV-8B與F/A-18「遺產」（legacy）大黃蜂式，也將會獲得至少八個北約國家的空軍採購。

國家圖書館出版品預行編目資料

空戰：一次大戰至反恐戰爭 / 克里斯多福·強特（Christopher Chant）、史提夫·戴維斯（Steve Davies）、保羅·埃登（Paul E. Eden）著, 于倉和譯. -- 第二版. -- 臺北市：風格司藝術創作坊, 紅螞蟻圖書發行, 2014
384面； 17*23公分. --（軍事連線；101）
譯自：Air Warfare: From World War I to the Latest Superfighters

ISBN 978-986-6330-58-2（平裝）
1. 空戰史
592.919 103003136

軍事連線 101

空戰：一次大戰至反恐戰爭

編　　著：克里斯多福·強特（Christopher Chant）
史提夫·戴維斯（Steve Davies）
保羅·埃登（Paul E. Eden）
譯　　者：于倉和
責任編輯：苗龍
發 行 人：謝俊龍
出　　版：風格司藝術創作坊
發　　行：軍事連線雜誌
106 台北市大安區安居街118巷17號
Tel：(02) 2363-7938　Fax：(02) 2367-5949
總 經 銷：紅螞蟻圖書有限公司
Tel：(02) 2795-3656　Fax：(02) 2795-4100
地址：台北市內湖區舊宗路二段121巷19號
http://www.e-redant.com
E-mail:red0511@ms51.hinet.net
出版日期：2014 年 03 月　第二版第一刷
訂　　價：560 元

ISBN 978-986-6330-58-2　　Printed in Taiwan